KB014483

52주 여행,
마침내 완벽한
경상도 489

52주 여행,
마침내 완벽한 경상도 489

2023년 10월 25일 1판 1쇄 인쇄
2023년 11월 6일 1판 1쇄 발행

—

지은이 이경화
펴낸이 이상훈
펴낸곳 책밥
주소 03986 서울시 마포구 동교로23길 116 3층
전화번호 02-582-6707
팩스번호 02-335-6702
홈페이지 www.bookisbab.co.kr
등록 2007.1.31. 제313-2007-126호

—

기획 권경자
디자인 디자인허브

—

ISBN 979-11-93049-21-1 (13980)
정가 25,000원

—

이 책은 저작권법에 따라 보호를 받는 저작물이므로 무단전재와 무단복제를 금합니다.
이 책 내용의 전부 또는 일부를 사용하려면 반드시 저작권자와 출판사에 동의를 받아야 합니다.
잘못 만들어진 책은 구입한 곳에서 교환해드립니다.

책밥은 (주)오렌지페이퍼의 출판 브랜드입니다.

52주 여행, 마침내 완벽한 경상도 489

163개의 스팟·매주 1개의 추천 코스·월별 2박3일 코스

이경화 지음

책밥

머리말

《52주 여행, 마침내 완벽한 경상도》 개정판을 준비하면서...

첫인사를 어떻게 시작해야 할지 몇 번이나 쓰고 지우기를 반복해도 쉽게 떠오르지 않는다. 이렇듯 처음 시작은 어렵지만 한번 시작하고 나면 끝장을 보는 성격 때문에 이번 개정판을 준비하면서도 사진이 마음에 들지 않거나 빠트린 곳이 있을 때는 여러 번 방문해야 했다. 그래서인지 경상도 모든 지역 중 어느 한 곳도 치우침 없이 소중하다. 2018년 6월 책이 출간되고 출장이 있어 다녀온 것 외에는 한동안 경상도 지역을 잊고 살았다. 살고 있는 곳 인천에서 경상도까지 숱하게 다녔던 모든 시간과 노고를 길 위에 고스란히 묻어둔 채 그렇게 살았다. 그리고 4년이 지나 개정판 출간을 논의할 때 이 고된 작업을 망설이게 했던 가장 큰 이유는 코로나19로 인해 다니던 회사마저 그만둔 실직 상태였기 때문이다. 평범한 일상마저 무너지고 무능을 탓하며 자괴감에 빠져 자꾸만 움츠러드니 이번에도 잘할 수 있을까 하는 고민을 일주일 동안이나 해야 했다. '회사를 다니지 않아 시간에 구애받지 않고 책에만 집중하니 지난번보다 더 완벽한 경상도가 되지 않을까.' 그렇게 지인들이 용기와 격려를 보태주었기에 다시 경상도로 떠날 수 있었다.

경상도는 최근 몇 년 동안 많은 변화가 있었다. 조용하고 한적했던 바닷가 작은 마을에는 크고 작은 카페가 생겨 평일 주말 아랑곳 않고 사람들로 넘쳐나니 유명 유적지나 관광지를 찾던 여행은 카페에서 차 한잔 하며 풍경을 바라보는 여유로운 여행으로 바뀌고 있었다. 처음 책을 출간했을 때는 유적지나 관광지 위주로 소개했다면 이번 개정판은 카페가 차지하는 비중이 꽤나 크다. 시대에 맞게 여행자들의 패턴에도 큰 변화가 생겼기 때문이다. 5년 전 아무것도 없던 바다 위로 스카이워크가 설치되고 바다와 산, 강을 가로지르는 곳엔 케이블카도 생겨나 새로운 변화에 한몫했다. 바다를 따라 걷기 좋은 곳에는 카페가 생겼지만 4년 전 여행 때 들렀던 맛집은 영업을 하지 않아 안타까움마저 들게 했다. 울릉도 여행 때마다 가지 못해 아쉬웠던 독도를 밟았고 울릉도에서만 먹을 수 있다는 칡소와 독도새우는 아직도 그 맛을 잊을 수가 없다. 지역마다 생겨난 바다로 이어지는 해안산책로는 몇 시간씩 걸려도 피곤한 줄 모르고 걸었고 창고나 방앗간을 개조한 이색카페, 오션뷰가 좋다고 소문난 카페도 원없이 다녔다. 항구마다 수산물이 넘쳐나고 논과 밭에는 곡식이 자라니 경상도는 예나 지금이나 넉넉하고 풍족한 곳이다. 투박한 경상도 사투리는 오랜만에 친구를 만나 이야기하듯 반갑게 들리고 오징어를 사면 덤으로 쥐포를 얹어주니 인심 또한 변함없이 후하다. 책 한 권에 경상도의 1년 365일 그리고 52주를 모두 담기에는 부족하겠지만 어느 곳 하나 빠진 곳 없이 담아내고자 노력했고, 그 노고와 땀을 이 책 안에 고스란히 기록해 두었다.

마지막으로 이번 개정판을 준비하면서는 고마움을 전해야 할 곳이 많아졌다. 주말에 쉬지도 못하고 연차까지 신청해 새벽부터 밤까지 먼 거리를 운전하고 갈 때도, 카페 방문이 많아 커피를 하루에도 대여섯 잔씩 마셔야 했지만 묵묵히 여행길을 함께해준 아들 대통이, 여행 때마다 조심하라고 신신당부하던 딸 나라, 집 떠날 때부터 집에 돌아올 때까지 항상 무사하기를 빌어주던 내 소중한 가족들, 항상 내 편임을 이야기하며 힘을 준 친구들과 회사 동료들, 경상도에 살고 있다는 이유로 관광 안내까지 해주던 지인들까지 누구 한 명 고맙지 않은 사람이 없다.

머물며 지나왔던 모든 곳이 소중함으로 가득하며 고단한 삶 속에 달달한 꿀물과도 같은 여행을 다시 할 수 있도록 기회를 준 출판사에도 감사의 마음을 전하고 싶다. 더불어 이 책이 여행을 통해 사람들의 삶에 희망을 주며 영원히 사랑받기를 빌어본다.

가을의 길목에서

이경화 씀

이 책의 구성

52주 동안의 여행을 시작하기 전에 이 책의 구성을 상세히 소개합니다.

1주~52주까지 한 주를 표시한다. 매 주는 최소 3~4개의 볼거리 및 먹거리 스팟과 함께 가면 좋은 여행 코스 1개로 구성된다. 각 스팟은 주소, 가는 법(대중교통), 운영시간, 전화번호, 홈페이지 등의 정보와 함께 소개글, 사진을 수록했다.

꽃길만 걷게 해 줄게

14 week

SPOT 1

쌍계사 십리벚꽃길

SPOT 2

숲에서 힐링하다

벌영리 메타세쿼이아숲

각 스팟마다 함께 즐기면 좋을 주변 볼거리·먹거리를 사진 및 정보와 함께 간단히 소개했다. 따라서 스팟 하나만 골라 떠나도 당일 여행 코스로 손색이 없다. 단, 다른 주의 스팟에서 소개한 볼거리·먹거리와 중복될 경우엔 장소 이름과 해당 장소가 소개된 페이지, 간략한 정보만 기재했다. 처음 등장하는 새로운 곳일 경우 소개글과 함께 정보를 기입했다.

추천 코스는 해당 주의 스팟 중 하나를 골라 효율적으로 테마 여행을 떠날 수 있도록 소개했다. 1코스에서 2코스로, 2코스에서 3코스로 이동하는 교통편 정보를 기입했다. 또한 추천 코스 중 새로 등장하는 장소일 경우에는 간단한 소개글과 정보를 기입하고, 다른 페이지에 중복 소개되는 곳일 경우엔 소개글 없이 정보와 해당 페이지만 기입했다.

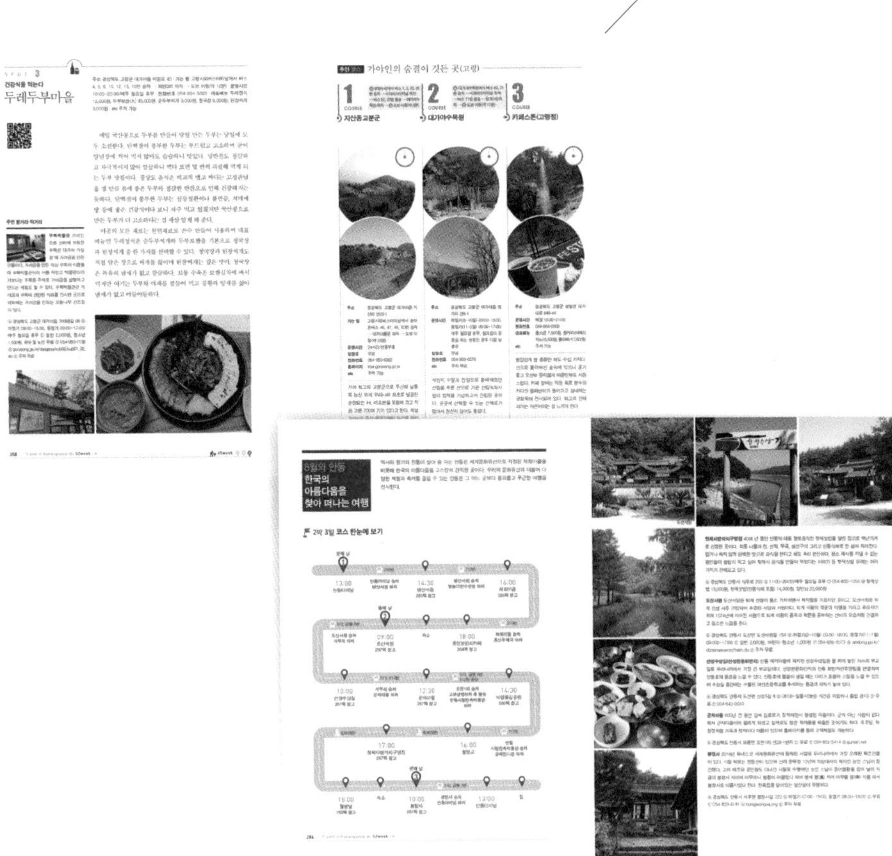

월별 코스를 소개하는 것으로 한 달간의 여행이 끝난다. 월별 코스는 그달에 떠나면 좋을 최적의 여행 코스를 제공한다. 2박 3일간의 코스를 도식화하여 한눈에 보여주고, 오른쪽에는 해당 코스에 포함된 여행지의 사진과 소개글, 정보를 넣어 구성했다.

| 일러두기 |

이 책에 수록한 모든 여행지는 2023년 9월 기준의 정보로 작성되었습니다. 따라서 추후 변동 여부에 따라 대중교통 노선 및 여행지의 입장료, 음식 가격 등의 실제 정보는 책의 내용과 다를 수 있음을 밝힙니다.

취향 따라 골라 떠나는, 테마별 추천 여행지

커피향 가득한 바닷가

웨이브온커피 30p
온더선셋 32p
피아크카페&베이커리 34p
호피폴라 36p
네스트코퍼레이션 38p
카페모조 42p
카페도어스 44p
카페봄 48p
카페제이 49p
르카페말리 50p
러블랑 94p
블루밍342 171p
히든씨 197p
심해 209p
카페시방리 209p
엘도라도 212p
남해당커피 299p
미스티크 376p
클라우드힐 377p
코랄라니 402p
마소마레 404p

꽃향기 가득한 그곳

통도사홍매화 102p
원동매화마을(순매원) 104p
산수유꽃피는 마을 106p
쌍계사십리벚꽃길 126p
여좌천 128p
제황산공원 129p
경화역공원 130p
태종사 224p
저구수국동산 226p
거제썬트리팜수국길 227p
파란대문집수국 227p
연꽃테마파크 274p

경상남도수목원
276p

섬이정원
298p

상리연꽃공원
311p

힐링이 필요할 때

우포늪
110p

법기수원지
112p

진양호호반전망대
136p

위양지
140p

무진정
142p

리틀포레스트촬영지
156p

만휴정
158p

벌영리메타세쿼이아
숲 170p

영주호용마루공원
204p

가야산역사신화공원
214p

가산수피아
216p

낙강물길공원
280p

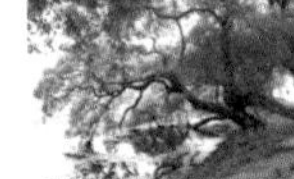
반곡지
282p

장산숲
296p

섬이정원
298p

놀며 쉬며 여유롭게 걷는 길

청도읍성
69p

삼지수변공원
78p

동명지수변생태공원
116p

오봉저수지둘레길
118p

진양호호반전망대
136p

근대문화골목
146p

경주계림
168p

문경새재도립공원
334p

좌학리은행나무숲
354p

의동마을은행나무길
356p

주왕산
360p

주산지
362p

카페에서 차 한잔의 여유를

전망 좋은 곳

곤륜산
90p

죽도산전망대
92p

설리스카이워크
96p

스타웨이하동
스카이워크 98p

앞산해넘이전망대
150p

콰이강의다리
(저도스카이워크)
210p

구미에코랜드
생태탐방모노레일
237p

거제관광모노레일
238p

대봉산휴양밸리
스카이랜드모노레일
241p

우두산
Y자형출렁다리 246p

등기산스카이워크
250p

이가리닻전망대
252p

감악산풍력발전단지
336p

화산산성전망대
338p

환호공원
스페이스워크 384p

하늘자락공원
396p

학전망대
398p

발아래 펼쳐지는 풍경

죽변해안스카이레일
51p

미륵산케이블카
60p

송도해상케이블카
62p

용궁구름다리
63p

사천바다케이블카
64p

성곽에서 부는 바람

구조라성
80p

소을비포성지
82p

고모산성
330p

가산산성
332p

마음을 편안하게 하는 사찰

통도사
102p

쌍계사
132p

대원사
263p

수선사
266p

관룡사
268p

해인사
270p

보리암
308p

문수암
310p

부석사
328p

강 따라 계곡 따라

낙동강예던길선유교
202p

화림동계곡
260p

대원사계곡
262p

옥천계곡
269p

주왕산
360p

그곳에 가면 꼭 먹어야 하는 맛집

라면집
52p

굽은소나무와
오리도둑 72p

바룻
84p

미조식당
100p

물금기찻길
108p

도리원
114p

ㅁㅁ흐스부엉이버거
120p

향촌갈비
144p

카페뒤뜰
166p

유수정불고기쌈밥
172p

온천골
186p

성포끝집
212p

농가맛집밀
218p

빠리맨션
242p

화정소바
248p

하미앙레스토랑
264p

풍전브런치카페
284p

이서방화로
300p

삼송꾼만두 303p
하루담 322p
일월식당 328p
올드 334p
모꼬지 340p
두레두부마을 358p
신촌식당 366p
박달식당 400p
맘보식당 406p

작가가 Pick한 경상도 대표 여행지_ 부산

웨이브온커피 30p
해동용궁사 31p 
피아크카페&베이커리 34p 
무명일기 34p 
F1963 35p 
해운대해수욕장 54p 
감천문화마을 55p 
흰여울문화마을 55p 
해운대포장마차촌 55p 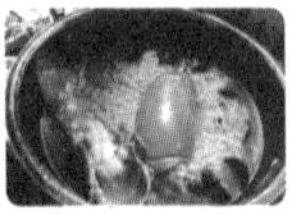
광안리해수욕장 56p 
송도해상케이블카 62p 
암남공원 63p 
용궁구름다리 63p 
태종사 224p 
태종대 225p 
국제시장 228p 
용두산공원 228p 
해운대블루라인파크 386p 
청사포 387p 
청사포다릿돌전망대 387p 
코랄라니 402p 
아난티코브 403p 
송정해수욕장 406p 
헤이든 407p

작가가 Pick한 경상도 대표 여행지_ 경주

경주계림 168p
월정교 169p
경주역사유적지구월성지구(반월성) 169p
유수정불고기쌈밥 172p
바실라 172p
석굴암 173p
불국사 173p
황남금고 173p
문무대왕릉 196p
별채반교동쌈밥 200p
대릉원 200p
양남주상절리 201p
골굴사 201p
삼릉숲 349p
경주남산 349p
교촌마을 349p
동궁과월지(안압지) 349p
보문관광단지 349p

작가가 Pick한 경상도 대표 여행지_ 영덕

카페봄 48p
카페제이 49p
해맞이공원 49p
창포말등대 49p
라면집 52p
해파랑공원 52p
강구항 52p
고래불해수욕장 57p
죽도산전망대 92p
블루로드 B코스 푸른대게의길 93p
벌영리 메타세쿼이아숲 170p
삼사해상산책로 171p
블루밍342 171p
삼사해상공원 409p

작가가 Pick한 경상도 대표 여행지_ 남해

설리스카이워크
96p

상주은모래비치
97p

미조항
100p

미조식당
100p

남해보물섬전망대
221p

원예예술촌
221p

섬이정원
298p

보리암
308p

금산산장
309p

독일마을
312p

쿤스트라운지
312p

다랭이마을
313p

작가가 Pick한 경상도 대표 여행지_ 거제

온더선셋
32p

성포해안산책로
33p

구조라성
80p

구조라항
81p

바릇
84p

망치몽돌해수욕장
84p

학동흑진주몽돌해변
85p

바람의언덕
85p

매미성
208p

심해
209p

카페시방리
209p

성포끝집
212p

엘도라도
212p

저구수국동산
226p

거제썬트리팜리조트
수국길 227p

파란대문집수국
227p

거제관광모노레일
238p

포로수용소유적공원
239p

숨소슬(맹종죽테마
파크) 257p

백만석게장백반본점
257p

1 해 뜨는 남쪽 바다 소망을 가득 담아
월의 경상도

| CONTENTS |

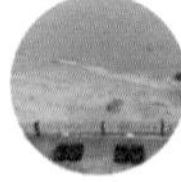

2 겨울의 끝자락에서 월의 경상도

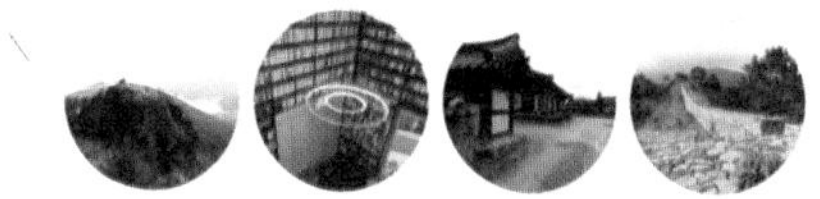

5 week

발 아래 펼쳐지는 풍경들

6 week

북카페에서 찾은 작은 행복

7 week

고택에서의 힐링

8 week

성곽에서 부는 바람

3 어느새 봄 월의 경상도

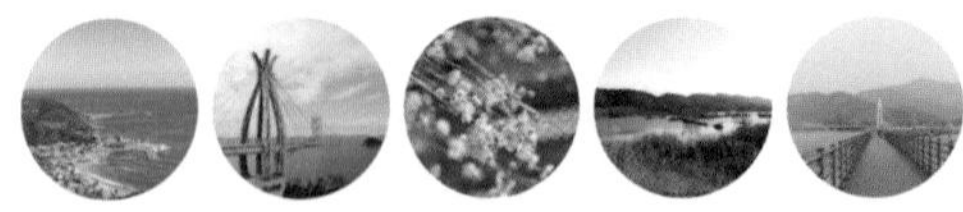

4 꽃잎 봄바람에 날리며 월의 경상도

5 싱그러운 봄, 풀숲에 숨다 월의 경상도

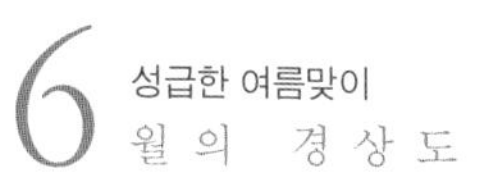

6월의 경상도
성급한 여름맞이

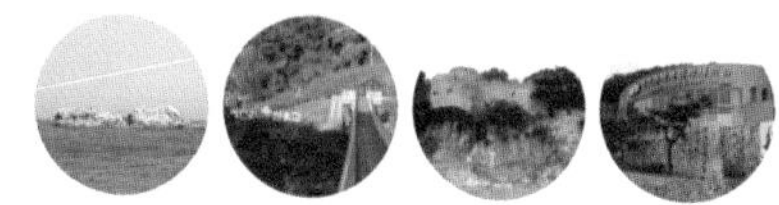

7 어디선가 시원한 바람이
월의 경상도

8 태양을 즐길 시간 월의 경상도

9월의 경상도
계절의 기로에 서서

36 week

정원 카페에서 쉬어가기

37 week

숲이 주는 고마움

38 week

새롭게 변신한 이색카페를 찾아서

39 week

전망 좋은 사찰을 찾아

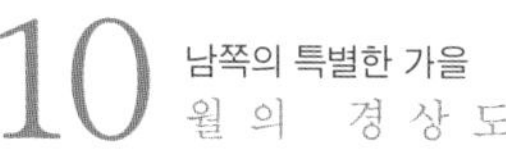

10월의 경상도
남쪽의 특별한 가을

11월의 경상도
화려한 계절의 끝자락

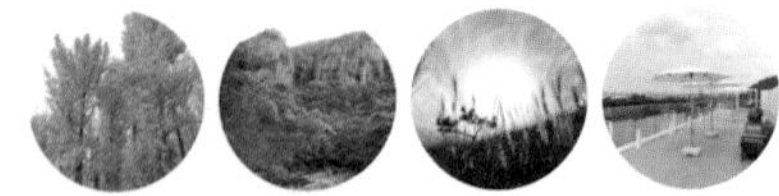

12월의 경상도
따뜻한 겨울 여행

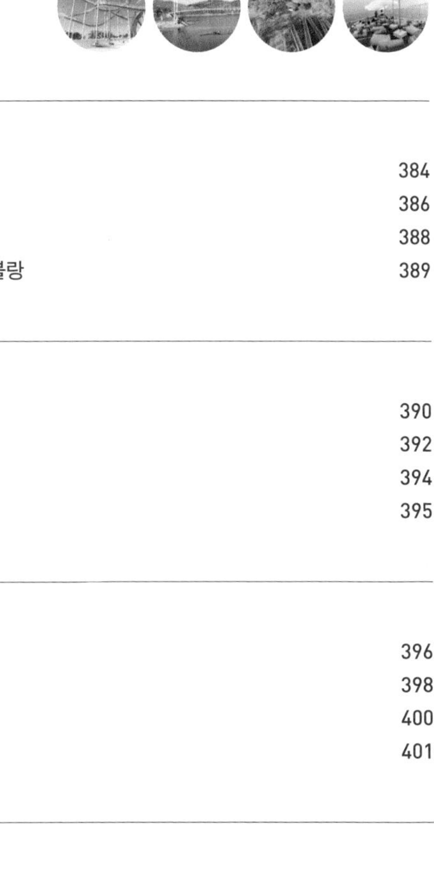

'올해는 건강하고 행복하게, 새해 소망하는 모든 일이 이뤄지길…….' 매일 떠오르는 태양이 1월이라고 특별할 것도 없건만 새해 아침이면 일출을 바라보며 소원을 빌고 싶다. 한 달이 지나고 또 두 달이 지나면 소원에 대한 생각도 점차 희미해지겠지만 새해 첫날을 비추는 붉은 해에 간절함을 담아본다. 수평선 주위가 점점 붉어질수록 덩달아 심장이 뛴다. 눈 깜짝할 사이에 떠오르는 그 찰나의 순간을 놓칠세라 눈이 시리도록 쳐다보며, 또다시 1년을 숨 가쁘게 뛰어갈 준비를 한다. 일출을 보며 크게 심호흡 하는 것도 잊지 않는다.

1월의 경상도

해 뜨는 남쪽 바다
소망을 가득 담아

1월 첫째 주

붉은 해 그리고 커피향 가득한 바다

1 week

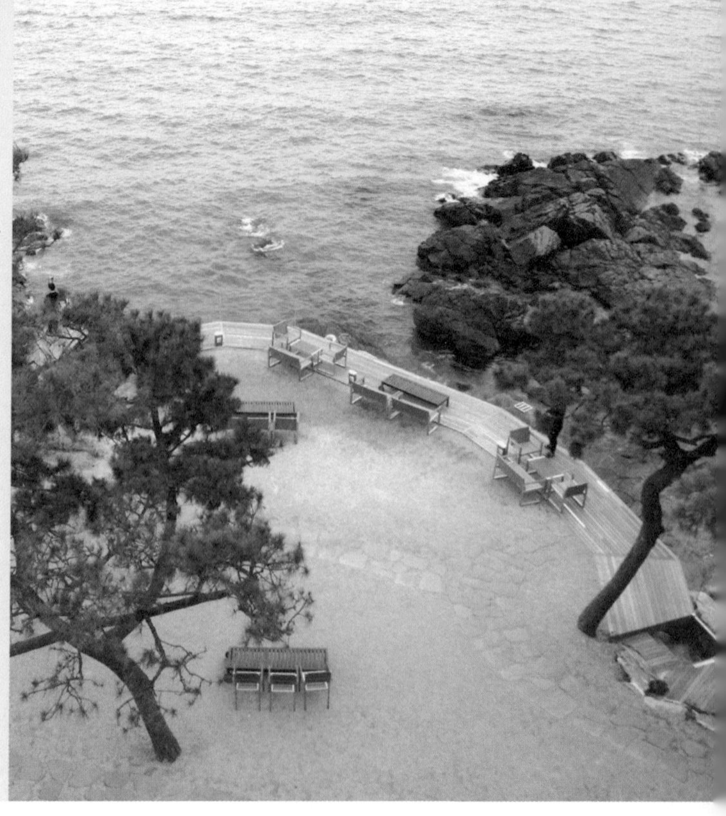

SPOT 1

파도까지 닿은 커피향
웨이브온커피

주소 부산광역시 기장군 장안읍 해맞이로 286 · **가는 법** 부산종합버스터미널에서 버스 37번 승차 → 기장문화예절학교 하차 → 도보 이동(약 5분)/부산역 1호선(노포방면) 승차 → 교대역 하차 후 동해선(태화강방면) 환승 → 월내역 하차 → 도보 이동(약 16분) · **운영시간** 10:00~24:00/연중무휴 · **전화번호** 051-727-1660 · **홈페이지** waveoncoffee.com · **대표메뉴** 월내라테 7,500원, 아메리카노 6,000원, 카페라테 6,500원, 풀문커피 7,500원 · **etc** 주차 무료, 1인 1음료 주문

'이쯤에서 바다가 끝나나 싶다가도 또다시 바다 풍경이 이어지고, 깎아지른 듯한 절벽 사이로 작은 어촌 마을이 자리 잡고 있다. 잠시 차에서 내려 바다를 구경하니 살이 통통하게 오른 갈매기들이 소리 내며 몰려다닌다. 갈매기들이 저리 통통한 것을 보니 풍요로운 어촌인가 보다. 오른쪽으로 바다를 끼고 얼마쯤 왔을까, 눈에 익은 기장의 바다가 펼쳐진다. 그리고 바닷가 주변으로 근사하고 독특한 외형의 카페가 눈에 들어온다.

넓고 투명한 유리창으로 바다가 한눈에 들어오는 카페 웨이브온커피다. 실내와 야외 테라스에는 젊은 사람들 취향에 맞게 의자와 테이블이 제각각 놓여 있다. 1층부터 3층까지 각 층마다 틈새 하나도 놓치지 않은 쉼터가 카페와 자연스럽게 어우러진다. 바다, 그리고 파도 위의 휴식을 지향하듯 바다 가까이 커피 향이 가득하다. 따뜻한 커피를 마시며 바다를 향해 한없이 햇빛 바라기를 하기에 좋다.

주변 볼거리·먹거리

해동용궁사 강원도 양양의 휴휴암, 남해 보리암과 더불어 우리나라 3대 관음성지이며 진심을 담아 기도하면 한 가지 소원을 꼭 이루게 된다는 영험한 절로 알려져 많은 사람이 찾고 있다. 파도가 부서지는 바위 위에 자리 잡은 해동용궁사는 대웅전과 불상, 석등 모든 것이 바다와 어우러져 빼어난 풍광을 자랑한다. 원래 이름은 보문사였고 1970년 정암 스님이 백일기도 중 꿈에 흰옷을 입은 관음보살이 용을 타고 하늘로 올라가는 것을 보았다 하여 해동용궁사로 이름을 바꿨다고 한다.

Ⓐ 부산광역시 기장군 기장읍 용궁길 86 Ⓞ 04:30~19:30/연중무휴 Ⓒ 무료 Ⓣ 051-722-7744 Ⓗ yong.kungsa.or.kr Ⓔ 주차 무료

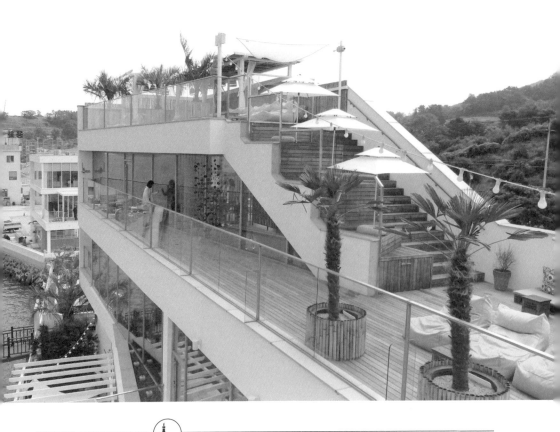

SPOT 2

노을이 아름다운 곳

온더선셋

주소 경상남도 거제시 사등면 성포로 65 · **가는 법** 고현버스터미널에서 버스 40, 41, 42, 44번 승차 → 사등면사무소 하차 → 도보 이동(약 6분) · **운영시간** 10:00~22:00 · **전화번호** 055-634-2233 · **홈페이지** instagram.com/onthesunset · **대표메뉴** 선셋커피 8,500원, 선셋주스 8,500원, 선셋에이드 8,000원, 아메리카노 6,500원 · **etc** 주차 무료

노을이 아름다운 성포항은 해 질 무렵이면 하늘이 붉은빛으로 물들어 일상에 지친 사람들에게 위로를 준다. 그곳엔 이름도 어울리는 대형카페 온더선셋이 위치해 있어 바다와 석양이 환상적인 곳으로 볼거리와 먹거리, 즐길거리를 제공해 주니 저절로 힐링이 된다. 곳곳에 보이는 야자수는 거제도가 아닌 동남아시아로 휴가를 온 듯 호사를 누리게 한다. 카페는 1층부터 3층까지 세련되고 깔끔하며 바다로 향해 있는 빈백 소파는 안락하고 포근하다. 소파에 앉아 바라보는 석양은 어떤 모습일까 상상만으로도 행복해진다.

주변 볼거리·먹거리

성포해안산책로&선셋브릿지 거제도에서도 성포는 유난히 노을이 아름다운 곳으로, 카페 온더선셋 앞으로 놓인 해안산책길을 따라 하사근마을과 성포항까지 약 700m의 길이 노을 맛집으로 유명해졌다. 바다 한가운데 해상전망대가 있어 해 질 무렵 바다를 붉게 물들이는 환상적인 일몰을 감상할 수 있다.

Ⓐ 경상남도 거제시 사등면 성포로 65 Ⓞ 연중무휴 Ⓒ 무료 Ⓣ 055-639-3000 Ⓔ 주차 무료

SPOT 3

감만항이 보이는 베이커리 카페

피아크카페&베이커리

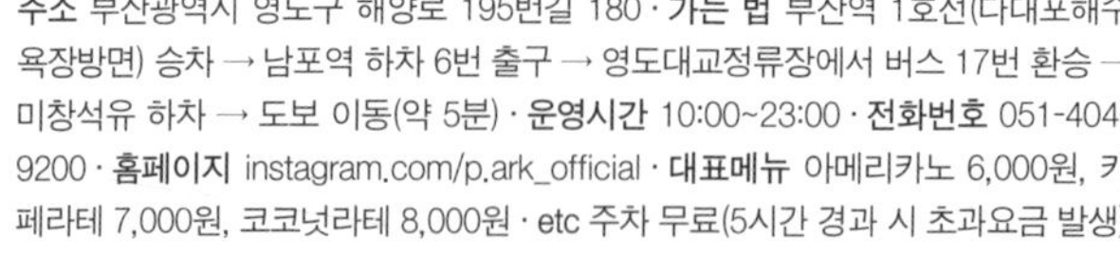

주소 부산광역시 영도구 해양로 195번길 180 · **가는 법** 부산역 1호선(다대포해수욕장방면) 승차 → 남포역 하차 6번 출구 → 영도대교정류장에서 버스 17번 환승 → 미창석유 하차 → 도보 이동(약 5분) · **운영시간** 10:00~23:00 · **전화번호** 051-404-9200 · **홈페이지** instagram.com/p.ark_official · **대표메뉴** 아메리카노 6,000원, 카페라테 7,000원, 코코넛라테 8,000원 · etc 주차 무료(5시간 경과 시 초과요금 발생)

사람을 가득 태우고 부산항을 출발해 미지의 세계로 갈 것 같은, 배 모양을 닮아있는 피아크카페의 첫인상이다. 피아크(P.ARK)라는 이름이 독특해 검색해 보니 '아크'는 '방주'라는 뜻으로 구약성경에 나오는 '노아의 방주'라는 의미를 담고 있다고 한다. 감만항이 보이는 영도에 위치한 피아크카페는 2021년 5월 노후 공업지역이던 지금의 자리에 선박수리기업인 제일 SR그룹이 건축해서 오픈했다.

베이커리 카페로 하루에 한 개씩 한 달 동안 먹는다 해도 다 맛보지 못할 정도로 종류가 많고 쿠키와 머랭도 다양하다. 피아크는 브레드팩토리 공간인 1층부터 오션가든과 컬처라운지가 복합공간으로 구분되어 있고 4층부터 6층까지는 카페가 자리해 있다. 면적으로 따지면 야외 면적만 650평인데도 자리 잡기가 어려울 정도로 부산 영도에서도 핫한 카페다. 배의 선미쯤 되는 야외공간에서는 영도 바다와 부산항 그리고 오륙도까지 보이니 부산에서도 가장 부산다운 풍경을 만날 수 있다.

주변 볼거리·먹거리

무명일기 녹슨 배의 표면을 벗겨내는 망치질 소리 때문에 깡깡이 마을로도 불리는 영도 바닷가 주변에 위치한 근대 항만창고를 개조해 새롭게 탄생한 복합문화공간 카페로 빈티지한 분위기를 최대한 살렸다. 애견동반이 가능하며 가끔 공연과 전시가 열리는데 SNS 채널을 통해 누구나 참여할 수 있다.

Ⓐ 부산광역시 영도구 봉래나루로 178 Ⓞ 12:00~21:00/연중무휴 Ⓣ 070-7347-8069 Ⓗ cottondiary.co.kr Ⓜ 아메리카노 5,000원, 카페라테 6,000원, 당근케이크 7,500원 Ⓔ 주차 무료

추천 코스 그림 같은 바다 풍경을 찾아서(부산)

1 COURSE
해운대블루라인파크

해운대블루라인파크 미포에서 버스 1003번 승차 → 수영역 하차 → 버스 54번 환승 → 고려제강 하차 → 도보 이동(약 5분)

2 COURSE
F1963

망미역 2번 출구 → 망미역 → 연산역 환승 → 자갈치역 하차(7번 출구) → 국제시장 → 도보 이동(약 11분)

3 COURSE
국제시장

주소 부산광역시 해운대구 달맞이길 62번길 11(미포정거장), 부산광역시 해운대구 송정중앙로8번길 60(송정정거장)
가는 법 부산역 1호선 → 서면역 2호선 환승 → 중동역 하차 7번 출구 → 도보 이동(약 3분)
운영시간 11월~2월 09:30~19:00, 3~4월, 10월 09:30~19:30, 5~6월, 9월 09:30~20:30, 7~8월 09:30~21:30/연중무휴
이용요금 해변열차 7,000원, 스카이캡슐 2인승 35,000원, 3인승 45,000원, 4인승 50,000원
전화번호 051-701-5548
홈페이지 bluelinepark.com
etc 2시간 주차 무료(이후 10분당 700원 추가)

12월 49주 소개(370쪽 참고)

주소 부산광역시 수영구 구락로 123번길 20
운영시간 매일 09:00~21:00/F1963 도서관 화~일요일 10:00~18:00
전화번호 051-756-1963
etc 주차 30분당 1,500원

고려제강의 모태가 되는 첫 공장으로 1963년부터 2008년까지 45년 동안 와이어를 생산하던 공장이었다. 와이어공장이 문화공장 복합문화공간으로 탈바꿈했다. F1963은 2016년 부산비엔날레를 계기로 새롭게 탄생했으며 F는 Factory(공장), 1963은 수영공장이 완공된 연도를 의미한다.

주소 부산광역시 중구 국제시장 1길, 2길
운영시간 24시간/연중무휴
전화번호 051-245-7389
홈페이지 gukjemarket.co.kr
etc 공영주차장이 있지만 가급적 대중교통 이용

7월 27주 소개(228쪽 참고)

1월 둘째 주

겨울 바다와 어울리는 커피

2 week

SPOT 1

바다를 품은 카페

호피폴라

주소 울산광역시 울주군 서생면 나사해안길 6 · **가는 법** 울산역에서 버스 1703번 승차 → 옥동초등학교 하차 → 버스 405번 환승 → 나사리입구 하차 → 도보 이동(약 2분) · **운영시간** 10:00~23:00 · **전화번호** 052-238-2425 · **홈페이지** instagram.com/cafe_hoppipolla · **대표메뉴** 아메리카노 5,500원, 카페라테 6,000원, 콜드브루 6,500원 · **etc** 주차 무료

호피폴라(Hoppipolla)는 아이슬란드어로 '물웅덩이에 뛰어들다'라는 뜻이다. 나사리 해수욕장 부근에 위치해 있는 카페 호피폴라는 물웅덩이 대신 바다 속으로 빠져들고 싶을 정도로 바다와 가까이 있다. 바다로 향해 있는 의자들은 일출과 일몰을 동시에 감상하기 좋고 겨울에는 햇빛을 고스란히 머금은 바다가 따뜻한 기운을 쏟아내는 듯하다.

모래가 쌓여 마을이 되었다는 나사마을에는 육각모래로 이루어진 나사해변이 있다. 하얀 등대를 배경으로 날씨가 좋을 때면

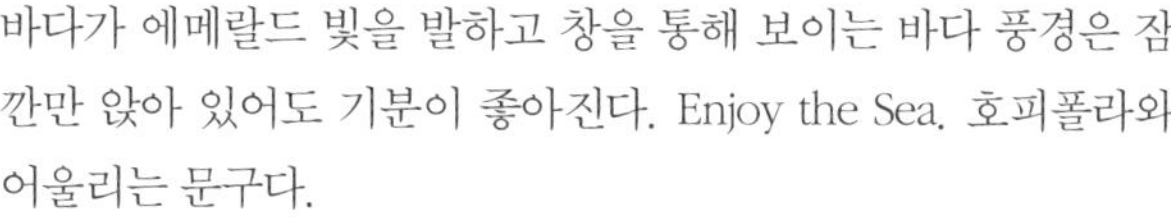

바다가 에메랄드 빛을 발하고 창을 통해 보이는 바다 풍경은 잠깐만 앉아 있어도 기분이 좋아진다. Enjoy the Sea. 호피폴라와 어울리는 문구다.

주변 볼거리·먹거리

간절곶 우리나라는 물론 동북아시아를 통틀어 해가 가장 먼저 뜨는 곳으로 북쪽 서생포와 남쪽 신암리만 사이에 돌출된 부분이다. 정동진, 호미곶과 함께 동해안의 대표적인 일출 명소로 등대와 우체통이 있는 해맞이 공원이 있다.

Ⓐ 울산광역시 울주군 서생면 간절곶1길 39-2 Ⓞ 24시간/연중무휴 Ⓣ 052-229-7902 Ⓔ 주차 무료

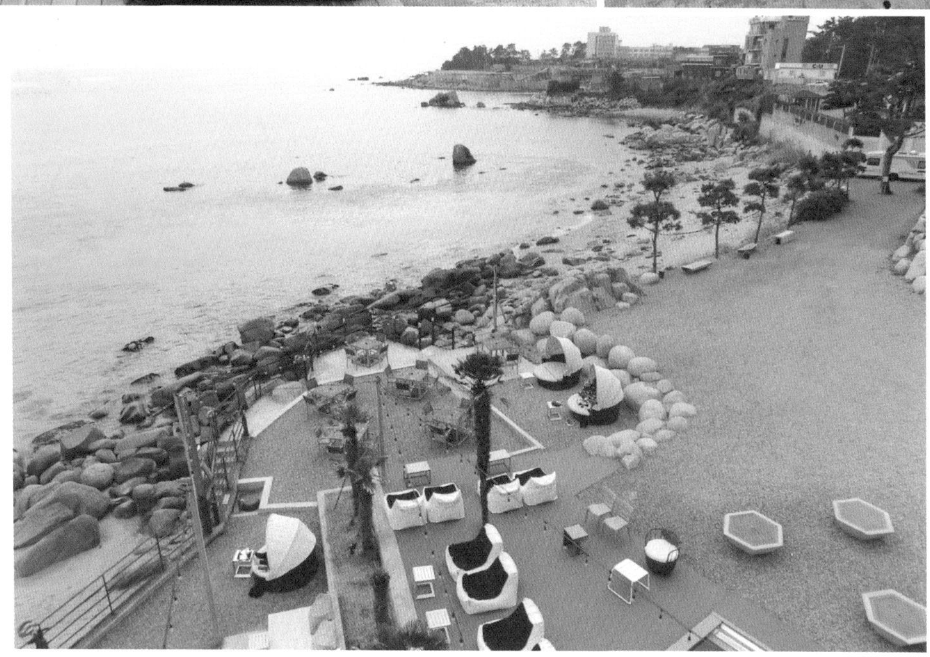

SPOT 2

바닷가 경치 좋은 카페

네스트 코퍼레이션

주소 경상북도 포항시 남구 호미곶면 해맞이로46번길 164 · **가는 법** 포항역에서 버스 9000번 승차 → 해맞이로입구 하차 → 도보 이동(약 3분) · **운영시간** 매일 10:30~20:00/연중무휴 · **전화번호** 010-8559-6999 · **홈페이지** instagram.com/nestcorporation · **대표메뉴** 심해커피 7,500원, 파인라테 7,000원, 아메리카노블랙 6,500원, 아메리카노블루 6,500원 · etc 주차 무료

예전에는 포항이라고 하면 포스코와 호미곶을 떠올렸다. 하지만 지금은 바닷가 해안도로를 따라 크고 작은 카페들이 생겨나면서 카페의 성지가 되었다. 바다라는 훌륭한 입지조건 때문에 카페가 생기난 것이니 카페투어라는 말을 실감하겠다. 호미곶에서 차로 5분 거리에 위치한 카페 네스트코퍼레이션도 바로 앞이 바다다. '둥지'라는 뜻을 지닌 '네스트(nest)'를 이름에 품고 있는 이 카페는 푸른 물방울 로고가 상징이며, 커피를 내릴 때 떨어지는 커피방울과 로스팅할 때의 불꽃 모양을 표현했다고 한다. 카페마다 조금씩 다른 분위기가 있듯 카페 네스트코퍼레이션은 나무와 잔디를 깔아 포근하고 따뜻한 느낌을 준다. 바다와 소나무는 유독 잘 어울린다고 생각했는데, 이곳은 바다가 아

닌 산속 소나무숲에 들어와 있는 듯 솔향이 가득하다. 매일 빵을 굽고 있어 신선한데다 빵 굽는 시간이면 빵 냄새와 고소한 커피 향이 카페를 휘감는다. 실내와 야외 곳곳에 놓인 테이블은 바다와 가까이 자연스럽게 조화를 이루고 어디서 사진을 찍어도 만족스러운 결과물이 나오는 곳이기도 하다.

주변 볼거리·먹거리

호미곶 한반도 지도에서 호랑이 꼬리 부분에 해당하는 호미곶은 해가 뜨는 일출의 명소다. 해맞이광장에 화합의 의미로 만들어진 호미곶의 상징 〈상생의 손〉 중에서 오른손은 바닷속에 잠겨 있고 왼손은 육지에 있다. 〈상생의 손〉 위로 해가 떠오를 때면 마치 손바닥 위에 해를 올려놓은 듯하다. 이곳에는 2만 명이 먹을 수 있는 전국 최대 가마솥이 있어 매년 1월 1일이면 호미곶을 찾는 관광객에서 떡국을 대접한다.

Ⓐ 경상북도 포항시 남구 호미곶면 대보리 Ⓞ 24시간 Ⓣ 054-284-5026 Ⓔ 주차 무료

SPOT 3

40년간 한결같은 언양불고기

언양기와집 불고기

주소 울산광역시 울주군 언양읍 헌양길 86 · 가는 법 울산역에서 버스 13번 승차 → 남천교 하차 → 도보 이동(약 6분) · 운영시간 11:00~20:50/연중무휴 · 전화번호 052-262-4884 · 대표메뉴 언양불고기 22,000원, 육회 28,000원, 등심 26,000원, 낙엽살 28,000원

옛날 천석지기의 기와집을 개조한 곳으로 한옥의 역사만 1백 년, 불고기 역사는 30년 된 언양의 대표적인 불고깃집이다. 〈수요미식회〉 불고기 편에 소개되었는데, 그 전부터 예약을 하지 않으면 오래 기다려야 할 정도로 유명한 곳이다. 보통 불고기는 국물이 자작자작한 전골로 나오지만 이 집은 석쇠에 구워 나오기 때문에 불맛을 제대로 느낄 수 있다. 달지도 짜지도 않은 것이 예나 지금이나 입맛을 돋운다.

언양불고기는 예전에 노동자들이 빨리 먹기 위해 고기를 잘게 다져 석쇠에 구워 먹으면서 시작되었다. 버섯과 마늘까지 푸짐하게 올려진 고기는 볼이 터질 듯 크게 쌈을 싸서 먹어야 제맛이다. 고기도 맛있지만 밑반찬도 훌륭한데 마치 한정식을 차려낸 것처럼 푸짐하다. 고풍스러운 기와집과 실내 분위기, 소나무, 그리고 음식 맛까지 30년을 한결같이 지켜온 맛있는 불고기를 즐길 수 있다.

주변 볼거리·먹거리

언양성당 1936년 울산 지역에서 최초로 건립된 언양성당(등록문화재 제103호)은 울산 지역에서 가장 오래된 고딕 석조 건물이다. 천주교 박해와 관련된 유물들이 전시되어 있고 언양성당 본관 및 사제관은 건물 원형이 잘 보존되어 있어 역사와 종교 분야에서 큰 자료가 되기도 한다. 언양성당 뒤쪽으로 십자가의 길을 지나가면 천연 석굴에 성모마리아를 모신 성모동굴이 있다.

Ⓐ 울산광역시 울주군 언양읍 구교동 1길 11 Ⓞ 24시간/연중무휴 Ⓒ 무료 Ⓣ 052-262-5312 Ⓗ eonyang.pbcbs.co.kr

주전몽돌해변 차르르차르르 파도가 몽돌을 스치는 소리와 함께 까만 자갈이 햇빛을 받아 반짝인다. 주전몽돌해변은 청정해역 동해에서 보석 같은 곳이다.

Ⓐ 울산광역시 동구 주전동 Ⓞ 24시간/연중무휴 Ⓒ 무료 Ⓣ 052-209-4475

추천 코스 대나무숲에서 부는 바람(울산)

1 COURSE 태화강국가정원 동강병원에서 버스 708, 357, 802번 승차 → 이마트앞 하차 → 도보 이동(약 8분)

2 COURSE 이마트에서 버스 124번 승차 → 대왕암공원 하차 → 도보 이동(약 10분)

3 COURSE

▶ 태화강 국가정원십리대숲 ▶ 만파식적(삼산점) ▶ 대왕암공원

주소 울산광역시 중구 태화동 636
가는 법 KTX울산역에서 버스 5003번 승차 → 태화동 하차 → 도보 이동(약 18분)
운영시간 24시간
입장료 무료
전화번호 052-229-7583
etc 공영주차장이 있지만 가급적 대중교통 이용, 주차비 무료

태화강을 따라 10리에 걸쳐 대나무 군락지가 이어진다. 일제강점기 홍수 방지용으로 백사장 위에 대나무를 심은 것이 지금의 대숲이 되었다. 키가 커서 햇빛을 막아주는 그늘막 역할을 하고 산책로가 잘 꾸며져 편히 걸으면서 대나무에서 나오는 맑은 공기를 마음껏 마실 수 있다.

주소 울산광역시 남구 남중로 91 2층
운영시간 11:30~21:00(15:00~16:30 브레이크타임)/추석, 설 전날 및 당일 휴무
전화번호 052-227-9474
대표메뉴 만파식적A코스 15,000원, 만파식적B코스 18,000원
etc 무료

홀과 룸이 구분되어 있어 상견례와 가족모임을 하기에도 좋은 식당으로 울산의 한정식 맛집이다. 메인 음식이 나오기 전 기본 10여 가지 음식들이 식욕을 돋우고 갈비와 불고기를 비롯한 메인 요리는 깔끔하고 정갈해 대접 받는 기분을 느낄 수 있다. 잔칫집에 빠지지 않는 잡채는 언제 먹어도 맛있고 식후 누룽지와 숭늉은 고소해 잊을 수 없다.

주소 울산광역시 동구 등대로 140
운영시간 24시간/연중무휴
입장료 무료
전화번호 052-209-3751
etc 주차 평일 2시간 무료, 주말·공휴일 20분 이내 면제, 기본시간 초과 시 30분마다 500원 추가

6월 23주 소개(198쪽 참고)

1월 셋째 주

노을이 아름다운 바다
그리고 커피 한잔

3 week

SPOT 1

노을 질 때 환상적인

카페모조

주소 경상남도 창원시 성산구 삼귀로 486번길 60 · **가는 법** 창원중앙역에서 버스 222번 승차 → 창원시청 하차 → 버스 216번 환승 → 석교종점 하차 → 도보 이동(약 7분) · **운영시간** 11:00~23:00/연중무휴 · **전화번호** 0507-1443-0702 · **대표 메뉴** 아메리카노 5,500원, 카페라테 6,000원, 카페모카 6,500원, 바닐라빈라테 6,500원 · etc 주차 가능

귀산 카페거리는 과거 횟집거리였지만 마창대교가 생기면서 귀산동 해안도로를 따라 하나둘씩 카페가 생기더니 지금은 귀산 카페거리라는 새로운 명칭이 생길 정도로 카페성지가 되었다. 카페 모조는 요즘 핫한 귀산 카페거리에 위치해 있으며 바로 앞에 마창대교가 보인다.

총 4층으로 되어있는 카페 모조의 1층은 주차장으로 사용하며 2~4층까지 바다를 조망해 볼 수 있도록 푹신하고 편안한 좌석이 세팅되어 있다. 전망이 좋은 루프톱은 항상 자리가 없지만 어디에 앉아서 보든 바다가 보이는 오션뷰로 앞을 막는 이 없이 오로지 바다는 내 차지가 된다. 다양한 종류의 빵과 케이크, 커피를 비롯한 음료들도 많아서 취향껏 주문할 수 있다. 해변을 따라 산책을 해도 좋을 정도로 해안산책로가 잘 조성되어 있어 남해의 매력을 느끼기에 충분하며 늦은 오후에 지나칠 때는 환상적인 노을을 만날 수 있다. 1월의 맑은 공기와 하늘 그리고 따스한 햇살로 바다는 보석처럼 빛나고 올망졸망 떠 있는 섬들과 마창대교 사이로 보이는 일몰은 환상적이다.

주변 볼거리·먹거리

귀산카페거리 아름다운 석양과 마창대교의 야경으로 유명하지만 최근에는 해안가를 따라 카페가 많이 생기면서 카페거리라 부른다. 마창대교가 보이고 바다 경관도 즐길 수 있는 마산만의 최고 오션뷰다. 카페뿐만 아니라 횟집이나 레스토랑도 있어 식사를 즐길 수도 있다.

Ⓐ 경상남도 창원시 성산구 귀산로 58번길8
Ⓞ 카페마다 이용시간 상이 Ⓣ 055-225-3701 (관광과) Ⓔ 공용주차장 이용

SPOT 2

산토리니를 닮은

카페도어스

주소 경상남도 고성군 고성읍 신월로 160 · **가는 법** 고성여객자동차터미널에서 농어촌버스 고성, 곡용, 원산, 도산, 홍류행 승차 → 곡용정류장 하차 → 도보 이동(약 9분)/버스가 자주 다니는 곳이 아니라 자동차 이용 추천 · **운영시간** 11:00~22:00/연중무휴 · **전화번호** 055-672-2009 · **홈페이지** instagram.com/cafe_doors · **대표메뉴** 바닐라라테 6,500원, 소금라테 7,500원, 아메리카노 5,500원 · **etc** 주차 무료

분명 고성 신월리 바닷가에 위치해 있지만 지중해 산토리니를 닮은 카페 도어스다. 한 번도 가보지 않은 산토리니가 연상되는 건 흰색 외벽에 곡선으로 지어진 카페 외관 때문일 것이다. 잔디밭과 바람개비 그리고 바다로 향해 있는 문과 액자 포토존은 바다가 그대로 담긴다.

카페 이름이 '도어스'라 해서 예전에 종종 듣곤 하던 록그룹 더 도어스를 연상시키기도 하는데 카페에 들어서 보니 왜 도어스인지 알 수 있을 것 같다. 알록달록 다양한 색을 입은 파스텔톤의 문들이 많다. 그 문을 열고 나가면 환상적인 미지의 세계로 빠져

들 것 같은 느낌마저 든다. 파란 파라솔에 흰색 외벽. 그러고 보니 프로방스를 닮아 있는 듯한 카페 도어스는 예쁘고 아기자기한 포토존이 많아 정신없이 사진 찍다 보면 어느새 해가 진다.

도어스의 또 다른 매력은 해 질 무렵에 느낄 수 있다. 낮 동안 발갛게 달아오른 해가 수평선 너머로 질 때면 하늘을 붉게 물들인다. 서해에서 보는 석양만큼이나 남해에서 보는 석양도 환상적이다.

주변 볼거리·먹거리

남산공원 고성의 유일한 공원으로 벚꽃과 동백숲, 꽃무릇 등 계절별로 다른 꽃이 핀다. 은행나무와 단풍나무가 유독 많아 가을이면 단풍으로 아름다우며 대나무숲을 조성해 산책길 따라 쉴 수 있는 휴식공간이 많다. 공원 정상에 설치된 남산정에서는 바다를 조망할 수 있으며 해지개해안둘레길과도 연결되어 있다.

Ⓐ 경상남도 고성군 고성읍 수남리 255 Ⓞ 연중무휴 Ⓒ 무료 Ⓣ 055-670-2664 Ⓔ 주차 가능

SPOT 3

동굴 안에서 먹는 오리불고기 맛집

동굴집

주소 경상남도 창원시 마산합포구 가포해안길 35 · **가는 법** 마산남부시외버스터미널에서 108, 262, 263번 승차 → 가포고등학교 하차 → 도보 이동(약 3분) · **운영시간** 11:30~21:00(15:00~16:30 브레이크타임)/매주 월요일 휴무 · **전화번호** 055-221-0668 · **대표메뉴** 오리불고기(大) 60,000원, 유황오리백숙 60,000원 · etc 주차 가능

점심시간이나 저녁시간에 식당을 방문하면 20분 이상 기다려야만 먹을 수 있다는 이곳은 오리불고기 맛집이다. 동굴집은 진짜 동굴 안에 지어진 식당으로 습하고 먼지가 많을 것 같지만 오히려 쾌적하고 은은한 조명에 분위기까지 좋다.

일제강점기 때 일본군이 사용하던 동굴이며 예전에는 주변으로 비슷한 동굴이 10개 정도 있었지만 지금은 모두 없어지고 이곳 동굴집 한 곳만 남아 있다. 동굴 깊이는 80m로 출구는 이웃집과 연결되어 있다. 닭백숙이나 오리탕도 있지만 오리불고기가 동굴집의 메인 메뉴다. 보통 불고기는 간장으로 양념을 하지만 이곳은 고추장으로 양념을 한다. 이러한 이유로 칼칼하게 매운맛이 오히려 깔끔하게 느껴진다. 오리고기 특유의 텁텁함도 없고 육질도 질기지 않아 쫄깃하다 보니 평소 오리고기를 싫어하던 사람들도 맛있게 먹을 수 있다. 기호에 따라 눈꽃 치즈를 뿌려 먹어도 색다른 맛을 느낄 수 있다. 고기와 야채를 다 먹었다면 볶음밥도 먹어보자. 마지막에 치즈를 곁들이면 맛의 신세계를 느낄 수 있다.

주변 볼거리·먹거리

화인찜 창원 마산 하면 생각나는 음식은 아구찜과 해물찜이다. 두 가지 음식을 한꺼번에 먹을 수 있는 아구해물두루치기로 유명한 화인찜은 신마산시장 2층에 위치해 있다. 아구와 해물 그리고 통째로 나온 오징어는 싱싱하고 양도 많다. 매콤한 양념이 먹을수록 당기는 이곳 화인찜은 2011년 경남 향토요리 경연대회에서 대상을 수상했다.

Ⓐ 경상남도 창원시 마산합포구 문화동15길 13 신마산시장 2층 212호 Ⓞ 10:00~22:00/연중무휴 Ⓣ 055-222-1199 Ⓜ 아구찜(大) 33,000원, 해물찜(大) 38,000원 Ⓔ 도로변 주차 가능

추천 코스 골목길에서 묻어나는 행복(창원)

1 COURSE

🚌 저도연륙교주차장 구복정류장에서 버스 260-1번 승차 → 어시장 하차 → 🚶 도보 이동(약 8분)

콰이강의다리(저도스카이워크)

2 COURSE

🚌 부림시장에서 버스 122번 승차 → 가포고등학교 하차 → 🚶 도보 이동(약 3분)

창동예술촌

3 COURSE

동굴집

주소	경상남도 창원시 마산합포구 구산면 해양관광로 1872-60
가는 법	마산남부시외버스터미널 해운동정류장에서 버스 61번 승차 → 저도연육교, 스카이워크 하차 → 도보 이동(약 6분)
운영시간	매일 10:00~22:00/연중무휴
전화번호	055-220-4061
etc	주차 무료

6월 25주 소개(210쪽 참고)

주소	경상남도 창원시 마산합포구 오동서6길 24
운영시간	09:00~18:00/매주 월요일 휴무
전화번호	055-222-2155
홈페이지	changdongartvillage.kr
etc	별도의 주차장이 없으니 대중교통 이용

4월 15주 소개(138쪽 참고)

주소	경상남도 창원시 마산합포구 가포해안길 35
운영시간	11:30~22:00(15:00~16:30 브레이크타임)/매주 월요일 휴무
전화번호	055-221-0668
대표메뉴	오리불고기(大) 60,000원, 유황오리백숙 60,000원
etc	주차 가능

1월 3주 소개(046쪽 참고)

1월 넷째 주

손을 뻗으면 닿을 듯 가까운 곳에 바다가

4 week

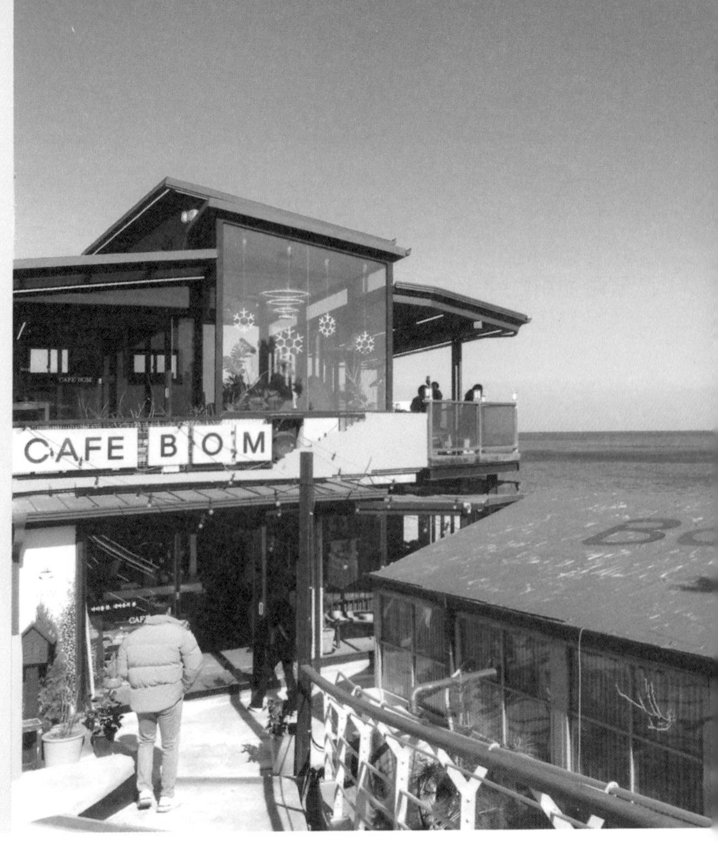

SPOT 1

바다를 품은 곳

카페봄

주소 경상북도 영덕군 강구면 영덕대게로 192 · **가는 법** 강구버스터미널에서 농어촌버스 영덕-영덕, 영덕-축산행 승차 → 금진2리 하차 → 도보 이동(약 4분) · **운영시간** 월~금요일 10:00~20:00, 토요일 09:00~21:00, 일요일 09:00~20:00/ 연중무휴 · **전화번호** 054-734-8189 · **대표메뉴** 아메리카노 5,000원, 바닐라라테 6,000원 · etc 도로변 주차 가능

카페 봄을 생각하면 가장 먼저 떠오르는 이미지가 바다를 향해 있는 하얀색 커피잔이다. 방문한 적 없는 사람들도 알 수 있듯 커피잔은 카페 봄의 시그니처다. 절벽 위에 위치한 카페 봄은 사방을 둘러봐도 바다만 보인다. 건물은 별관과 본관으로 나뉘어 있고 1층 안쪽을 제외하고는 어느 곳에서든 바다를 볼 수 있으니 이곳이 오션뷰 맛집인 셈이다.

'당신이 따뜻해서 봄이왔습니다.' 입구에서 반기는 문구는 카페 봄 이미지와 닮아 있고, 푸른색으로 빛나는 바다는 쉼이라는 단어를 연상케 한다.

주변 볼거리·먹거리

카페제이 영덕 해맞이공원을 지나 창포말등대로 가는 길에 우연히 보게 된 카페제이는 동해안이라는 입지조건에 맞춘 오션뷰 카페다. 야외에 빨간색 쿠션이 있는 흔들의자와 바다로 향해 있는 테이블은 차가운 바닷바람도 이겨낼 정도로 앉고 싶게 한다. 커피 종류도 다양하고 달달한 아이스크림과 산딸기로 토핑해 메이플시럽을 곁들인 크로플이 마음을 이끈다.

Ⓐ 경상북도 영덕군 강구면 영덕대게로 254 Ⓞ 09:00~21:00/연중무휴 Ⓣ 054-732-1415 Ⓜ 에스프레소 4,500원, 아메리카노 5,500원, 롱블랙 5,000원, 카페라테 6,000원 Ⓔ 주차 무료

해맞이공원&창포말등대 우리나라에서 가장 아름다운 도로인 7번 국도를 달리다 보면 언덕 위로 커다란 집게발이 등대를 감싸고 있는 창포말등대와 바로 옆에 해돋이로 유명한 해맞이공원이 있다. 1997년 산불로 황폐하게 변한 자리에 해맞이공원을 조성했고, 기암절벽과 해송숲이 멋진 풍광을 선사한다.

Ⓐ 경상북도 영덕군 영덕읍 창포리 산5-5(창포말등대) Ⓞ 24시간/연중무휴 Ⓣ 054-730-7052 Ⓔ 주차 무료

SPOT 2

바다와 바람이 머물다

르카페말리

주소 경상북도 울진군 죽변면 죽변중앙로 32 · **가는 법** 울진종합버스터미널(월변방면)에서 버스 27, 30, 48, 52번 승차 → 후정3리(방축골) 하차 → 도보 이동(약 7분) · **운영시간** 월~토요일 10:00~22:00, 일요일 10:00~18:00/연중무휴 · **전화번호** 054-781-5292 · **홈페이지** instagram.com/lecafemarli · **대표메뉴** 아메리카노 4,500원, 카페라테 5,000원, 레인보우케이크 6,000원 · **etc** 주차 무료

날씨에 따라 분위기가 달라지는 구름 낀 죽변해변은 운치를 더해 준다. 햇빛이 좋은 맑은 날이라면 또 다른 분위기겠지만 흐린 날 바다는 묵직하게 내려앉는다. 카페 르카페말리는 죽변항과 봉평해수욕장 사이에 위치해 있으며 바다뿐 아니라 백사장을 거닐 수도 있다. 하얗고 빨간 등대가 보이는 방파제가 있고 죽변항부터 봉평해수욕장까지 이어지는 길은 드라이브코스로도 유명하다.

1층은 좌석이 널찍하지만 자동차가 주차되어 있으면 바다가 보이지 않고, 2층은 바다를 향한 큰 창이 있어 액자 속 바다를 보는 느낌이다. 실내보다는 바다와 깨끗한 모래가 보이는 야외에

자리 잡고 레인보우케이크와 커피를 주문해 본다. 르카페말리는 커피 한 잔에 푸른 바다와 시원한 바람이 머무는 곳이란다. 울진의 바다와 함께할 수 있고 오션뷰와 자연이 어우러져 잠깐이나마 힐링할 수 있는 곳이다.

주변 볼거리·먹거리

죽변해안스카이레일

죽변 승차장과 후정 승차장을 오가는 왕복 4.8km를 자동으로 움직이는 모노레일 형식으로 사계절 색다른 풍경과 절경을 감상할 수 있다. 해안스카이레일은 주변 명소인 하트해변과 등대공원 그리고 드라마 〈폭풍속으로〉 세트장을 볼 수 있도록 해안을 따라 움직인다. 바위에 부서지는 파도와 갯바위에서 쉬고 있는 갈매기까지 모노레일을 타는 동안은 잠시 여유를 누릴 수 있다.

Ⓐ 경상북도 울진군 죽변면 죽변중앙로 235-129 Ⓞ 평일 09:30~18:00, 주말 및 공휴일 09:00~18:30 Ⓒ 1, 2인(왕복) 21,000원, 3인(왕복) 28,000원, 4인(왕복) 35,000원 Ⓣ 054-783-8881 Ⓗ uljin.go.kr/skyrail/main.tc Ⓔ 2시간 주차 무료

어부의집&하트해변

울진 북단의 대나무가 많은 바닷가 죽변항은 드라마 〈폭풍속으로〉 촬영지로 알려져 있다. 절벽 위로 이국적인 분위기의 집이 보이는데, 이곳이 어부의 집으로 쓰였던 드라마 세트장이다. 어부의 집에서 내려다보이는 곳에 있는 하트해변은 〈1박2일〉 촬영지로 유명해진 곳으로 하트해변과 에메랄드빛 맑은 바다, 언덕 위의 집은 영화의 한 장면 같은 분위기를 연출한다.

Ⓐ 경상북도 울진군 죽변면 죽변리 120-36 Ⓞ 09:00~18:00/연중무휴 Ⓣ 054-789-6893 Ⓔ 주차 무료

SPOT 3

국물 맛에 반하다

라면집

주소 경상북도 영덕군 강구면 영덕대게로 161 1층 · **가는 법** 강구버스터미널에서 버스 302, 303, 304, 305번 승차 → 해파랑공원 하차 → 도보 이동(약 5분) · **운영시간** 10:00~19:30/매주 수요일 휴무 · **전화번호** 054-984-9842 · **대표메뉴** 해물라면(1인) 12,000원, 홍게해물라면(2인) 32,000원, 대게주먹밥 5,000원 · etc 주차 무료(주차 공간 협소)

영덕 해파랑공원 옆에 위치해 있지만 상가 안에 있어 지나칠 수도 있는 이곳은 하얀색 건물로 산토리니를 연상케 한다. 가게 앞에 파라솔을 보고 카페로 착각할 정도로 운치 있다. 라면집으로 영업하기 전에는 가정집이었으며 라면 맛집이라고는 하지만 뷰 맛집인 듯하다.

라면이 나오기 전에 바라본 큰 창으로 비추는 햇빛, 창문 너머 해파랑공원과 바다는 모든 것을 갖춘 것처럼 느껴진다. 전복에 새우, 홍합, 각종 해물과 게가 들어간 라면은 그릇이 깨질 듯 푸짐하며, 특히 게는 살이 실해서 먹을 맛이 난다. 대게주먹밥은 초록색 감태로 위장옷을 입었다. 콩나물을 넣어 국물이 더 깔끔했고 진한 라면 국물은 닭육수를 베이스로 한다니 건강하게 맛있는 맛이다. 해물 특성상 주문과 동시에 조리가 시작되니 시간이 다소 걸리지만 기다린 보람은 있다.

주변 볼거리·먹거리

해파랑공원 강구항에 위치해 있으며 영덕대게축제뿐만 아니라 각종 행사가 이곳에서 열린다. 시민들과 관광객들에게 휴식 공간을 제공해 주고 있는 공원으로 매년 1월 1일에는 일출 장소로도 유명하다.

Ⓐ 경상북도 영덕군 영덕대게로 132 Ⓞ 24시간/연중무휴 Ⓣ 054-730-6114 Ⓔ 주차 무료

강구항 영덕에서도 가장 큰 항구인 강구항은 동해로 흘러드는 오십천 하구 전면에 위치해 있다. 하천을 따라 들고 나는 긴 포구가 아름다운 풍광을 빚어내는 동해의 미항으로 오래전 인기리에 방영되었던 드라마 〈그대 그리고 나〉의 촬영지로 유명세를 탔던 곳이다. 싱싱한 수산물이 풍부하지만 특히 모든 대게가 강구항을 통해 전국으로 팔려나간다고 할 만큼 대게로 유명하다.

Ⓐ 경상북도 영덕군 강구면 강구리 Ⓣ 054-730-6533 Ⓔ 주차 무료, 대게 가격은 현지 시가로 책정

추천 코스 바다 빛깔 푸른 블루로드를 걸으며(영덕)

1 COURSE

▶ **죽도산전망대**

축산항에서 농어촌버스 308번 승차 → 해파랑공원 하차 → 도보 이동(약 2분)

2 COURSE

▶▶ **라면집**

해파랑공원에서 농어촌버스 302번 승차 → 강구터미널 하차 → 버스 172번 환승 → 삼사 하차 → 도보 이동(약 7분)

3 COURSE

▶▶▶ **삼사해상산책로**

주소 경상북도 영덕군 축산면 축산항길 90
가는 법 영덕버스터미널에서 농어촌버스 140번 승차 → 축산항 하차 → 도보 이동(약 18분)
운영시간 10:00~17:00/매주 월요일 휴무
전화번호 054-730-6114
etc 주차장 이용, 죽도산에서 전망대까지는 엘리베이터 이용

3월 9주 소개(092쪽 참고)

주소 경상북도 영덕군 강구면 영덕대게로 161 1층
운영시간 10:00~19:30/매주 수요일 휴무
전화번호 054-984-9842
대표메뉴 해물라면(1인) 12,000원, 홍게해물라면(2인) 32,000원, 대게주먹밥 5,000원
etc 주차 무료(주차 공간 협소)

1월 4주 소개(052쪽 참고)

주소 경상북도 영덕군 강구면 삼사리
운영시간 연중무휴(태풍이나 풍랑 시 출입금지)
전화번호 054-730-6395(영덕군청 문화관광과)
etc 공용주차장 이용

5월 20주 소개(171쪽 참고)

1월의 부산
따뜻한 남쪽으로 떠나는 포근한 여행

1월 부산의 겨울 바다는 왠지 코끝이 시린 바닷바람보다 따뜻함이 느껴진다. 대한민국 제2의 도시이자 국제도시로 변모하고 있는 부산에는 볼거리, 즐길거리와 함께 해맞이를 하기에 더없이 좋다. 첨단 도시가 바다를 품고 있어서 오래되어 아름다운 것과 자연, 대도시의 활력을 두루 느낄 수 있기 때문이다. 특히 새해가 시작되는 1월에 부산을 여행하면 도심 앞바다로 솟아오르는 첫 태양을 맞이할 수 있어 더없이 좋다.

2박 3일 코스 한눈에 보기

감천문화마을

송도해수욕장

국제시장

송도해상케이블카

흰여울문화마을

태종대

피아크카페&베이커리

해운대포장마차촌

해운대블루라인파크

코랄라니

감천문화마을 1950년대 한국전쟁 피난민의 힘겨운 터전으로 시작된 감천문화마을은 현재에 이르기까지 부산의 역사를 고스란히 담고 있는 마을로, 미로 같은 작은 골목과 벽화를 그려 아기자기한 모습을 담고 있다. 감천의 특색과 역사적 가치를 살리기 위해 지역 예술인과 마을주민들이 모여 감천문화마을을 조성하기 시작했고 이 사업으로 인해 부산의 명소가 되었다.

Ⓐ 부산광역시 사하구 감내2로 203 Ⓞ 09:00~18:00 Ⓒ 10인 이상 방문 시 스탬프 지도 1인 1매(2,000원) 구입 Ⓣ 051-204-1444 Ⓗ gamcheon.or.kr

흰여울문화마을 푸른 바닷가 높다란 절벽 위에 오밀조밀 들어선 하얀 집들이 그리스 산토리니를 닮았다고 해서 한국의 산토리니라는 별칭이 있다. 영도의 대표적인 달동네에 하나둘 빈집이 생겨나고 구청에서 개조한 빈집에 예술가들이 들어와 살면서 문화마을로 변신했으며, 영화 〈변호인〉의 촬영지로도 유명하다.

Ⓐ 부산광역시 영도구 영선동4가 650-3 Ⓞ 24시간/연중무휴(주민 거주로 늦은 시간 방문 자제) Ⓣ 051-419-4067 Ⓗ huinnyeoul.co.kr

해운대포장마차촌 밤에만 문을 연다는 해운대포장마차촌을 들르지 않고 부산여행을 논하지 말라고 했다. 빈틈없이 촘촘하게 들어선 포장마차 내부는 건장한 청년 5명만 들어가도 꽉 찰 정도로 작지만 야경으로 유명한 더베이101이 보이며 밤바다를 보면서 즐기는 분위기에 젖게 된다.

Ⓐ 부산광역시 해운대구 해운대해변로 236(해운대바다마을 포장마차촌) Ⓞ 해 질 무렵(18:00)부터 Ⓣ 010-8550-1496 Ⓜ 랍스터, 라면, 각종 해산물(포장마차마다 가격대가 다르며 시세에 따라 상이) Ⓔ 랍스터를 주문하면 해산물이 나오며 별도로 회는 판매하지 않음

경상도 해돋이 명소

남해와 동해를 끼고 있는 경상도는 어디에서나 해를 볼 수 있는 이름난 해돋이 명소가 많다. 매일 떠오르는 해이지만 어느 곳에서 보느냐에 따라 모양도 천차만별이다. 바닷가 마을은 저마다 새해 첫날 가장 먼저 해가 뜨는 곳이라 말하며, 대표적인 해돋이 명소에는 수많는 관광객이 찾고 있듯 정월에 보는 해는 항상 특별하게 다가온다.

광안리해수욕장

바다 위로 떠오른 해를 볼 수 있는 부산의 해돋이 명소로 해운대 못지않게 유명한 광안리해수욕장은 다리 위로 떠오르는 해가 이국적인 분위기를 자아낸다. 예전에는 멸치 등 고기잡이를 하던 곳이었는데 학생들에게 수영을 가르치고 심신을 단련하는 공간으로 사용되면서 해수욕장으로 변모했으며, 부산의 랜드마크인 다이아몬드 브릿지의 조명이 아름답기로 유명하다.

Ⓐ 부산광역시 수영구 광안 해변로 219 Ⓞ 24시간/연중무휴 Ⓒ 무료 Ⓣ 051-622-4251

진하해수욕장&명선도

일산해수욕장과 함께 울산의 양대 해수욕장으로 알려져 있다. 특히 명선도로 떠오르는 해는 아름답고 환상적인 것에 비해 아는 사람이 많지 않아 여유롭게 해돋이를 감상할 수 있다. 예전에는 모세의 기적을 볼 수 있는 지역으로 썰물 때가 되어야 무인도인 명선도에 걸어 들어갈 수 있었지만 지금은 모래톱을 높여 언제나 들어갈 수 있다.

Ⓐ 울산광역시 울주군 서생면 진하해변길 77 Ⓞ 24시간/연중무휴 Ⓒ 무료 Ⓣ 052-204-0332

영일대해수욕장

Ⓐ 경상북도 포항시 북구 두호동 685-1 Ⓞ 24시간/연중무휴 Ⓒ 무료 Ⓣ 054-246-0041
12월 49주 소개(385쪽 참고)

해맞이공원&창포말등대

Ⓐ 경상북도 영덕군 영덕읍 창포리 산 5-5(창포말등대) Ⓞ 24시간/연중무휴 Ⓒ 무료 Ⓣ 054-730-7052
1월 4주 소개(049쪽 참고)

고래불해수욕장

붉은 벌의 옛말인 고래불이라는 이름은 고려시대 후기 학자 이색이 어린 시절 상대산에 올라 병곡 앞바다에서 고래가 하얀 분수를 뿜으며 놀고 있는 모습을 보고 지은 것이라 알려져 있다. 모래가 굵고 몸에 붙지 않아 예부터 찜질로 유명했던 고래불해수욕장은 동해안 해돋이 명소 중 한 곳이다. 해맞이 때 많은 사람이 몰려도 붐비지 않을 정도로 긴 백사장으로 동해의 명사 20리로 불린다.

Ⓐ 경상북도 영덕군 병곡면 고래불로 68 Ⓞ 24시간/연중무휴 Ⓒ 무료 Ⓣ 054-730-7802

칠포해오름전망대

Ⓐ 경상북도 포항시 북구 흥해읍 칠포리 산 2-2 Ⓞ 24시간/연중무휴 Ⓒ 무료 Ⓣ 054-270-8282
3월 9주 소개(091쪽 참고)

고래불해수욕장

칠포해오름전망대

어느새 겨울의 반이 지나갔다. 매섭던 겨울바람도 맥을 못 추고 뒷걸음쳐 도망치듯 다른 계절에게 자리를 넘길 준비를 한다. 아무리 따뜻한 경상도라고 하지만 아직 봄은 멀었고 바람 끝도 날카로워 차가운데 자꾸만 두꺼운 옷을 밀어두며 성급하게 봄을 이야기한다. 2월의 겨울바람 속에 간간이 봄 기운이 느껴진다.

2월의 경상도

겨울의 끝자락에서

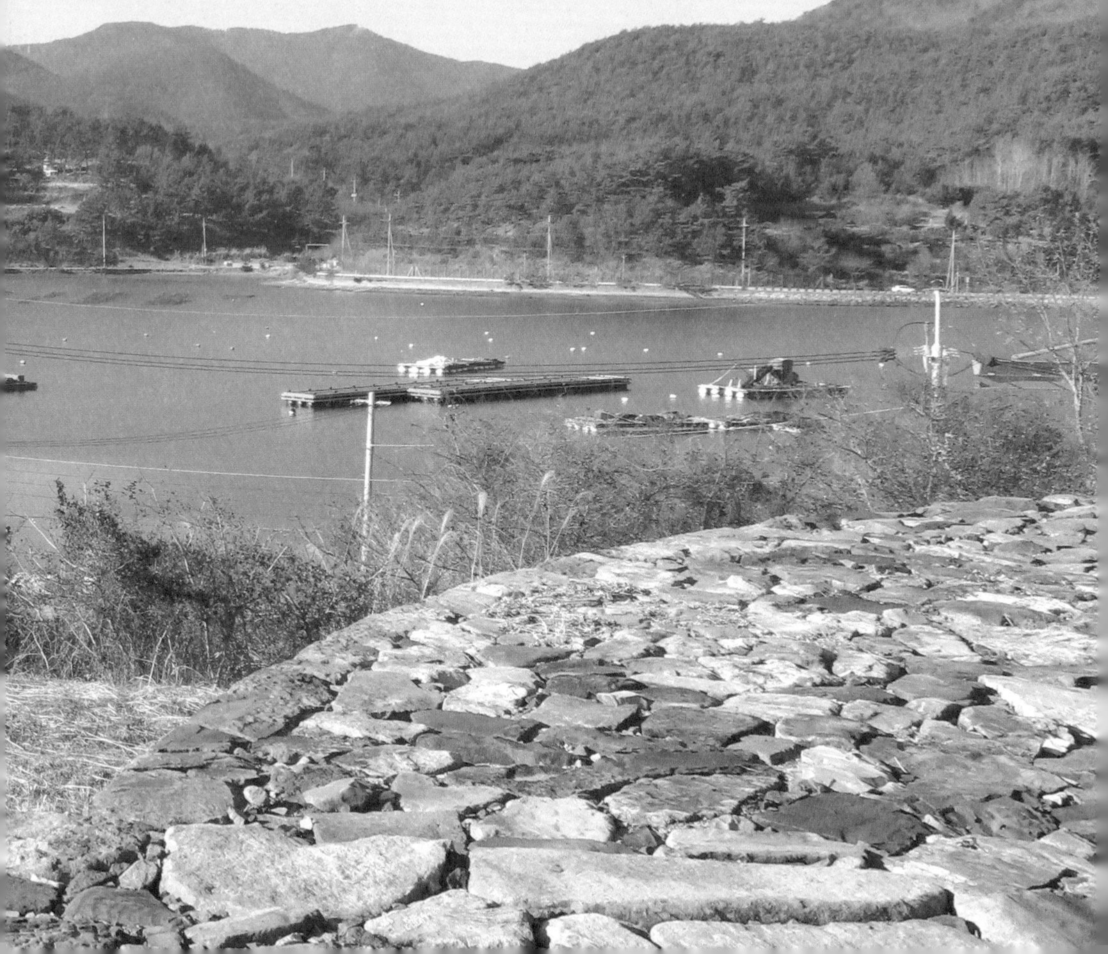

2월 첫째 주

발 아래 펼쳐지는 풍경들

5 week

SPOT 1

다도해가 한눈에 내려다보이는

미륵산 케이블카

주소 경상남도 통영시 발개로 205 · **가는 법** 통영종합버스터미널에서 버스 140번 승차 → 발개삼거리 하차 → 도보 이동(약 8분) · **운영시간** 동절기(10~3월) 10:00~16:00, 춘추계(4, 9월) 10:00~17:00, 하절기(5~8월) 09:00~18:00/매월 둘째 · 넷째 주 월요일 휴장(기상에 따라 운행 금지) · **전화번호** 1544-3303 · **홈페이지** cablecar.ttdc.kr · **etc** 케이블카 대인 (왕복)17,000원, (편도)13,500원, 소인 (왕복)13,000원, (편도)10,500원

산림청이 지정한 100대 명산 중 하나인 미륵산은 통영의 대표적인 산으로 봄에는 진달래, 가을이면 화려한 단풍이 아름다운 곳이다. 해발 461m 높이의 미륵산 정상에 서면 아래로 빼어난 풍광을 자랑하는 한려수도와 올망졸망 작은 섬들이 어우러진 아름다운 통영 앞바다가 펼쳐진다. 맑은 날이면 멀리 대마도까지 볼 수 있고, 안개 낀 날은 또 다른 멋스러운 풍광을 자아낸다. 우리나라에서 가장 긴 1,975m 길이의 케이블카를 타고 10여분쯤 올라가면 미륵산 정상이다.

주변 볼거리·먹거리

스카이라인루지통영
산이 많은 통영에서 지형적인 장점을 살려 자연을 만끽할 수 있고 정상에서 비탈진 길을 따라 속도와 스릴을 즐길 수 있다. 루지를 타기 위해 정상까지 올라가다 보면 아름다운 한려수도와 통영 앞바다에 떠있는 크고 작은 섬들이 내려다보이고 발 아래로 루지 트랙이 펼쳐져 있다. 한번 타면 멈출 수 없다는 루지는 아름다운 통영의 자연 속에서 잊지 못할 추억을 남기기에 더없이 좋다.

Ⓐ 경상남도 통영시 발개로 178 Ⓞ 월~금요일 10:00~18:00, 토~일요일, 공휴일 10:00~20:00/연중무휴 Ⓒ 루지&스카이라이드 3회 개인 28,500원/어린이동반 탑승 12,000원 Ⓣ 1522-2468 Ⓗ skylineluge.kr/tongyeong Ⓔ 주차 무료

한산대첩전망대를 비롯해 한려수도전망대, 통영항전망대 등 각각 다른 위치에서 보는 풍광은 10폭짜리 산수화 병풍을 보는 듯 아름답다.

SPOT 2

바다 위 하늘을 나는 듯한

송도 해상케이블카

주소 부산광역시 서구 송도해변로 171(하부)/부산광역시 서구 암남공원로 181(상부) · **가는 법** 부산역에서 버스 26번 승차 → 암남동주민센터 하차 → 도보 이동(약 10분) · **운영시간** 1~6월, 9~12월 09:00~21:00/7~8월 09:00~22:00 · **입장료** 크리스털크루즈 왕복 (대인)22,000원, (소인)16,000원, 편도 (대인)17,000원, (소인)13,000원/에어크루즈 왕복 (대인)17,000원, (소인)12,000원, 편도 (대인)13,000원, (소인)10,000원/케이블카 자유이용권(무제한 탑승) 대인 30,000원, 소인 25,000원/스피디크루즈(대기 없이 탑승 가능) 에어크루즈 40,000원, 크리스탈크루즈 50,000원 · **전화번호** 051-247-9900 · **홈페이지** busanaircruise.co.kr · etc 케이블카 이용 시 평일 1시간, 주말 2시간 무료

하늘 위에서 내려다보는 바다는 어떤 모습일까? 최근에 생긴 송도해상케이블카는 바닥이 투명한 크리스털 캐빈 케이블카와 8인승 케이블카를 포함해 총 39기가 운행되면서 송도의 멋진 바다 풍경을 선사한다. 높이가 무려 86m로 위에서 내려다보면 오금이 저릴 정도로 짜릿하다. 1964년 국내 처음으로 해상에 설치되었으나 노후화로 1988년 철거되었다가 29년 만에 복원되어 운행 중이다.

케이블카에서 새롭게 정비한 해안가 산책로 암남공원과 남항 그리고 영도까지 빼어난 풍광을 만날 수 있다.

주변 볼거리·먹거리

암남공원 해안을 따라 삼림욕을 즐길 수 있으며, 야생화와 380여 종의 식물이 군락을 이루고 있다. 용이 살았다고 전해지는 해식동굴이 있고, 비엔날레에 출품되었던 조각상 14점과 구름다리, 팔각정 등 볼거리가 많다.

Ⓐ 부산광역시 서구 암남동 산193 Ⓞ 24시간/연중무휴 Ⓒ 무료 Ⓣ 051-240-4538

용궁구름다리 송림공원과 거북섬을 연결했던 송도구름다리가 암남공원과 동섬을 잇는 송도용궁구름다리로 새롭게 재탄생했다. 바다 위를 걷는 짜릿한 기분, 바다의 수려한 경관과 바다 풍광 그리고 기암절벽의 천혜의 비경을 용궁구름다리 위에서 생생하게 볼 수 있다.

Ⓐ 부산광역시 서구 암남동 620-53 Ⓞ 09:00~17:00/첫째, 셋째 주 월요일 휴무, 설날, 추석 명절 당일 휴무 Ⓒ 일반 1,000원/영유아 무료 Ⓣ 051-240-4087 Ⓔ 암남공원에 주차 가능, 기상악화 시 입장 불가

SPOT 3

바다와 섬 그리고 산을 잇는

사천바다 케이블카

주소 경상남도 사천시 사천대로 18 · **가는 법** 사천시외버스터미널(삼천포행)에서 진주-사천직행 승차 → 삼천포터미널 하차 → 버스 104, 105번 환승 → 삼천포대교공원 하차 → 도보 이동(약 4분) · **운영시간** 월~목요일 09:30~18:00, 금요일 09:30~20:00, 토요일 09:00~20:00, 일요일 09:00~18:00/매월 첫째, 셋째 주 월요일 휴무 · **전화번호** 055-831-7300 · **입장료** 일반캐빈 (왕복) 일반 15,000원, 소인 12,000원, (편도) 일반 9,000원, 소인 6,000원/크리스탈캐빈 (왕복) 대인 20,000원, 소인 17,000원, (편도) 일반 12,000원, 소인 9,000원 · **홈페이지** cablecar.scfmc.or.kr · **etc** 주차 무료/왕복권 발권하여 편도구간 이용 시 잔여금액 반환 불가

국내 최초로 바다와 산을 운행하는 바다케이블카는 바다와 섬 그리고 산이 연결되어 있다. 옅은 해무로 운치를 더했던 사천바다는 한려해상에 속해 있으며 한국의 아름다운 길로 알려진 삼천포대교와 창선대교 그리고 실안해안도로를 따라 올망졸망 솟아있는 섬을 케이블카에 탑승해 볼 수 있는 즐거움이 있다.

대방정류장에서 출발해 초양정류장과 각산정류장까지 총 길

이가 2.43km로 국내 최장거리를 자랑한다. 중간 정류장인 초양 정류장에서 하차가 가능한데 초양도는 일몰과 낙조로 아름다운 곳이다. 또한 봄이면 유채꽃이 피는 곳으로 유명하며 지금은 아쿠아리움과 장미정원을 따라 산책할 수 있도록 조성해놓았다.

각산정류장이 있는 각산은 해발 408m로 실안동을 말발굽처럼 둘러싸고 있으며 와룡산의 위세에 눌려 잘 알려져 있지 않은 산이지만 산세가 포근한 느낌을 준다. 정류장에 하차하여 계단을 따라 전망대에 오르면 바다와 창선삼천포대교가 한눈에 들어오는데, 흰 포말을 일으키며 지나는 배들과 창선삼천포대교는 이국적인 느낌 그 자체다.

주변 볼거리·먹거리

삼천포대교공원 창선삼천포대교는 늑도, 초양도 그리고 모개섬을 잇고 삼천포대교, 초양대교, 늑도대교, 창선대교, 단항교 이렇게 다섯 개 다리를 연결한다. 삼천포대교공원에서는 창선삼천포대교를 볼 수 있으며 해 질 무렵이면 붉게 물드는 노을과 밤이면 케이블카의 불빛, 창선삼천포대교의 화려한 조명으로 아름답다.

Ⓐ 경상남도 사천시 사천대로 35 Ⓞ 24시간/연중무휴 Ⓣ 055-831-2786 Ⓔ 주차 무료

SPOT 4

바다가 보이는 횟집

궁전횟집

주소 경상남도 통영시 운하1길 46 대영유토피아 상가 701호 · **가는 법** 통영시외버스터미널에서 버스 140번 승차 → 진남초등학교 하차 → 도보 이동(약 5분) · **운영시간** 12:00~21:30/매주 화요일 휴무 · **전화번호** 055-646-5737 · **대표메뉴** 궁전스페셜 300,000원, A코스 200,000원, 모듬회(大) 150,000원 · etc 갓길 주차 가능

볼거리 못지않게 먹거리도 풍성한 통영. 그중에서도 내려다보이는 전망이 이보다 좋을 수 없는 곳이 궁전횟집이다. 7층 창으로 통영 앞바다가 한눈에 들어오는데 맑은 날 바다에 하늘이 투영되니 바닷속에 또 다른 하늘이 있는 듯하다. 전망뿐만 아니라 싱싱한 회와 정성스러운 밑반찬까지 더할 나위 없으니 눈과 입이 모두 즐거운 곳이다. 회를 시키면 전복을 포함한 싱싱한 해산물이 접시 가득 나온다. 두툼하게 썰어서 회의 식감을 제대로 느낄 수 있고, 모둠회의 경우 사장님이 직접 생선 이름과 부위를 친절하게 알려준다. 호텔 스카이라운지 못지않은 전망을 감상하면서 싱싱한 회를 맛보고 싶다면 궁전횟집만 한 곳이 없다. 2012년 제3회 통영음식맛자랑대회 생선회 부문에서 은상을 수상한 곳이다.

주변 볼거리·먹거리

해저터널 1932년 일제강점기 때 완공된 동양 최초의 해저터널이다. 483m, 폭 5m, 높이 3.5m로 통영과 미륵도를 연결하는데, 가장 깊은 곳은 해저 13m이며 여름에는 시원하고 겨울에는 따뜻하다. 충무교와 통영대교가 개통되면서 지금은 차가 다니지 않고 보행자만 통행하고 있으며, 대한민국근대문화유산으로 등록되어 있다.

Ⓐ 경상남도 통영시 도천길 1 Ⓞ 24시간/연중무휴 Ⓒ 무료 Ⓣ 055-650-4683 Ⓔ 인근 골목에 주차

TIP

당일 7팀으로 한정 판매하지만 재료 소진 시 영업을 종료하니 방문 전 미리 전화로 확인하는 것이 좋다.

추천 코스 한려수도가 발아래 펼쳐지다(통영)

1 COURSE
산양관광일주도로

통영종합터미널에서 버스 140번 승차 → 진남초등학교 하차 → 버스 54, 56번 환승 → 달아공원 하차 → 도보 이동(약 5분)

2 COURSE
미륵산케이블카

일운마을에서 버스 52, 54번 승차 → 발개대로 하차 → 도보 이동(약 7분)

3 COURSE
디피랑

주소 경상남도 통영시 산양읍 영운리~남평리

총 길이 23km의 해안도로를 달리다 보면 차창 밖으로 펼쳐지는 해안경관이 아름답다. 12월부터 3월까지 일주도로를 따라 동백꽃을 볼 수 있으며 시원한 바다와 섬이 있는 다도해의 절경을 담은 그 길이 아름다워 한국의 아름다운길로 꼽히고 있다. 일주도로에는 지형이 코끼리 어금니를 닮았다고 붙여진 달아공원과 한려해상국립공원이 한눈에 보이는 관해정이 있다.

주소 경상남도 통영시 발개로 205
운영시간 동절기(10~3월) 10:00~16:00, 춘추계(4, 9월) 10:00~17:00, 하절기(5~8월) 09:00~18:00/매월 둘째, 넷째 주 월요일 휴장(기상에 따라 운행 금지)
이용요금 케이블카 대인 (왕복)17,000원 (편도)13,500원, 소인 (왕복)13,000원, (편도)10,500원
전화번호 1544-3303
홈페이지 cablecar.ttdc.kr

2월 5주 소개(060쪽 참고)

주소 경상남도 통영시 남망공원길 29
운영시간 춘계(3~4월, 9월) 19:30~24:00, 하계(5~8월) 20:00~24:00, 동계(10~2월) 19:00~24:00/매주 월요일, 1월 1일, 설날, 추석 당일, 공휴일 경우 다음날 휴무
입장료 성인 15,000원, 청소년(만 13~18세) 12,000원, 어린이(만 6~12세) 10,000원
전화번호 1544-3303
etc 주차 무료

밤이면 조명으로 환상적이고 아름다운 곳 디피랑은 남망산 전체에 다양한 테마로 조명을 설치해 낮보다 밤이 더 아름답다. 통영의 유명벽화마을인 동피랑과 서피랑을 모티브로 미디어아트 기술을 접목한 국내 최대 야간 디지털 테마파크로 디피랑산장, 신비폭포, 은하수광장과 빛의 오케스트라로 이어지는 길은 신비감을 느끼게 한다.

2월 둘째 주

북카페에서 찾은 작은 행복

6 week

SPOT 1

책방에서 잠시 쉬어가자
오마이북

주소 경상북도 청도군 화양읍 동천3길 67 · **가는 법** 청도공영버스터미널에서 농어촌버스 2, 1번 승차 → 동천리 하차 → 도보 이동(약 9분) · **운영시간** 10:00~21:00/연중무휴 · **전화번호** 054-371-3030 · **홈페이지** stayonpage.com · **대표메뉴** 아메리카노 5,500원, 카페라테 6,000원, 흑당라테 6,500원 · etc 주차 가능

도심 속 삭막함에 지치고 삶이 지루하다 느껴지거나 더 이상 참을 수 없을 때 힐링을 핑계로 도시를 벗어나 분위기 좋은 곳을 찾곤한다. 찾은 공간에서 커피를 마시거나 수다를 떨거나 이것도 아니면 책을 읽으며 재충전을 하곤 하는데 시끄러운 도심을 벗어나 책과 더불어 차 한잔으로 여유를 느낄 수 있는 공간. 청도에 위치한 책방 오마이북이 그런 곳이다. 출입문을 열고 들어가면 제일 먼저 반겨주는 은은한 커피향과 벽면을 가득 채운 책들이 마음에 평온을 가져다준다.

책방 오마이북은 주로 문제집을 판매했던 서점으로 처음부터 북카페를 운영하지는 않았다고 한다. 책이 좋고 사람들이 좋다 보니 자유롭게 북카페를 운영하게 되었고 지금은 독서토론을 한다거나 아이들과 함께 북카페를 찾는 사람이 많아졌다. 책은 1층에서만 읽을 수 있고 구매한 책만 2층이나 야외에서 볼 수 있다. 통창을 통해 논과 밭으로 시선이 집중되고 오후에 내리쬐는 따뜻한 햇빛까지, 힐링이 필요할 때 오마이북에서 잠시 쉬어 가도 좋겠다.

주변 볼거리·먹거리

청도읍성 읍성은 지방관아가 소재한 고을의 방어를 목적으로 축성된 성곽으로 지역마다 있다. 청도에도 읍성이 축성되었는데 축성된 시기는 명확히 알 수 없지만 고려시대부터 있었다고 전해지며 현재 규모는 조선시대 선조 재위 시기에 이루어졌다고 한다. 일제강점기를 거치면서 문루가 철거되고 성벽 일부가 훼손되었지만 문화재적 가치를 인정받아 1995년 경상북도 기념물 제103호로 지정되었다.

Ⓐ 경상북도 청도군 화양읍 동상리 48-1 Ⓞ 24시간/연중무휴 Ⓣ 054-370-6114 Ⓔ 주차 무료

SPOT 2

시골마을 작은 책방

카페온당

주소 경상북도 영천시 임고면 포은로 452 · **가는 법** 영천버스터미널에서 버스 420, 420-1, 421, 431번 승차 → 임고농협 하차 → 도보 이동(약 2분) · **운영시간** 평일 11:00~18:00, 주말 10:00~19:00/매주 화요일 휴무 · **전화번호** 070-4176-6787 · **홈페이지** instagram.com/cafe_ondang · **대표메뉴** 온당크림라테 6,300원, 에스프레테 6,300원, 서원라테 6,300원, 아메리카노 4,800원 · **etc** 주차 무료, 임고서원공용주차장 이용 가능

4년 전 임고서원을 방문했을 때만 해도 없었던 북카페가 서원 맞은편에 생겼다. 크지 않고 아담한 온당이라는 북카페는 시골마을에서 접할 수 있는 작은 책방이다. 온당은 사전적으로 '사리에 어그러지지 않고 마땅하다'라는 의미를 지닌 말로 강하면서도 자기 주장이 확실한 북카페 온당과도 잘 어울린다.

마음이 담긴 공간으로 카페 온당에서는 음료를, 책방 서당에서는 책을 구입할 수 있다. 한쪽 귀퉁이에는 키링이나 연필 등 굿즈도 전시해 두었는데 이것 역시 구입이 가능하다. 많지 않지만 아기자기하게 꾸며놓은 책방 서당의 책들은 책장을 넘기지 않아도 어떤 내용인지 간략하게 적어둔 주인장의 친절한 배려

가 느껴지고 간혹 재미있는 문구도 눈에 띈다. 굳이 조명이 없어도 채광이 좋으니 밝고 환하며 간간이 비추는 햇볕은 따뜻하다. 서원의 고즈넉한 풍경과 신선한 커피, 위로가 되어줄 작은 책방과 함께 조용한 공간을 만들겠다는 카페 온당에서는 일상에 지친 마음을 따뜻하게 위로해줄 것 같다.

주변 볼거리·먹거리

임고서원 고려시대 말기 유학자 3명을 일컫는 삼은(三隱) 중 하나인 포은 정몽주를 추모하기 위해 세워진 서원이다. 임고서원 앞에는 선죽교와 정몽주의 유명한 단심가가 새겨져 있다. 서원 앞 은행나무는 임고서원이 보래산에 있을 때 심었던 것으로 임진왜란으로 소실된 임고서원을 옮겨올 때 함께 심었다고 한다.

Ⓐ 경상북도 영천시 임고면 포은로 447 Ⓣ 054-334-8982 Ⓔ 주차 무료

SPOT 3

미나리와 삼겹살이 맛있는

굽은소나무와 오리도둑

주소 경상북도 청도군 청도읍 양지길 173 · **가는 법** 청도역에서 농어촌버스 5번 승차 → 평양1리 하차 → 도보 이동(약 2분) · **운영시간** 11:00~21:00/미나리 제철 시기가 아닌 6~10월까지는 휴업 · **전화번호** 054-371-5289 · **대표메뉴** 생삼겹살 10,000원, 미나리(1접시) 9,000원, 미나리비빔밥 6,000원, 미나리전 9,000원 · **etc** 주차 무료

식재료 중 가장 먼저 봄을 알리는 미나리는 2월부터 4월까지 먹어야 제맛을 느낄 수 있다. 그래서 미나리는 봄이 오기 전에 꼭 먹어 미각을 깨워줘야 한다고 한다. 화악산과 남산 사이 골짜기에 위치한 한재에는 100여 곳이 넘는 미나리 농가가 있다. 큰 일교차와 맑은 물은 미나리가 좋아하는 조건이다 보니 조건을 두루 갖춘 청도 한재 미나리가 전국에서 유명하다고 한다. 이렇듯 미나리가 유명하다 보니 미나리랑 잘 어울리는 고깃집이 한재천을 따라 모여있고, 고기 중에서도 삼겹살과 먹으면 아삭하고 상큼한 향이 고기의 느끼함을 잡아주고 감칠맛을 느끼게 한다.

굽은소나무와오리도둑은 한곳에서 오랫동안 장사한 듯한 옛스러움이 묻어 있고 실내와 실외로 구분되어 있어 날씨 좋은 날에는 실외에서 먹어도 좋을 듯하다. 반찬이라고 해봤자 마늘에 고추, 그리고 양파가 전부지만 생삼겹살은 두툼하고 미나리는 싱싱한 초록색으로 군침을 돌게 한다. 노릇하게 잘 구운 삼겹살에 생미나리를 돌돌 말아 먹거나 삼겹살 기름에 살짝 익혀 먹어도 맛있다. 미나리가 나지 않는 6~10월까지는 영업을 하지 않는다고 하니 참고해 방문해 보자.

주변 볼거리·먹거리

카페뷰 미나리가 삼겹살의 느끼한 맛을 잡아준다고 하지만 삼겹살을 먹고 커피가 생각나서 들른 카페 뷰는 벚꽃 포토존, 보름달 포토존, 넝쿨나무와 의자, 빨간색 흔들의자 그리고 천국의 계단 등 생각보다 포토존이 많고 인테리어가 화려하다. 옥상으로 올라가면 미나리가 자라고 있는 비닐하우스 배경이 펼쳐지고 아무 생각 없이 주문해서 마신 커피가 꽤 맛있다.

Ⓐ 경상북도 청도군 청도읍 한재로 303 Ⓞ 10:00~20:00 Ⓣ 0507-1306-2262 Ⓗ instagram.com/cafe_view303 Ⓜ 아메리카노 5,000원, 카페모카 6,000원, 아인슈페너 7,000원 Ⓔ 주차 무료

추천 코스 반짝반짝 빛나는 도시(청도)

1 COURSE

🚌 청도레일바이크 신도2리에서 농어촌버스 5번 승차 → 청도역(군청방향) 하차 → 🚶 도보 이동(약 4분)

청도레일바이크

2 COURSE

🚌 청도역에서 농어촌버스 7번 승차 → 삼신리 하차 → 🚶 도보 이동(약 18분)

청도가마솥국밥

3 COURSE

청도프로방스포토랜드

주소	경상북도 청도군 청도읍 신도리 48-2
가는 법	청도버스터미널 청도역에서 농어촌버스 5번 승차 → 신도2리 하차 → 도보 이동(약 9분)
운영시간	평일 09:00~17:00/주말 1~3월, 7~8월, 11~12월 09:00~17:00, 4~6월, 9~10월 09:00~18:00
이용요금	2인승 25,000원, 4인승 33,000원
전화번호	054-373-2426
홈페이지	railtrip.co.kr/homepage/cheongdo
etc	주차 무료

청도읍 유호리와 신도리에 위치한 레일바이크는 왕복 5km로 폐선이 된 철길을 테마로 아름다운 청도강변을 따라 시조 시인들의 다양한 조형물을 감상할 수 있다. 레일바이크 탑승지 부근으로는 청도의 상징인 소를 인용한 조형물을 볼 수 있으며 미니기차, 이색자전거, 자전거공원과 캠핑장을 조성해 놓았다.

주소	경상북도 청도군 청도읍 청화로 235
운영시간	11:00~21:00/매주 화요일 휴무
전화번호	054-371-0222
대표메뉴	육회비빔밥 15,000원, 육회(大) 50,000원, (小) 35,000원, 뭉티기(大) 50,000원
etc	주차 무료

국밥 없는 가마솥국밥집은 육회비빔밥 맛집이다. 바닥에는 자갈이 깔려있고 벽에는 틈이 보이지 않을 정도로 다녀간 흔적들이 빽빽하다. 육회를 못 먹는 사람들을 위해 육회를 익혀 주긴 하지만 고소하면서도 쫄깃한 육즙을 느끼고 싶다면 익히지 말고 먹을 것을 추천한다.

주소	경상북도 청도군 화양읍 이슬미로 272-23
운영시간	평일 15:00~22:00, 토요일 14:00~22:30, 일요일 14:00~22:00/매주 수요일 휴무
입장료	11,000원
전화번호	054-372-5050
홈페이지	cheongdo-provence.co.kr
etc	주차 무료, 입장료 외 체험비 별도, 반려동물 입장 가능

프랑스의 정감 있는 프로방스마을을 청도에 그대로 재현해 낮에는 100여 가지 다양한 포토존과 소품, 예쁜 집으로, 어둠이 내리면 화려한 불빛으로 아름다움을 선물한다. 백설공주와 피터팬 등 익숙한 동화 속 주인공들로 꾸며져 가족과 연인에게 로맨틱한 여행을 선사한다.

2월 셋째 주

고택에서의 힐링

7 week

SPOT 1

전통문화의 향기가 넘치는 곳

두들문화마을

주소 경상북도 영양군 석보면 두들마을길 92 · **가는 법** 영양터미널에서 농어촌버스 172, 173번 승차 → 석보 하차 → 도보 이동(약 8분) · **운영시간** 정해진 시간은 없지만 마을 주민들이 거주하는 곳이니 아침 일찍이나 밤늦은 시간에는 방문 자제 · **전화번호** 054-682-1480(석계고택) · **홈페이지** dudle.co.kr · **etc** 주차 무료

두들문화마을은 조선시대 광제원이 있던 곳으로 언덕 위에 있는 마을이라는 뜻을 지니고 있다. 1640년 석계 이시명 선생이 병자호란을 피해 들어와 개척한 후 그 후손인 재령 이씨 자손들이 집성촌을 이루며 지금까지 살고 있는 문화와 문학 그리고 열사의 고장으로 알려져 있다. 마을에는 석계 선생이 살았던 석계고택과 석천서당이 있으며 전통가옥에는 아직도 후손들이 마을을 이루며 살고 있다.

마을 앞으로는 화매천이 흐르고 뒤편에는 잔디가 심어진 도토리공원과 산책로를 따라 소나무를 비롯해 각종 나무들이 수

백 년 동안 훼손이 없이 잘 보존되어 자라고 있다. 이곳은 우리나라 최초로 음식재료와 조리법을 한글로 기록한 장계향의 《음식디미방》으로도 유명하며, 소설가 이문열의 고향이기도 하다. 마을을 걷다 보면 이문열 작가와 이곳 출신 문인들의 작품과 역사문화를 직접 체험할 수 있는 공간인 두들책사랑 카페도 만날 수 있다.

주변 볼거리·먹거리

카페율 두들마을이 보이는 언덕 위 하얀 건물의 카페 율은 꽃들의 안식처다. 카페 주변으로는 겨울에 피는 눈꽃까지 사계절 꽃을 볼 수 있는 곳으로 해 질 무렵이면 노을도 아름다우니 모든 것을 갖춘 곳이다. 카페 입구에는 밤이 그려져 있어서 밤 농사를 짓고 있나 했더니 꿀을 생산·판매하고 있다 한다.

Ⓐ 경상북도 영양군 석보면 두들마을1길 39 Ⓞ 09:30~21:00/연중무휴 Ⓣ 0507-1411 4443 Ⓜ 아메리카노 3,500원, 카페라테 4,000원, 바닐라라테 4,500원 Ⓔ 주차 무료

SPOT 2

옛 모습 그대로 간직한

송소고택

주소 경상북도 청송군 파천면 송소고택길 15-2 · **가는 법** 청송터미널에서 농어촌버스 172, 176번 승차 → 덕천1리 하차 → 도보 이동(약 5분) · **운영시간** 시간이 정해져 있지는 않지만 거주하는 곳이니 아침 일찍이나 밤늦은 시간 방문 자제 · **전화번호** 054-874-6556 · **홈페이지** 송소고택.kr · etc 주차 무료, 송소고택 숙박체험 가능(예약은 홈페이지 참조)

국가지정 중요민속자료 250호로 지정된 송소고택은 조선시대의 가옥으로, 잘 가꾸고 보존된 집은 100년이 지난 지금도 대들보며 기둥에는 윤기가 흐르고 화려한 팔작지붕은 고풍스러워 단아한 매력이 느껴진다.

99칸의 송소고택은 조선시대 12대 만석꾼인 경주 최부자와 함께 9대에 걸쳐 250년간 만석꾼의 부를 누렸던 청송 심부자 송소 심호택이 지은 집으로 조선 영조 때부터 만석의 부를 누렸다고 한다. 잘 다듬어진 정원과 나무가 아름다운 이곳에서는 뒷짐을 지고 느리게 걷는 것이 어울리겠다.

주변 볼거리·먹거리

심부자밥상 9대째 만석지기로 유명한 심부자 집안의 전통적인 종가음식으로 맛있는 음식에는 대대로 내려오는 비법이 있으며 자연을 거스르지 않는 삶의 방식이 있다는 글귀를 통해 맛을 짐작할 수 있다. 윤기가 흐르는 유기그릇에 음식을 담고 직접 담근 된장과 고추장, 간장으로 맛을 내 정성껏 음식을 차린다.

Ⓐ 경상북도 청송군 파천면 덕천길 39 Ⓞ 08:00~20:00 Ⓣ 054-874-6555 Ⓜ 심부자밥상정식(1인) 10,000원 Ⓔ 주차 무료

백일홍 송소고택 옆에 위치한 카페 백일홍은 예전에는 파전과 동동주를 팔던 식당이었다고 한다. 언제부턴가 문을 열지 않던 식당을 인수해 지금의 한옥카페로 새롭게 단장한 곳이다. 한옥의 본질은 그대로 남기고 작은 정원을 꾸며 놓았다.

Ⓐ 경상북도 청송군 파천면 송소고택길 21 Ⓞ 10:00~18:00 Ⓣ 010-3822-0605 Ⓜ 아메리카노 4,500원, 생강라테 6,500원, 청송사과주스 6,500원 Ⓔ 주차 무료

SPOT 3

파스타가 맛있는

달식당

주소 경상북도 영양군 영양읍 동서대로 110 · **가는 법** 영양버스서부리정류장에서 농어촌버스 110, 111, 112번 승차 → 영양군보건소 하차 → 도보 이동(약 3분) · **운영시간** 11:30~21:00(14:30~17:00 브레이크타임)/매주 월요일 휴무 · **전화번호** 054-683-1664 · **대표메뉴** 돈가스 9,000원, 버섯크림파스타 13,000원, 까르보나라 15,000원, 명란크림파스타 15,000원 · **etc** 건물 뒷편에 주차 무료

달식당은 영양이라는 작은 시골마을에서 좀처럼 찾아보기 힘든 이탈리아 레스토랑이다. 도심에서는 흔하게 파스타나 까르보나라를 먹을 수 있는데 시골 어르신들한테는 다소 생소한 메뉴지만 귀농으로 시골에도 젊은 사람들이 많이 거주하게 되면서 파스타 전문점 하나는 있어도 좋겠다 싶었다. 달식당 주인장도 귀농해 농사를 시작했고 나중에 알게 된 사실이지만 〈한국인의밥상〉 경북 영양군 편에도 출연했다고 한다.

식당은 아담했고 쉴 새 없이 울리는 배달 주문 전화로 봐선 맛집이 분명했다. 버섯크림파스타의 면은 탱탱하고 꼬들꼬들한 것이 깔끔하고 담백했다. 달식당의 인기메뉴 돈가스는 두툼한데다 겉은 바삭하고 속은 촉촉하다. 과거 레스토랑에서 먹던 그 맛이다. 아무런 기대도 하지 않고 들어갔던 식당에서 만난 음식은 하루 종일 행복하게 한다.

주변 볼거리·먹거리

삼지수변공원 연꽃이 피면 더 아름다울 것 같은 삼지수변공원은 연꽃 명소로 외씨버선길이 이곳에 속해있다. 연못이 간지, 연지, 항지로 세 개 있다고 해서 삼지로 불리는데 지금은 원당지, 연지, 파대지로 불린다. 각종 수생식물이 살고 있고 산책로도 잘 조성되어 있어 걷기에도 좋다.

Ⓐ 경상북도 영양군 영양읍 삼지리 200 Ⓔ 주차 무료

추천 코스 아름다운 마을과 정원이 있는 곳(영양)

1 COURSE

영양풍력발전단지

양구3교에서 농어촌버스 113번 승차 → 영양터미널 하차 → 농어촌버스 158번 환승 → 선바위관광지 하차 → 도보 이동(약 14분)

2 COURSE

선바위관광지

선바위관광지에서 농어촌버스 170, 171, 174번 승차 → 영양버스정류장 하차 → 도보 이동(약 10분)

3 COURSE

달식당

주소 경상북도 영양군 석보면 요원리 산 31-40
가는 법 영양버스터미널에서 농어촌버스 110번 승차 → 양구3교 하차 → 택시 이용(약 15분)
운영시간 24시간/연중무휴
전화번호 054-680-6411(양양군청)
etc 주차 무료

어디서나 그림 같은 풍광을 선사하는 맹동산 정상에 서면 멀리 동해가 한눈에 들어오며 산능성이 따라 풍력발전기가 보인다. 꼬불꼬불 산길은 차로 오르는데도 힘들지만 이렇게 멋진 풍경을 보여주니 그동안의 고생이 눈 녹듯 녹는다. 일몰과 일출을 동시에 볼 수 있으며 밤이면 밤하늘에 떠 있는 별들을 보기 위해 이곳을 찾는 사람들이 늘고 있다.

주소 경상북도 영양군 입암면 영양로 883-16
운영시간 24시간/연중무휴
입장료 무료
전화번호 054-680-5371
etc 주차 무료

반변천과 청계천의 두 물줄기가 만나 큰 강을 이루는 남이포에는 선바위와 남이 장군의 전설이 전해진다. 우뚝 솟은 선바위는 그 모습이 장엄하여 겸재 정선의 진경산수화 배경이 된 곳이기도 하다. 선바위관광지 내에는 분재와 야생화전시장, 영양고추전시장 등 다양한 테마공원을 조성해놓았다. 반딧불 모형이 있는 석문교를 건너면 등산로와 둘레길을 걸을 수도 있다.

주소 경상북도 영양군 영양읍 동서대로 110
운영시간 11:30~21:00(14:30~17:00 브레이크타임)/매주 월요일 휴무
전화번호 054-683-1664
대표메뉴 돈가스 9,000원, 버섯크림파스타 13,000원, 까르보나라 15,000원, 명란크림파스타 15,000원
etc 건물 뒷편에 주차 무료

2월 7주 소개(078쪽 참고)

2월 넷째 주

성 곽 에 서 부 는 바 람

8 week

SPOT 1

숨겨진 핫플 바다를 한눈에

구조라성

주소 경상남도 거제시 일운면 구조라리 산55 · **가는 법** 고현버스터미널에서 버스 23-1번 승차 → 수정 하차 → 도보 이동(약 10분) · **운영시간** 연중무휴 · **전화번호** 055-681-2749 · **etc** 구조라 유람선터미널에 주차 가능

밑에서 올려다보면 가깝게 보이지만 가파른 산길을 올라야 하기에 몇 번이고 망설이게 되는 구조라성에 도착해 올라오길 잘했다는 생각이 드는 건 탁 트인 전망을 마주하고 나서다. 구조라성으로 오르는 길은 여러 갈래가 있지만 가장 쉬운 길은 수정마트 옆길이다. 웅장한 대마무숲을 지나고 평지가 끝나면 가파른 산길로 이어진다. 구조라성까지는 채 20분도 걸리지 않지만 가파른 고개가 있으니 만만하게 봐서는 안 되겠다.

구조라성은 조선시대 왜적의 침입을 막기 위해 전방의 보루로 만들어진 성이다. 지세포성의 전초기지 역할을 했고 선조 37년에 올포진지로 옮겼다가 다시 이곳으로 옮겨졌다. 읍성이나 성곽을 볼 때마다 저걸 어떻게 쌓았는지 그저 경이롭기만 하다. 건너편에는 와현과 공곶이 일대가 보이고 해무가 가득한 바다는 어딜 가든 절경을 이룬다. 구조라성은 거제도의 핫플레이스로 해 질 무렵이면 낙조를 배경으로 근사한 사진을 찍어도 좋겠다.

주변 볼거리·먹거리

구조라항 푸른 바다와 하늘 그리고 선착장에 정박해 있는 배들이 이국적이다. 구조라항은 외도로 가는 유람선 선착장이 있고 횟집과 식당, 숙박업소들이 있어서 관광객이 많이 찾는 곳이다. 산과 바다의 아름다운 풍광을 즐길 수 있는 샛바람소리길도 숨은 비경이다.

Ⓐ 경상남도 거제시 일운면 구조라로 73 Ⓞ 24시간/연중무휴 Ⓔ 구조라항에 주차 가능

SPOT 2

언택트 여행으로 좋은

소을비포성지

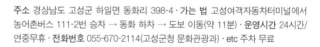

주소 경상남도 고성군 하일면 동화리 398-4 · **가는 법** 고성여객자동차터미널에서 농어촌버스 111-2번 승차 → 동화 하차 → 도보 이동(약 11분) · **운영시간** 24시간/연중무휴 · **전화번호** 055-670-2114(고성군청 문화관광과) · etc 주차 무료

주말이어도 고성의 아침은 조용하다. 한적한 바닷길은 여유롭고 2월의 겨울인데도 따뜻한 햇볕이 기분 좋게 한다. 어촌갯벌체험으로 유명한 동화마을에는 요즘 인생사진 핫플레이스로 뜨고 있는 소을비포성지가 있다. 바다가 보이는 성곽으로 1994년 7월 경상남도 기념물 제139호로 지정되었으며 《세종실록》 기록에는 조선시대 수군들이 전투와 왜구의 침입을 막기 위해 해안을 따라 성을 쌓았다고 전해진다.

성의 규모는 그렇게 크지 않지만 성곽은 견고하고 튼튼하게 보인다. 성 안쪽에는 잔디가 있어 아이들이 놀기에 좋겠고, 초록 잔디가 돋아나면 돗자리 깔고 망중한을 즐겨도 좋을 듯하다. 성곽을 따라 걸으면 파도도 없이 잔잔한 바다가 한눈에 들어온다. 성지가 있는 앞바다는 안쪽으로 들어와 있어서 태풍을 피해 어선들이 대피하는 곳이기도 하다.

주변 볼거리·먹거리

석방렴 고성 바다를 따라가다 보면 바닷속에 돌로 담을 쌓아 올린 석방렴을 볼 수 있다. 석방렴은 오랜 옛날부터 전해내려온 고기 잡는 방식으로 밀물 때는 돌담으로 들어온 물고기가 썰물 때 미처 빠져나가지 못한 고기를 잡는 방식이다. 돌로 담을 쌓아 고기를 잡는 방식을 석방렴이라고 부르며, 남해의 대나무를 엮어 고기를 잡는 방식을 죽방렴이라고 부른다.

Ⓐ 경상남도 고성군 하일면 동화리 399-17 Ⓞ 24시간/연중무휴 Ⓣ 055-670-2114 Ⓔ 주차 무료

SPOT 3

해물이 푸짐한 해물라면 맛집

바릇

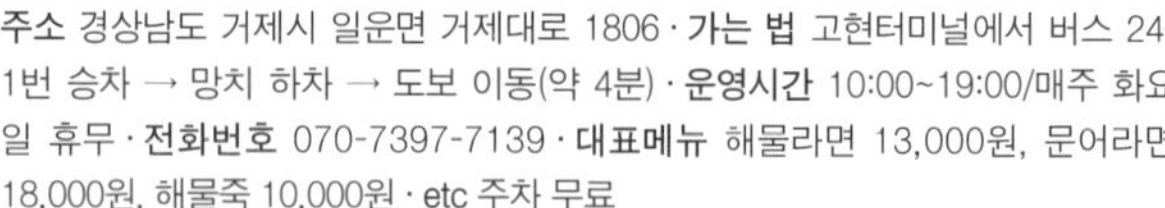
주소 경상남도 거제시 일운면 거제대로 1806 · **가는 법** 고현터미널에서 버스 24-1번 승차 → 망치 하차 → 도보 이동(약 4분) · **운영시간** 10:00~19:00/매주 화요일 휴무 · **전화번호** 070-7397-7139 · **대표메뉴** 해물라면 13,000원, 문어라면 18,000원, 해물죽 10,000원 · etc 주차 무료

거제도 망치해수욕장 주변으로는 대형 베이커리 카페들이 생겨나고 있다. 한 집 걸러 카페인 곳에 유일하게 해물라면 맛집인 바릇식당이 있다. '바릇'은 '바다'의 제주도 방언으로 바다에 위치한 식당과 이름이 잘 맞는다. 하얀 외벽과 큰 창으로 인해 환해 보이는 내부와 바다가 보이는 외부로 되어 있고, 라면을 전문으로 하는 식당이지만 인테리어나 분위기는 이국적이다. 순간 라면 대신 아메리카노를 주문할 뻔했다.

전복, 딱새우, 꽃게, 홍합이 들어가서 국물이 시원한 해물라면과 거제 앞바다에서 잡아 올린 돌문어가 들어가는 문어라면이 이곳의 대표메뉴다. 꽃게로 국물맛을 냈기에 살은 없을 것이라 생각했지만 살이 꽉 차 있고, 굵은 문어는 보기보다 연하고 야들야들하다. 국물맛이 깔끔하고 맵지 않은 데다 해물이 싱싱해서 눈으로 바다를 보고 입에서는 바다가 느껴진다.

주변 볼거리·먹거리

망치몽돌해수욕장 망치몽돌해수욕장은 이름처럼 모래가 아닌 검은색 자갈로 이루어진 해변이다. 거제도의 해수욕장은 대부분 몽돌로 되어 있는데 이곳도 그중 한 곳이다. 학동에 있는 몽돌해수욕장보다는 덜 유명해서인지 찾는 사람이 많지 않지만 바닷물이 깨끗하고 조용하게 산책하고 싶을 때 방문하면 좋은 곳이다.

Ⓐ 경상남도 거제시 일운명 망치리 Ⓞ 24시간/연중무휴 Ⓔ 공용주차장 주차

추천 코스 따뜻한 바람이 부는 곳(거제)

1 COURSE

구조라성

삼정경로당에서 버스 67-1번 승차 → 동부119안전센터 하차 → 도보 이동(약 2분)

2 COURSE

학동흑진주몽돌해변

학동삼거리에서 버스 55번 승차 → 도장포 하차 → 도보 이동(약 10분)

3 COURSE

바람의언덕

주소	경상남도 거제시 일운면 구조라리 산55
가는 법	고현버스터미널에서 버스 23-1번 승차 → 수정 하차 → 도보 이동(약 10분)
운영시간	연중무휴
전화번호	055-681-2749
etc	구조라 유람선터미널에 주차

2월 8주 소개(080쪽 참고)

주소	경상남도 거제시 동부면 학동 6길 18-1
운영시간	24시간/연중무휴
입장료	무료
전화번호	055-635-5421
etc	주차 무료

학이 날아가는 모습과 닮았다 하여 학동이라는 이름이 유래한 곳으로 흑진주를 뿌려놓은 듯 검은색 몽돌이 해변에 깔려있다. 전국에서 가장 아름다운 해변으로 손꼽히며 3km에 이르는 해안을 따라 천연기념물 제233호로 지정된 동백림야생군락지가 있다. 파도가 칠 때면 몽돌 굴러가는 소리가 일품이며, 봄이면 주변으로 빨간 동백꽃이 만발한다.

주소	경상남도 거제시 남부면 갈곶리 산14-47
운영시간	24시간/연중무휴
입장료	무료
전화번호	055-639-3399
etc	주차 무료

바람의언덕은 잔디로 이루어진 민둥산에 빨간풍차가 있고 시원스럽게 펼쳐지는 바다가 보이는 전망 좋은 곳으로 이국적인 풍경을 보여준다. 드라마 촬영지로 유명해졌으며, 바람의언덕이란 지명도 지역을 사랑하는 사람들로 인해 생겨난 이름이라고 한다. 바람의 영향으로 나무가 자라지 않지만 언덕 뒤편으로는 동백나무군락지가 있어 봄이면 빨간 동백꽃을 감상할 수 있다.

2월의 통영
섬과 육지를 오가는 감성여행

3면이 바다로 둘러싸여 있는 아름다운 도시. 한려해상국립공원의 관문으로 우리나라 제일의 미항인 통영에서의 동화 같은 여행을 시작해 보자. 아름다운 도로로 손꼽히는 리아스식 해안 산양관광일주도로를 따라 크고 작은 항구에서는 풍요로움과 우리나라에서 가장 아름다운 길을 선물한다. 케이블카를 타고 올라온 미륵산에서는 올망졸망 솟아있는 섬들로 아름다운 한려수도의 모습에 빠져들게 된다.

2박 3일 코스 한눈에 보기

미륵산케이블카

스카이라인루지통영

뚱보할매김밥집

디피랑

장사도해상공원까멜리아

산양관광일주도로

궁전횟집

욕지도

뚱보할매김밥집 지금은 통영이라 불리지만 예전 지명이 충무였던 이곳은 통영의 대표 먹거리 충무김밥으로 유명하다. 충무김밥의 유래는 1947년 어두리 할머니부터 시작되었다. 김밥을 팔아 생계를 이어갔는데 김밥이 자꾸 상해 팔 수 없게 되자 밥과 반찬을 따로 만들어 팔던 것이 충무김밥의 시초가 되었다.

Ⓐ 경상남도 통영시 통영해안로 325 Ⓞ 06:00~22:00 Ⓣ 055-645-2619 Ⓜ 1인분 6,000원, 2인분부터 포장 가능

장사도해상공원까멜리아 뱀이 바다에서 헤엄치는 모습처럼 생겼다고 해서 장사도라 불린다는 이야기도 있고, 누에가 바다 위를 헤엄치는 모습처럼 생겼다고 해서 잠사도 또는 누에섬으로 불렀다는 이야기가 전해진다. 1970년대만 해도 14가구 73명이 거주했지만 1980년대 사람들이 하나둘 떠나고 무인도가 되어버린 섬을 1996년 장사도 절경에 반한 김봉렬 씨가 섬을 매입해 꽃을 심고 공원으로 조성했다. 특히 동백꽃이 많아 까멜리아섬으로도 불린다.

Ⓐ 경상남도 통영시 한산면 장사도길 95 Ⓞ 동절기(10~3월) 08:30~17:00, 하절기(4~9월) 08:00~19:00/입장은 폐장 2시간 전까지, 태풍 및 기상악화로 유람선 운항이 결항 시 임시 휴무 Ⓒ 어른 10,000원, 중·고등학생 8,000원, 어린이·장애인 5,000원 Ⓣ 055-633-0362 Ⓗ jangsado.co.kr

욕지도 통영에서 1시간 남짓 떨어진 곳에 위치한 욕지는 천혜의 비경을 자랑한다. 수목이 울창하고 온갖 약초가 있는 골짜기마다 사슴이 살았다고 해서 녹도라 불렀고, 욕지항 안에 작은 섬이 거북이 모양으로 목욕을 하고 있는 것 같다 해서 욕지라 불렀다는 이야기도 전해진다. 욕지도의 전경을 볼 수 있는 모노레일이 있고 비렁길을 걷다가 만나는 출렁다리와 욕지도의 대표적인 비경인 삼여도는 이무기가 변한 젊은 총각을 사랑한 세 여인이 바위로 변했다는 전설이 있다.

Ⓐ 경상남도 통영시 욕지면 동항리 Ⓒ 무료 Ⓣ 055-649-9905

궁전횟집 2월 5주 소개(066쪽 참고)

Ⓐ 경상남도 통영시 운하1길 46 대영유토피아 상가 701호 Ⓞ 12:00~21:30/매주 화요일 휴무 Ⓣ 055-646-5737 Ⓜ 궁전스페셜 300,000원, 모둠회(大) 150,000원

차가운 바람 사이로 따뜻한 기운이 스며든다. 햇볕은 제법 따갑고 어느새 두꺼운 코트가 무겁고 거추장스럽다. 우리나라에서 가장 먼저 봄이 시작되는 곳, 남쪽은 서둘러 봄을 맞을 준비를 한다. 경상도의 봄은 콧노래를 흥얼거리게 하고 무거운 엉덩이를 들썩이게 한다. 두 팔을 크게 벌려 봄을 맞이해 보자.

3월의 경상도

어느새 봄

3월 첫째 주

산 위에 오르면 발아래 바다가

9 week

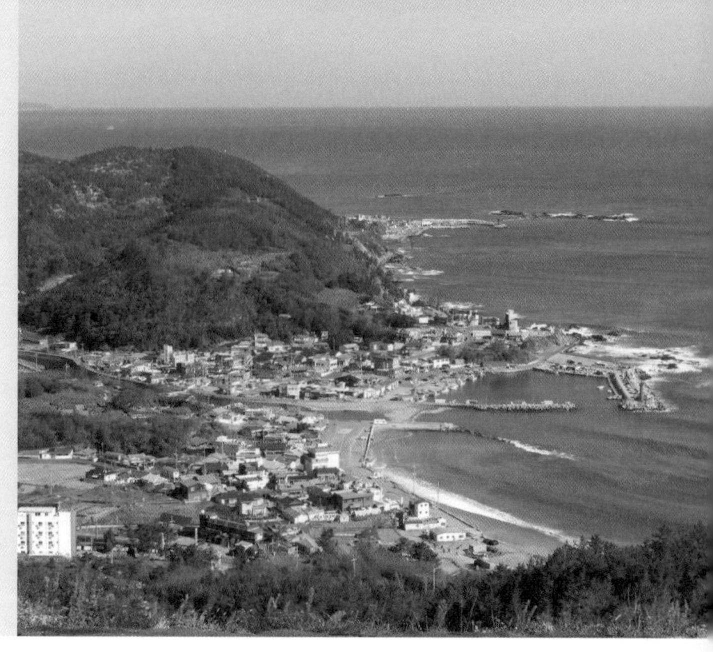

SPOT 1

인생샷 갬성샷 핫플 곤륜산

주소 경상북도 포항시 흥해읍 칠포리 산85-1 · **가는 법** 포항역에서 버스 121, 5000번 승차 → 성곡리 하차 → 버스 580번 환승 → 칠포삼거리 하차 → 도보 이동(약 24분) · **운영시간** 24시간(밤늦은 시간에는 어두워 위험할 수 있으니 주의 필요)/연중무휴 · **전화번호** 054-270-8282(포항시청 문화관광과) · **etc** 입구에 주차 가능

요즘 포항에서 SNS 인생사진이나 갬성사진 찍기로 최고의 핫플레이스는 곤륜산이다. 정상에 오르면 보이는 흥해와 칠포해수욕장의 푸른 바다가 분위기를 사로잡는다. 흥해읍 칠포리에 위치한 곤륜산은 활공장으로도 이용되고 운 좋은 날이면 패러글라이딩하는 모습도 볼 수 있다.

해발 200m 높이로 주차장에서 정상까지 25분이면 오를 수 있는데 그다지 높지 않지만 가파른 오르막길이 계속 이어진다. 막상 정상에 올라오면 광활하게 펼쳐진 바다를 볼 수 있느니 감탄이 절로 나온다. 한 번도 안 온 사람은 있어도 한 번만 온 사람은 없다는 요즘 새롭게 뜨는 핫플레이스. 곤륜산 정상에서 바라본 동해는 답답했던 일상에서 벗어나 힐링과 쉼을 동시에 느낄 수 있다.

주변 볼거리·먹거리

칠포해수욕장 포항 북쪽 13km 거리에 있는 칠포해변은 왕모래가 많이 섞여 있으며 해수욕보다는 갯바위 낚시로 유명하다. 칠포해변이 있는 칠포리는 과거 수군만호진이 있던 곳으로 고종 8년 동래로 옮겨가기 전까지 군사요새였다. 7개의 포대가 있는 성이라 하여 칠포성이라 불렀으며, 옻나무가 많고 해안의 바위와 바다색이 짙은 파란색을 띠고 있다 해서 칠포라 부르기도 한다.

Ⓐ 경상북도 포항시 북구 흥해읍 Ⓞ 24시간/연중무휴 Ⓣ 054-270-8282 Ⓔ 주차장 이용

칠포해오름전망대 앞에서 보면 영화 〈타이타닉〉을 닮아있는 해오름전망대는 한가운데가 U자 모양으로 휘어져 바다와 더 가깝고 구멍 뚫린 발판 사이로 동해의 속살이 보인다. 칠포해오름전망대 가는 길은 영일만 북파랑길에 속해있으며 과거 군사보호구역으로 해안경비 이동로로 사용되던 길이었다. 풍광이 아름다워 동해안의 자연경관을 감상하며 탐방할 수 있는 아름다운 길이다.

Ⓐ 경상북도 포항시 북구 흥해읍 칠포리 산 2-2 Ⓞ 24시간/연중무휴 Ⓣ 054-270-8282

SPOT 2

대나무로 숲을 이루는

죽도산전망대

주소 경상북도 영덕군 축산면 축산항길 90 · **가는 법** 영덕터미널에서 농어촌버스 140번 승차 → 축산항 하차 → 도보 이동(약 18분) · **운영시간** 10:00~17:00/매주 월요일 휴무 · **전화번호** 054-730-6114 · **etc** 주차장 이용, 죽도산에서 전망대까지는 엘리베이터 이용

산에 대나무가 많아 죽도산이라 부르며 원래는 산이 아니라 섬이었다. 일제강점기 때 행해진 매립공사로 인해 섬이 육지와 이어져 산이 되었다고 한다. 죽도산에는 축산항을 비롯해 영덕의 푸른 바다가 보이는 5층 높이의 전망대와 칠흑 같은 어둠을 밝혀주는 축산등대가 있다.

죽도산 정상까지는 계단길과 비탈길로 오를 수 있어 둘 다 만만치 않은 길이지만 옆으로 보이는 푸른 바다와 대나무숲의 풍경만으로도 보상받은 기분을 느낄 수 있으며 막상 오르면 올라오길 잘했구나 하는 생각이 든다.

죽도산을 끼고 둘레길처럼 놓여있는 산책길은 아찔한 기암

절벽과 울창한 대나무숲에 가려 미로를 걷는 듯하며 바다와 하나 되는 기분마저 든다. 환상의 바닷길 영덕 블루로드 B코스와 부산부터 강원도까지 이어지는 해파랑길이 속해있다.

주변 볼거리·먹거리

블루로드 B코스 푸른대게의길 남씨 발상지부터 축산항을 지나 경정리 대게마을까지 아름다운 길 블루로드 B코스에 속해 있다. 바위에 부딪히는 파도 소리와 소나무숲에서 들려오는 자연의 소리만 들릴 뿐 잡스러운 인공의 소리는 들리지 않아 오랜만에 귀가 깨끗해지는 기분이 든다. 해당화가 피는 계절이면 해당화 꽃향이 코를 자극한다. 바다와 어울려 걷다 보면 대게를 잡아 생활하고 있는 경정리 대게마을에서 끝난다.

Ⓐ 경상북도 영덕군 축산면 축산항길 33 Ⓞ 24시간/연중무휴 Ⓣ 054-730-6114 Ⓔ 축산항 공용주차장 이용

SPOT 3

바다가 보이는 베이커리 카페

러블랑

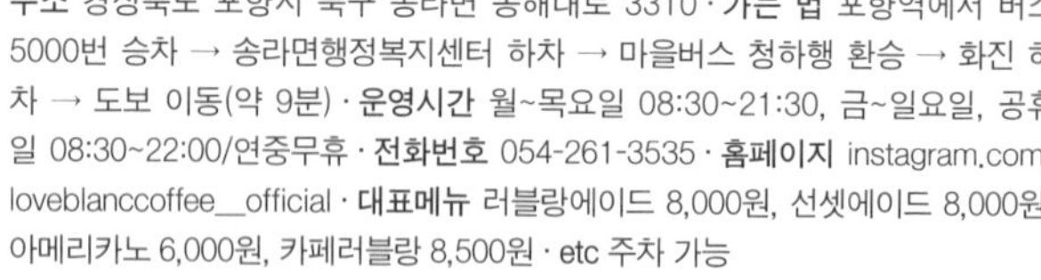

주소 경상북도 포항시 북구 송라면 동해대로 3310 · **가는 법** 포항역에서 버스 5000번 승차 → 송라면행정복지센터 하차 → 마을버스 청하행 환승 → 화진 하차 → 도보 이동(약 9분) · **운영시간** 월~목요일 08:30~21:30, 금~일요일, 공휴일 08:30~22:00/연중무휴 · **전화번호** 054-261-3535 · **홈페이지** instagram.com/loveblanccoffee__official · **대표메뉴** 러블랑에이드 8,000원, 선셋에이드 8,000원, 아메리카노 6,000원, 카페러블랑 8,500원 · etc 주차 가능

7번 국도를 따라 포항과 영덕의 경계선쯤 화진해수욕장에 위치한 카페 러블랑은 베이커리 카페로 오션뷰가 인상적이다. 동해를 상징하는 부서지는 파도를 표현했다는 러블링 심볼은 언뜻 보면 푸른고래를 닮았다. 러블랑에 '블랑'은 프랑스어로 '흰색' 또는 '희다'라는 뜻으로 순수함과 깨끗한 그리고 시원함을 의미하며, 파도가 부서지는 아름다움과 사랑을 담아 러블랑이라 이름지었다 한다.

눈이 부시도록 하얀 건물은 그리스 산토리니를 닮았고 유독 푸른 바다색과 잘 어울린다. 일찍 도착해야만 겨우 주차할 수 있고 평일에도 찾는 사람들이 많아 운이 좋아야 바다가 보이는 창가 쪽에 자리를 잡을 수 있다. 도미넌트, 시밀레, 어센틱블루 등 다양한 맛을 내는 커피와 직접 만든 베이커리는 종류가 많아 무얼 먹을지 행복한 고민을 하게 된다.

에메랄드빛 바다와 기암절벽으로 이루어진 바닷가 산책길은 이국적인 풍경을 자아내는데, 막힘없이 트인 동해안 수평선과 바위에 부서지는 파도가 하얀 포말을 일으키니 요즘 카페에서 힐링한다는 말을 이해하겠다.

주변 볼거리·먹거리

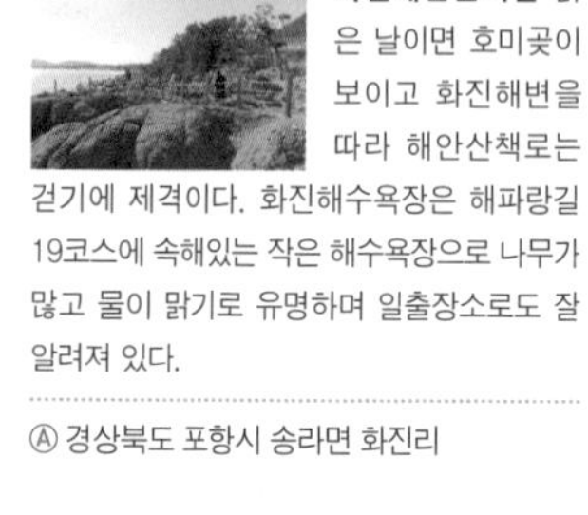

화진해변산책길 맑은 날이면 호미곶이 보이고 화진해변을 따라 해안산책로는 걷기에 제격이다. 화진해수욕장은 해파랑길 19코스에 속해있는 작은 해수욕장으로 나무가 많고 물이 맑기로 유명하며 일출장소로도 잘 알려져 있다.

Ⓐ 경상북도 포항시 송라면 화진리

추천 코스 바다를 벗삼아 걷는 길(포항)

1 COURSE 호미반도해안둘레길2코스

연오랑세오녀테마공원에서 버스 동해3번 승차 → 호미곶해맞이광장 하차 → 도보 이동(약 4분)

2 COURSE 호미곶

대보중학교에서 버스 9000번 승차 → 구룡포일본인가구 하차 → 도보 이동(약 2분)

3 COURSE 죽도시장

주소	경상북도 포항시 남구 동해면 호미로 3012
가는 법	포항시외버스터미널에서 버스 900번 승차 → 신정리 하차 → 마을버스 동해행 환승 → 연오랑세오녀테마공원 하차 → 도보 이동(약 5분)
운영시간	24시간/연중무휴
전화번호	054-270-3204
etc	주차 무료

호미반도해안둘레길은 한반도 최동단 지역으로 영일만을 끼고 동쪽으로 뻗은 트레킹길로 모두 다섯 코스가 있다. 모든 코스가 바다로 연결되어 있는 포항 호미반도해안둘레길 그중에서도 가장 아름다운 코스는 연오랑세오녀테마공원을 시작으로 흥환해수욕장까지 걷는 2코스다. 곳곳에 숨어있는 비경과 전설을 간직한 기암절벽으로 아름다운 둘레길은 자연경관과 맑고 탁 트인 동해를 볼 수 있다.

주소	경상북도 포항시 남구 호미곶면 대보리
운영시간	24시간/연중무휴
etc	주차 무료
전화번호	054-284-5026
입장료	무료

1월 2주 소개(039쪽 참고)

주소	경상북도 포항시 북구 죽도시장 13길 13
운영시간	08:00~22:00
전화번호	054-253-2588(상가번영회)
대표메뉴	시세에 따라 달라진다
etc	죽도시장 전용 주차장 이용

12월 49주 소개(388쪽 참고)

3월 둘째 주

아슬아슬 스릴 있는 스카이워크

10 week

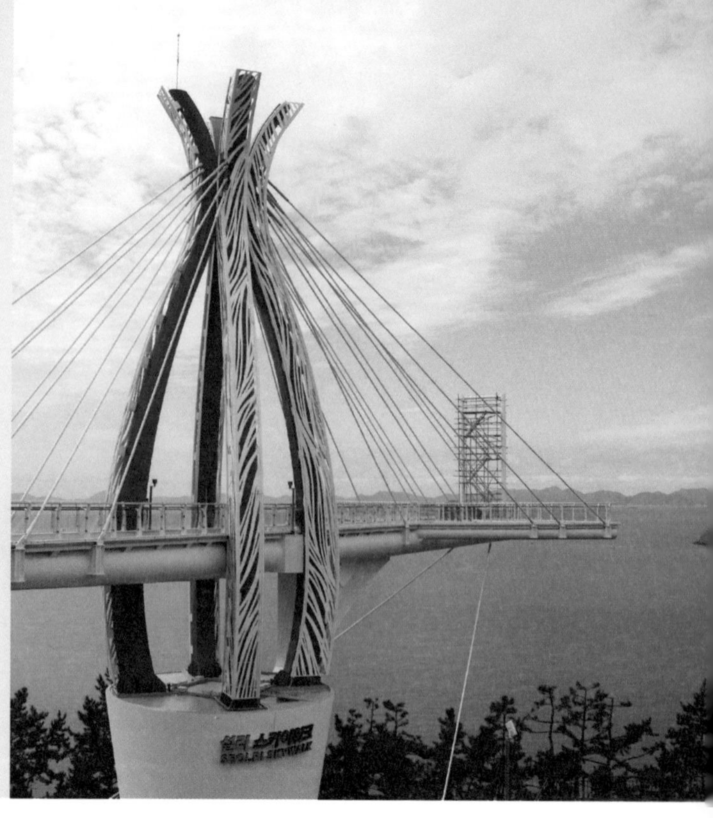

SPOT 1

멋진 해안 경관의 명소

설리 스카이워크

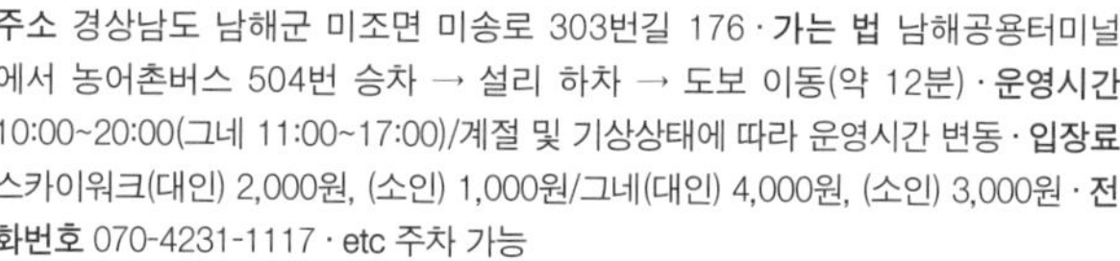
주소 경상남도 남해군 미조면 미송로 303번길 176 · **가는 법** 남해공용터미널에서 농어촌버스 504번 승차 → 설리 하차 → 도보 이동(약 12분) · **운영시간** 10:00~20:00(그네 11:00~17:00)/계절 및 기상상태에 따라 운영시간 변동 · **입장료** 스카이워크(대인) 2,000원, (소인) 1,000원/그네(대인) 4,000원, (소인) 3,000원 · **전화번호** 070-4231-1117 · etc 주차 가능

불과 2~3년 사이에 새로운 관광지가 많이 생겼는데 남해도 그 중 한 곳으로 멋진 해안 경관을 볼 수 있는 설리스카이워크가 눈에 띈다. 스카이워크까지는 엘리베이터가 설치되어 있어 어르신도 불편함 없이 오를 수 있는 가족여행 코스로 추천할 만하다. 엘리베이터를 타고 스카이워크로 올라가면 바람이 불 때마다 돌아가는 오색바람개비가 반기는 듯하다.

낮게 깔린 구름은 남해와 어울려 운치를 더한다. 유리로 된 통로가 있고 유리를 통해 바다를 볼 수 있는 남해의 설리스카이워크에는 발리섬의 그네를 모티브로 제작했다는 스윙그네가 있다. 높이 38m로 발아래 바다가 펼쳐져 짜릿하고 스릴 넘치는 기분을 느낄 수 있으며 드라마 〈여신강림〉 촬영지로 알려져 유명해졌다.

국내 최초 비대칭형 캔틸레버 교량으로 만들어졌으며 해 질 무렵 노을빛과 야간의 조명이 아름답다. 올망졸망 작은 섬들이 보이고 송정솔바람 해변과 해안도로를 따라 크고 작은 기암절벽들이 환상적이다.

주변 볼거리·먹거리

상주은모래비치 남해에서 풍광이 가장 빼어난 상주은모래비치는 높은 곳에서 내려다보면 활처럼 휘어 있다. 은가루를 뿌려놓은 듯 부드러운 모래는 신발을 벗고 걸어야 그 느낌을 알 수 있다. 바닷가 주변으로 솔숲이 있고 바다인지 호수인지 알 수 없을 정도로 잔잔해 여름철 물놀이 하기에 안성맞춤이다.

Ⓐ 경상남도 남해군 상주로 17-4 Ⓞ 24시간/연중무휴 Ⓣ 055-863-3573 Ⓔ 주차 무료

SPOT 2

섬진강과 동정호가 보이는

스타웨이하동 스카이워크

주소 경상남도 하동군 악양면 섬진강대로 3358-110 · **가는 법** 하동버스터미널에서 농어촌버스 3, 4, 7, 8, 9번 승차 → 최참판댁 하차 → 도보 및 택시 이용(도보 이동 시 약 26분) · **운영시간** 3~10월 09:30~18:00, 11~2월 09:30~17:00/연중무휴 · **입장료** 성인 3,000원, 청소년 2,000원 · **전화번호** 055-884-7410 · **홈페이지** starwayhadong.com · **etc** 주차 무료

쌍계사 십리벚꽃길로 유명한 하동에 섬진강과 평사리 들판 그리고 악양 동정호를 볼 수 있는 스타웨이 하동 스카이워크가 생겼다. 지리산 따라 섬진강이 흐르고 평사리의 넓은 평야는 어느 지역에서도 볼 수 없는 절경을 자랑한다.

형제봉 자락 고소산성 아래 위치한 스타웨이 하동 스카이워크는 2019년 경상남도 건축대상에서 금상을 수상했을 정도로 세련미가 있으며 산 중턱부터 170m 정도 돌출되어 자연과 조화를 이룬다. 처음 봤을 때 별모양을 닮았다 생각했는데 별을 모티브로 세웠다고 한다.

스타웨이 하동 스카이워크에서는 대하소설 〈토지〉의 배경이자 국제 슬로시티로 지정된 평사리와 동정호를 볼 수 있고, 봄날이면 섬진강 따라 벚꽃이 흐드러지게 피어 터널을 이룬다.

또한 스카이워크에는 카페도 있는데 이는 국내 최초라고 한다. 이곳은 하루 평균 방문객이 1,000명이 넘는다고 하니 그야말로 하동의 핫플레이스라 할만하다. 낮이면 아름다운 산과 강 그리고 풍요로운 논밭과 넓은 들이 펼쳐지고, 밤이면 머리 위로 별이 쏟아진다. 해 질 무렵이면 붉은 노을까지 화려하니 이보다 좋은 곳이 어디 있을까 싶다.

주변 볼거리·먹거리

최참판댁&부부송 최참판댁에서 드넓은 평사리 들판을 내려다보면 꽉 막혔던 속이 뚫리는 기분이다. 박경리의 대하소설 〈토지〉의 배경이 되었던 최참판댁은 근대 우리 생활의 모습을 생생하게 느낄 수 있는 곳이다. 부부송은 80만 평이 넘는 평사리 들판 한가운데 서 있는 소나무로 두 그루가 서로 의지하듯 나란히 서 있는 모습이 부부 같다고 해서 붙여진 이름이다.

Ⓐ 경상남도 하동군 악양면 평사리길 66-7 Ⓞ 09:00~18:00/연중무휴 Ⓒ 성인 2,000원, 청소년 1,500원, 어린이 1,000원 Ⓣ 055-880-2960 Ⓔ 주차 무료

SPOT 3

30년 전통의 멸치쌈밥 원조맛집

미조식당

주소 경상남도 남해군 미조면 미조로 232 · **가는 법** 남해공용터미널에서 농어촌버스 501번 승차 → 남흥여객미조영업소 하차 → 도보이동(약 5분) · **운영시간** 09:00~20:00/연중무휴 · **전화번호** 055-867-7837 · **홈페이지** mijotheadma.modoo.at · **대표메뉴** 멸치회(회무침/小) 40,000원, 멸치쌈밥(小) 20,000원, 세트메뉴(멸치회+멸치쌈밥+멸치튀김/2인 기준) 40,000원 · etc 주차 무료/도로변 주차

멸치는 보통 말려서 육수를 내는 데 쓰거나 볶아서 반찬으로 많이 먹지만 남해에서는 어른 손가락만 한 통통한 멸치로 회무침을 하거나 고등어처럼 졸여서 먹기도 한다. 그 맛이 사람에 따라서는 비릴 수도 있겠지만 멸치의 새로운 맛을 느낄 수 있어 남해에 오면 꼭 먹어봐야 할 음식 중 하나로 멸치회와 멸치쌈밥을 꼽을 만큼 색다르고 특별하다. 남해에서 잡히는 멸치는 대나무발을 바다에 설치해 멸치를 잡는 죽방렴 방식으로 조수간만의 차를 이용해 물고기가 들어오면 빠져나가지 못하게 가둬 뜰채로 건져내 즉석에서 요리한다. 때문에 멸치가 탄력이 있고 싱싱하다고 한다.

남해에 가면 죽방렴 방식으로 잡은 멸치로 멸치쌈밥이나 회무침을 하는 식당이 많아 어딜 가나 싱싱한 멸치요리를 맛볼 수 있지만 30년 전통의 쌈밥 원조맛집 미조식당은 그중에서도 으뜸이다. 멸치회는 각종 신선한 채소에 맛깔스럽게 양념을 곁들여 무침으로 내놓는데 비린 맛이 전혀 없고 고소하다. 또한 멸치쌈밥은 채소와 양념장을 넣고 자글자글 졸여 상추에 싸서 먹거나 멸치와 양념을 밥과 함께 비벼 먹으면 어디서도 맛볼 수 없는 별미다.

주변 볼거리·먹거리

미조항 전국 제일의 수산물 산지로 손꼽히는 미조항은 삼동면 물건리에서 미조항까지는 아름다운 해안도로인 물미도로가 계속 이어지고, 유인도인 조도와 호도 외에 16개의 무인도와 기암절벽으로 아름다운 절경을 감상할 수 있는 곳이다. 최근 미조항 폐수산물 냉동창고가 전시장과 공연장 등 복합문화공간으로 재탄생해 바다를 배경으로 다양한 볼거리를 제공하고 있다.

Ⓐ 경상남도 남해군 미조면 미조리 Ⓞ 24시간/연중무휴 Ⓣ 055-860-8601(남해군청 문화관광과) Ⓔ 주차 무료

추천 코스 산사에서 바라보는 세상(남해)

1 COURSE
보리암

한려해상공원에서 농어촌버스 500번 승차 → 성현 하차 → 농어촌버스 501번 환승 → 상주해수욕장 하차 → 도보 이동(약 5분)

2 COURSE
상주은모래비치

상주해수욕장에서 농어촌버스 501번 승차 → 남흥여객미조영업소 하차 → 도보 이동(약 5분)

3 COURSE
미조식당

주소 경상남도 남해군 상주면 보리암로 665
가는 법 남해공용터미널에서 농어촌버스 500번 승차 → 한려해상국립공원 하차 → 택시 또는 셔틀버스 이용
입장료 성인 1,000원
전화번호 055-862-6500
홈페이지 boriam.or.kr
etc 주차 요금(승용차 기준) 5,000원

9월 39주 소개(308쪽 추가)

주소 경상남도 남해군 상주로 17-4
운영시간 24시간/연중무휴
전화번호 055-863-3573
etc 주차 무료

3월 10주 소개(097쪽 참고)

주소 경상남도 남해군 미조면 미조로 232
운영시간 09:00~20:00/연중무휴
전화번호 055-867-7837
홈페이지 mijotheadma.modoo.at
대표메뉴 멸치회(회무침/小) 40,000원, 멸치쌈밥(小) 20,000원, 세트메뉴(멸치회+멸치쌈밥+멸치튀김/2인 기준) 40,000원
etc 주차 무료/도로변 주차

3월 10주 소개(100쪽 참고)

3월 셋째 주

첫 번째 봄을 맞이하며

11 week

SPOT 1

가장 먼저 봄을 알리는
통도사홍매화

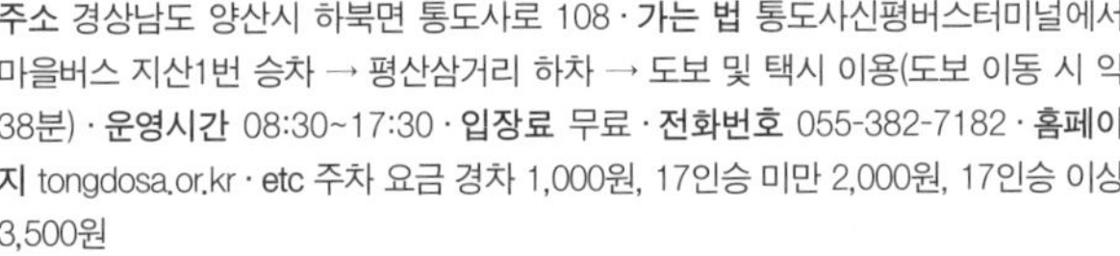

주소 경상남도 양산시 하북면 통도사로 108 · **가는 법** 통도사신평버스터미널에서 마을버스 지산1번 승차 → 평산삼거리 하차 → 도보 및 택시 이용(도보 이동 시 약 38분) · **운영시간** 08:30~17:30 · **입장료** 무료 · **전화번호** 055-382-7182 · **홈페이지** tongdosa.or.kr · **etc** 주차 요금 경차 1,000원, 17인승 미만 2,000원, 17인승 이상 3,500원

조금 이른 시각 차 한잔으로 몸을 녹이고 있으면 승려복 차림의 불자들이 길목마다 단정하게 합장하며 통도사로 향하는 모습을 볼 수 있다. 통도사에 들어서는 순간 엄청난 규모에 놀라게 마련이다. 신라 27대 선덕여왕 때 세워진 천년 고찰 통도사는 우리나라 3대 사찰 중 하나로 경내 전각의 수를 다 헤아릴 수 없을 정도다. 대웅전과 금강계단(국보 제290호)에 부처의 진신사리를 모신 불보사찰이기도 하다. 매표소에서 일주문까지 소나무숲길이 길게 이어져 솔향을 맡으며 걷는 것만으로도 힐링이 된다.

1400년의 역사를 지닌 통도사보다 더 유명한 것은 다름 아닌 전국에서 가장 먼저 꽃망울을 터트려 봄을 알린다는 360년 된 홍매화다. 1650년 사찰을 창건한 자장율사의 뜻을 기리기 위해 심은 홍매화는 자장매라고도 불린다. 봄철 통도사로 여행자들의 발길을 끌어들이는 것은 바로 이 홍매화다. 엄숙한 분위기의 경내를 붉고 화사하게 물들이는 홍매화를 담기 위해 수많은 사진작가들이 통도사로 몰려든다.

주변 볼거리·먹거리

이즈원카페 통도사 근처에 새로 생긴 대형카페로 원통형의 카페 외관과 건물 뒤편에 펼쳐진 보리밭이 인상적이다. 카페 앞마당에는 작은 분수도 있고 야외 좌석과 옥상 루프톱은 색다른 분위기를 연출한다. 원통형 건물이라 계단을 가운데로 두고 어디서든 경치를 볼 수 있다는 장점이 있다.

Ⓐ 경상남도 양산시 하북면 지산로 99-41 Ⓞ 10:30~21:30/연중무휴 Ⓣ 055-386-1112 Ⓜ 아메리카노 5,500원, 카페라테 6,000원, 아인슈페너 6,500원 Ⓔ 주차 무료

SPOT 2

하얀 향기로 유혹하는

원동매화마을(순매원)

주소 경상남도 양산시 원동면 원동로 1421 원동순매실농원 · **가는 법** 경부선 원동역 원동초등학교에서 버스 137, 138번 승차 → 관사 하차 → 도보 이동(약 4분) · **전화번호** 055-383-3644 · **입장료** 무료 · etc 축제 기간에는 원동역에 주차하고 셔틀버스 이용 추천

꽃들이 앞다퉈 꽃망울을 터트리고 수양버들은 줄기마다 초록 잎을 돋운다. 봄이면 가장 먼저 피어나는 매화꽃은 어느 지역이나 피게 마련이지만 기차가 지나가고 낙동강이 흐르는 원동마을의 매화는 색다른 풍광을 자아낸다. 매화나무가 늘어선 길을 따라 전망대에 오르면 커다란 가마솥에 물을 끓이는 듯 물안개가 피어오르는 낙동강이 내려다보인다.

멀리서 기적 소리가 들리는가 싶으면 어디서 나타났는지 사진작가들이 몰려들어 셔터를 누르기 바쁘다. 기차 소리에 매화꽃이 피기도 전에 시들지 않을까 하는 걱정은 그야말로 기우.

하얀 눈처럼 소복이 내려앉은 매화와 기차 그리고 낙동강이 어우러져 멋진 풍광을 자아낸다. 오지 중에 오지, 그래서 평소에는 인적이 드문 순매원이 사람들로 넘쳐난다. 다른 지역의 매화마을보다 작은 규모의 순매원은 아이 걸음으로 걸어도 충분히 볼 만하다.

주변 볼거리·먹거리

신흥사 영취산에 위치한 신흥사는 통도사의 말사이다. 임진왜란 때는 승병의 주둔지였고, 왜군과의 격전으로 대광전을 제외한 대부분의 전각들이 불타 없어졌다. 조선시대에 그려진 대광전(보물 제1120호)과 71면에 이르는 벽화(보물 제1757)가 있는 신흥사는 보물을 2개나 보유한 유서 깊은 사찰이다.

Ⓐ 경상남도 양산시 원동면 원동로 2282-111 Ⓣ 055-384-0108 Ⓔ 주차 무료

배내골 계곡 옆으로 야생 배나무가 많이 자란다 해서 붙여진 이름이다. 산세가 화려한 영남 알프스의 한가운데를 가로지르는 골짜기로, 깊은 계곡을 따라 흐르는 물줄기와 산줄기 풍광이 뛰어나 전국에서 가장 으뜸으로 여긴다. 한여름에도 이불을 코끝까지 덮고 자야 할 정도로 시원하다.

Ⓐ 경상남도 양산시 원동면 어실로 1511 Ⓣ 055-382-4112 Ⓔ 배내골 주변으로 펜션과 식당들이 밀집되어 있고, 드라이브 코스로도 인기가 많다.

SPOT 3

노란 봄비가 내린 듯

산수유 꽃피는마을

주소 경상북도 의성군 사곡면 산수유2길 2 · **가는 법** 의성버스터미널에서 농어촌 버스 143, 142, 145번 승차 → 화전3리 하차 → 도보 이동 · **전화번호** 054-834-3398 · **홈페이지** ussansuyu.kr · etc 주차 무료/산수유꽃 축제 기간에는 별도의 주차장이 마련된다.

2006년 '살기좋은지역만들기 자연경영대회'에서 대상을 받은 화전리 숲실마을. 조선시대부터 자생한 산수유나무 3만 그루가 군락을 이루어 4월 초부터 중순까지 화전리 일대의 산이며 냇가, 마을 전체가 노란 산수유꽃으로 뒤덮인다. 삶이 녹록지 않았던 마을 사람들은 저마다 산수유를 심어 그 열매를 팔아 자식을 키웠다고 하는데, 옹기종기 모인 집들 사이로 지붕을 훌쩍 넘긴 커다란 산수유나무가 한 그루씩 서 있다.

푸릇한 초록색 논밭과 어우러진 노란 산수유꽃은 화려하고 강렬한 봄의 색채를 빚어낸다. 봄 햇살을 받으며 4km가 넘는 산수유 꽃길을 걸으면 마치 그림 속을 걷고 있는 듯 황홀하다. 가을이면 빨간색 열매를 맺어 또 다른 장관을 연출한다.

주변 볼거리·먹거리

고운사 짙은 노송 향을 맡으며 아름다운 천년의 숲길을 지나면 천년 고찰 고운사에 이른다. 신라 신문왕 때 의상대사가 창건했고 최치원이 중건한 고운사. 흘러내리는 계류 위에 지어진 가운루는 위용이 넘친다. 고운사에는 조선시대에 그려진 유명한 호랑이 벽화가 있는데, 사방 어디에서 봐도 호랑이 눈을 피할 수 없다고 한다.

Ⓐ 경상북도 의성군 단촌면 고운사길 415 Ⓒ 무료 Ⓣ 054-833-2324 Ⓗ gounsa.net Ⓔ 주차 무료

산운생태공원 폐교가 된 산운초등학교 부지에 연못, 산책로, 쉼터 등을 조성해 자연생태공원으로 만들었다. 운동장으로 쓰였던 넓은 마당에는 잔디가 깔려 있고 그 주위로 꽃과 나무들이 있다. 교실은 전시실로 꾸몄고, 뒤편에는 정원도 있다. 산운생태공원 뒤편으로 가면 걷기 좋은 산운마을이 있다.

Ⓐ 경상북도 의성군 금성면 수정사길 19 Ⓞ 11~2월 09:00~17:00, 3~10월 09:00~18:00/매주 월요일, 1월 1일, 설날 및 추석 연휴 휴무 Ⓒ 무료 Ⓣ 054-832-6181 Ⓗ sanun.usc.go.kr Ⓔ 주차 무료

SPOT 4

국수 국물맛이 진국인

물금기찻길

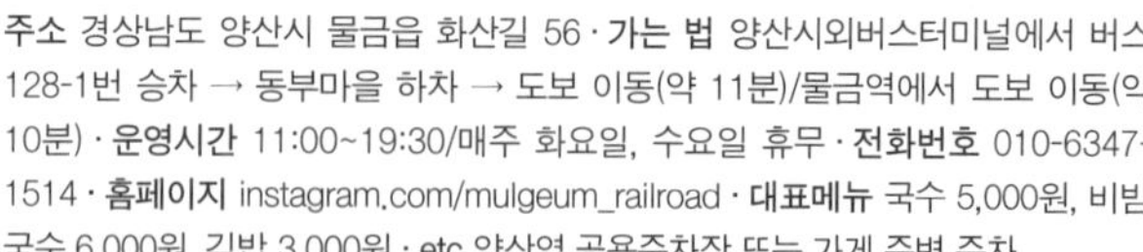

주소 경상남도 양산시 물금읍 화산길 56 · **가는 법** 양산시외버스터미널에서 버스 128-1번 승차 → 동부마을 하차 → 도보 이동(약 11분)/물금역에서 도보 이동(약 10분) · **운영시간** 11:00~19:30/매주 화요일, 수요일 휴무 · **전화번호** 010-6347-1514 · **홈페이지** instagram.com/mulgeum_railroad · **대표메뉴** 국수 5,000원, 비빔국수 6,000원, 김밥 3,000원 · **etc** 양산역 공용주차장 또는 가게 주변 주차

오래전 낙동강 일대에는 국수공장이 많았다고 한다. 쉬지 않고 뽑은 국수를 강바람에 말렸고 수송선이 잘 말린 국수를 싣고 드나들기 바빴다고 한다. 강바람에 말린 국수는 인공이 아닌 자연건조로 특유의 짭조름한 맛이 난다.

먹기는 편하지만 따지고 보면 꽤나 까다로운 음식 중 하나가 국수가 아닌가 싶다. 양산에 위치한 국수 맛집 물금기찻길은 주택을 개조한 곳으로 진한 국물맛이 일품인 집이다. 입구에 걸린 간판부터 가게 건물까지 분위기부터가 오래된 레트로 감성이다.

국수를 주문하게 되면 푸짐한 소면에 단무지, 김가루, 계란지단, 오뎅 등 고명이 소복이 올라가 있고 멸치향이 느껴지는 진한 육수는 주전자에 담겨 나온다. 흔하게 먹는 게 국수라 별 기대를 하지 않았지만 진한 국물맛에 놀랐다. 날씨가 따뜻해지면 조롱박이 열리는 야외테이블에서도 식사가 가능하고 가끔 공연도 열린다고 한다.

주변 볼거리·먹거리

블랙업커피 기차가 지나는 간이역 물금역에 위치한 블랙업커피는 심플하면서도 깔끔한 외관이 돋보인다. 독특하게 식물원으로 꾸며놓은 곳이 따로 있을 뿐만 아니라 3층 루프톱에서는 물금역을 지나는 기차를 구경할 수 있어 보는 재미도 있는 곳이다.

Ⓐ 경상남도 양산시 물금읍 물금역1길 11 Ⓞ 10:00~22:00/연중무휴 Ⓣ 055-381-9779 Ⓗ blackupcoffee.com Ⓜ 해, 수염커피 6,500원, 카페라테 5,800원, 아메리카노 4,800원 Ⓔ 주차 무료

봄꽃 가득한 여행(양산)

1 COURSE

관사에서 버스 138번 승차 → 신한은행양산시제2청사 하차 → 버스 113번 환승 → 대석마을 하차 → 도보 이동(약 4분)

원동매화마을(순매원)

2 COURSE

대석마을에서 버스 113번 승차 → 신대석마을 하차 → 버스 11, 12번 환승 → 보광중고등학교 하차 → 마을버스 지산1번 환승 → 평산삼거리 하차 → 택시 이동

죽림산방

3 COURSE

통도사홍매화

주소 경상남도 양산시 원동면 원동로 1421 원동순매실농원
가는 법 경부선 원동역 원동초등학교에서 버스 137, 138번 승차 → 관사 하차 → 도보 이동(약 4분)
입장료 무료
전화번호 055-383-3644
etc 축제 기간에는 원동역에 주차하고 셔틀버스 이용 추천

3월 11주 소개(104쪽 참고)

주소 경상남도 양산시 상북면 대석2길 13
운영시간 11:30~21:00/매주 월요일 휴무
전화번호 055-374-3392
대표메뉴 죽림정식 17,000원, 죽림산방정찬 28,000원
etc 주차 무료

백년가게로 선정된 죽림산방은 약이 되는 음식이라는 뜻의 약선요리로 유명하다. 식자재에 함유된 각종 독성을 제거하여 안전하게 먹을 수 있는 방법을 연구하고 체질을 고려하여 몸을 건강하게 하고 면역력을 강화하는 요리를 내놓는다. 조미료를 사용하지 않고 효소와 천연조미료로 요리하니 모든 음식들이 깔끔하고 담백하다.

주소 경상남도 양산시 하북면 통도사로 108
운영시간 08:30~17:30
입장료 무료
전화번호 055-382-7182
홈페이지 tongdosa.or.kr
etc 주차 요금 경차 1,000원, 17인승 미만 2,000원, 17인승 이상 3,500원

3월 11주 소개(102쪽 참고)

3월 넷째 주

봄 햇살과 호흡하다

12 week

SPOT 1

1억 4천만 년 전 신비를 간직한

우포늪

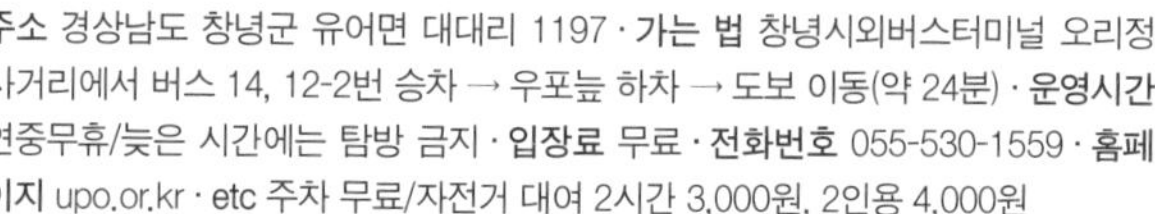

주소 경상남도 창녕군 유어면 대대리 1197 · **가는 법** 창녕시외버스터미널 오리정 사거리에서 버스 14, 12-2번 승차 → 우포늪 하차 → 도보 이동(약 24분) · **운영시간** 연중무휴/늦은 시간에는 탐방 금지 · **입장료** 무료 · **전화번호** 055-530-1559 · **홈페이지** upo.or.kr · **etc** 주차 무료/자전거 대여 2시간 3,000원, 2인용 4,000원

우포늪의 사계절은 철새들의 움직임으로 시작된다. 겨우내 움츠렸던 버드나무에 초록 물이 오르는 봄, 지천에 널린 개구리밥과 수생식물들이 맘껏 피어오르는 여름, 갈대와 물억새들이 바람에 흩날리는 가을, 그리고 겨울이면 160여 종의 철새들이 날아와 자기 집인 양 머무는 광경을 볼 수 있다. 우리나라 최초의 늪지인 우포늪은 천연보호구역으로 주남저수지와 더불어 낙동강변에 형성된 배후습지다. 우포늪, 목포늪, 사지포, 쪽지벌 4개의 늪으로 이루어진 70만 평의 국내 최대 자연 늪으로 한반도 지형과 탄생 시기를 함께하는 것으로 알려져 있다.

철새뿐 아니라 수생식물과 물고기, 곤충들까지 집단 서식하는 우포늪은 그야말로 자연생태의 보고라 할 수 있다.

물에 젖어 있는 땅, 물도 아니고 땅도 아닌 지역을 늪이라 부른다. 홍수를 막아주고 다양한 생물들의 보금자리가 되어주며 지구온난화를 예방해 주니 더없이 고마운 자연이다. 우포늪 생태길을 천천히 걸어보는 것도 좋지만 한 바퀴 둘러보려면 족히 4시간은 걸리니 자전거를 타고 바람을 가르며 습지의 자연을 만끽해 보자.

주변 볼거리·먹거리

카페줄풀 우포늪 바로 옆에 위치한 카페 줄풀은 포근한 느낌의 작은 카페다. 빨간 벽돌이 그대로 드러난 인테리어에 사랑방도서관으로 꾸며놓아 하루종일 책을 읽는다고 해도 눈치 보이지 않을 정도로 고요하고 친절하다. 북적거리는 대형카페도 좋지만 시골의 작은 변두리에 따뜻한 카페는 힐링의 시간을 선물로 준다.

Ⓐ 경상남도 창녕군 유어면 우포늪길 195 Ⓞ 09:00~19:00 Ⓣ 010-5289-2439 Ⓜ 아메리카노 4,500원, 카페라테 5,500원, 바닐라라테 5,500원 Ⓔ 주차 무료

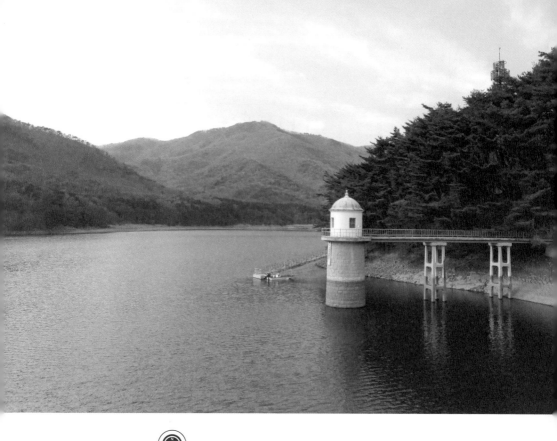

SPOT 2

힐링 휴양지

법기수원지

주소 경상남도 양산시 동면 법기로 198-13 · **가는 법** 양산시외버스터미널 양산역에서 버스 87번 승차 → 동원과학기술대학교 하차 → 마을버스 법서1번 환승 → 법기수원지 하차 → 도보 이동(약 4분) · **운영시간** 4~10월 08:00~18:00, 11~3월 08:00~17:00/연중무휴 · **전화번호** 055-383-5379 · **홈페이지** yangsan.go.kr · etc 주차 요금 2,000원

상수원 보호를 위해 일반인들은 출입이 허용되지 않았던 법기수원지는 부산광역시 금정구 선두구동과 노포동, 남산동, 그리고 청룡동 일대 7천 가구의 식수원으로 사용되고 있다. 일제강점기인 1932년 완공되었으며, 천연기념물 제327호로 지정된 원앙 70여 마리가 서식하는 것으로 확인되면서 희귀동식물이 서식하는 생태계로 오랫동안 보호되던 곳이다. 이후 일반인들에게 개방되어 그동안 감춰졌던 측백나무와 소나무숲길도 마음 놓고 걸을 수 있다.

계단을 올라오면 보이는 둑과 저수지는 둘레길이 조성되어 있지만 아직 정식으로 개방되지는 않았으며 댐마루에는 7그루의 거대한 소나무가 있다. 댐 건설 당시 어른 50명이 목도하여 댐 위로 옮겼다고 전해지며 이 소나무를 칠형제 법기반송이라 부르는데 옆에 서서 보면 그 위용이 느껴질 정도다.

법기수원지는 길이 260m, 높이 21m의 흙으로 지어진 댐으로 일제강점기 5년에 걸쳐 건설되었는데, 이는 그 시절 엄청난 규모의 토목공사였다고 한다. 댐이 완공되기까지 우리 선조들이 동원되어야만 했던 아픈 역사도 있지만 지금은 근현대유산으로 남아 있다.

봄에는 벚꽃이, 가을에는 단풍으로 아름다우며 호수와 숲이 조화를 이루어 힐링 휴양지로 알려져 많은 이들이 찾고 있다. 하늘을 찌를 듯 키 큰 나무는 쉴 새 없이 피톤치드를 뿜어내니 기분까지 상쾌해진다.

주변 볼거리·먹거리

카페도라지 카페 도라지는 이름처럼 도라지를 사용한 음료를 많이 판매하는데, 청정 법기수원지에서 친환경 무농약농법으로 키운 도라지만을 사용한다. 이 카페는 한옥을 카페로 개조해 입구부터 눈에 들어오는 연못이 있는 작은 정원은 주변 풍경과 잘 어울린다. 툇마루에 앉으면 주변 풍경이 모두 보이고 시골집에 잠시 머물고 있는 듯 안락한 느낌이 든다.

Ⓐ 경상남도 양산시 동면 본법3길 7 Ⓓ 11:00~19:00/연중무휴 Ⓣ 055-382-0772 Ⓜ 도라지라테 7,500원, 아메리카노 5,000원, 도라지약차 7,500원 Ⓔ 주차 무료

SPOT 3

장아찌 전문 맛집

도리원

주소 경상남도 창녕군 영산면 온천로 103-25 · **가는 법** 창녕영산터미널에서 농어촌버스 35번, 33번, 33-1번, 36번 승차 → 죽사2구 하차 → 도보 이동(약 7분) · **운영시간** 11:00~20:00/연중무휴 · **전화번호** 055-521-6116 · **대표메뉴** 돼지삼겹+가마솥밥(1인) 17,000원, 오리훈제+가마솥밥(2인) 40,000원, 가마솥밥 12,000원 · etc 주차 무료

장아찌 전문 식당인 도리원은 전통한옥식당으로 2007년 문화관광부지정 한국을 대표하는 음식점 100선에 선정되었으며 창녕을 대표하는 향토음식점이다. 도리원은 2002년에 지어진 건물로 본관과 별관로 나뉘어 있으며 한옥의 선을 느낄 수 있는 고풍스럽고 우아한 분위기가 흐른다. 이곳은 청와대에도 납품한 1년 이상 효소로 발효시킨 각종 장아찌를 맛볼 수 있는 장아찌 맛집이다.

장아찌 만드는 곳이 식당과 같이 있고 마당 한쪽에 수십 개의 크고 작은 장독은 혹시 그 안에서 장아찌가 숙성되고 있지는 않은지 호기심을 유발하게 한다. 평소에 먹어보지 못했던 각종 장아찌가 반찬으로 나오고 자연산 약초로 만든 장아찌도 종류별로 많아 장아찌 좋아하는 사람들한테는 맛의 천국이 아닐까 싶다.

가죽장아찌, 궁채장아찌, 방풍장아찌 등 가끔 먹었던 장아찌도 있었지만 이름마저 생소한 장아찌가 더 많다. 새콤달콤한 장아찌는 고기와 함께 먹으면 더 큰 풍미를 느낄 수 있으며 밥은 가마솥으로 직접 지어 윤기가 흐른다. 직접 만든 청국장의 깊은 맛과 가마솥 누룽지 위에 올려 먹는 장아찌가 달콤하게 느껴진다는 것을 이번에 처음 알았다.

주변 볼거리·먹거리

카페귀촌 귀한 사람들의 촌스럽지 않은 생활, 카페 귀촌은 주유소와 농기구병원이 보이는 2층에 위치해 있다. 흔히 봐왔던 바다나 산 중심으로 한 기존의 뷰와 다른 무언가 인간미가 느껴지고 시골의 풍미를 느끼게 한다. 선반 위에 놓인 꽃무늬 커피잔은 옛스러움이 묻어나고 북적이는 도심을 벗어나 여유로움 속에서 마시는 커피는 마음을 편안하게 한다.

Ⓐ 경상남도 창녕군 영산면 원다리길 8 2층 Ⓞ 10:00~18:00/매주 월요일 휴무 Ⓣ 0507-1333-5123 Ⓗ instagram.com/cafe_gwichon Ⓜ 아메리카노 3,500원, 카페라테 4,500원, 크림라테 5,500원 Ⓔ 주차 무료

추천 코스 유채꽃 바람에 날리고(창녕)

1 COURSE 남지체육공원

남지중학교에서 버스 25-2번 승차 → 남지 하차 → 버스 25, 29번 환승 → 일리 하차 → 도보 이동(약 8분)

2 COURSE 북경

일리에서 버스 25, 29, 34, 36-1번 승차 → 서리 하차 → 도보 이동(약 5분)

3 COURSE 영산만년교

주소	경상남도 창녕군 남지읍 남지리 835-25
가는 법	영신버스터미널에서 버스 25-2번 승차 → 남지중학교 하차 → 도보 이동(약 16분)
운영시간	24시간/연중무휴
입장료	무료
전화번호	055-530-6565
etc	주차 무료

남지읍 남지리에 위치한 체육공원으로 농구장, 축구장, 인라인스케이트장, 배구, 케이트볼까지 각종 체육시설을 갖춰놓은 시민공원으로 봄이면 유채꽃을 시작으로 계절별로 꽃을 심어 볼거리를 제공한다. 낙동강과 남강이 합류하는 지점으로 강을 따라 걷기 좋은 산책로도 있다.

주소	경상남도 창녕군 영산면 영산도천로 434
운영시간	10:00~20:00
전화번호	055-521-8889
대표메뉴	짜장면 5,000원, 볶음밥 7,000원, 짬뽕 6,000
etc	주차 가능

북경은 쫄깃하고 탱탱한 면발에 짜거나 달지 않게 적당한 간으로 볶은 짜장은 기본이고 달걀과 야채가 듬뿍 들어간 볶음밥은 밥알 속까지 볶아낸 불맛으로 어릴 적 먹던 옛날 맛이 느껴진다. 짜장면으로 유명한 집이지만 여름철 별미로 시원한 냉우동은 밀면 같은 맛이지만 국물이 깔끔하고 면발이 탱탱해 50년의 손맛이 느껴진다.

주소	경상남도 창녕군 영산면 동리 433
운영시간	24시간/연중무휴
입장료	무료
전화번호	055-530-1000
etc	주차 가능

1972년 3월 2일 대한민국 보물 제564호로 지정된 영산 만년교는 조선시대의 아치교로 만년이 지나도 무너지지 않을 만큼 튼튼한 다리라는 뜻이 담겨 있다. 마을 실개천 위에 무지개 모양으로 만든 돌다리로 남천교라고도 불리며, 다리를 놓은 고을 원님의 공덕을 기리는 뜻에서 원다리라고도 부른다. 봄이면 개나리가 피고 가을이면 은행나무가 길을 따라 노랗게 물든다.

3월 다섯째 주

저수지에 찾아온 봄

13 week

SPOT 1

저수지 따라 산책하기 좋은 곳

동명지 수변생태공원

주소 경상북도 칠곡군 동명면 구덕리 135-3 · **가는 법** 왜관북부버스정류장에서 농어촌버스 34, 36번 승차 → 동명교통 하차 → 팔공3번 환승 → 구덕리동명저수지 건너 하차 → 도보 이동(약 13분) · **운영시간** 24시간/연중무휴 · **전화번호** 054-973-3321(칠곡군청 문화관광과) · etc 주차 무료

따뜻한 봄바람이 살랑 불었던 동명저수지는 팔공산을 가다 보면 만날 수 있다. 원래는 칠곡저수지로 칠곡과 대구 일대에 농업용수를 제공해 주는 곳이다. 수변생태공원 쪽으로는 산책로와 생태학습관, 테마초화원 등 다양한 볼거리들이 가득하다.

저수지 위에 떠 있는 나무로 된 부잔교를 걸어도 좋고 현수교를 건너 저수지 따라 둘레길을 걸어도 좋겠다. 수변생태공원은 한티 가는 길의 일부로 돌아보는길, 비우는길, 뉘우치는길, 용서의길 그리고 사랑의길 모두 5개의 테마로 이루어져 있다. 총 45.6km로 자연을 만나고, 사람을 만나고, 나를 찾는 힐링의 길이지 않을까 싶다. 찰랑거리는 물결은 햇빛을 받아 빛나고 저수지에서 부는 봄바람은 기분까지 좋게 해 준다.

주변 볼거리·먹거리

커피명가(동명레이크점) 동명지 바로 옆에 위치해 있는 커피명가는 커피도 맛있지만 봄에는 딸기케이크가 더 유명하다. 아침에 딴 딸기를 층층이 쌓아 만든 딸기케이크는 조금 늦은 시간에 가면 품절되어 먹을 수 없으니 서둘러야 한다. 무엇보다 저수지 뷰가 좋아 힐링의 시간을 갖고 쉬어가기 좋은 곳이다.

Ⓐ 경상북도 칠곡군 동명면 한티로 115-22 Ⓞ 10:30~21:00/연중무휴 Ⓣ 054-977-0892 Ⓜ 아메리카노 5,500원, 명가치노 6,000원, 말차명가치노 6,500원 Ⓔ 주차 무료

SPOT 2

봄이 오면 걷고 싶은 길

오봉저수지 둘레길

주소 경상북도 김천시 남면 오봉리 1218 · **가는 법** 김천구미역에서 김천12-6번 승차 → 갈손정류장 하차 → 도보 이동(약 17분) · **운영시간** 24시간/연중무휴 · **전화번호** 054-421-1500(김천시 여행자센터) · **etc** 주차 무료

금오산 아래에 위치해 있어 구미, 대구, 김천방면으로 가기 위해서는 오봉저수지를 지나야만 한다. 여름이면 수상레포츠로 인기가 높지만 산책로를 조성해 걷기에도 좋은 곳이다. 저수지 한가운데 정자에 앉으면 시원한 저수지 풍광을 감상할 수 있고 둘레길과도 연결되어 있다. 김천8경에 속해있는 오봉저수지둘레길은 저수지 한 바퀴를 도는데 2.5km이니 넉넉잡고 1시간이면 충분하다.

저수지에도 봄이 오면 둘레길 따라 벚꽃과 산수유가 피고 산속에는 진달래가 피어 반기니 꽃구경만 해도 지루할 틈이 없다. 아직은 추운 초봄이라 봄색을 찾지는 못하겠지만 버드나무에도 연두색 물이 오르니 조금 있으면 봄이 금방 찾아오지 않을까 싶다.

주변 볼거리·먹거리

카페오봉리 오봉저수지 옆에 위치한 카페 오봉리는 커피가 맛있는 집이다. 주택을 개조한 듯 빨간 벽돌이 저수지와 잘 어울리는 이 카페는 샌드위치, 프렌치토스트를 파는 곳이지만 비엔나가 더 유명하다. 머랭을 비롯한 쿠키 종류도 다양하고 케이크와 상큼한 딸기모찌도 맛있다.

Ⓐ 경상북도 김천시 남면 오봉리 504 1층 Ⓞ 수~일요일 11:00~19:00/매주 월~화요일 휴무 Ⓗ instagram.com/cafe_obongri Ⓜ 아메리카노 4,200원, 비엔나 5,500원, 프렌치토스트 10,500원, 오봉리브런치 12,800원 Ⓔ 주차 무료

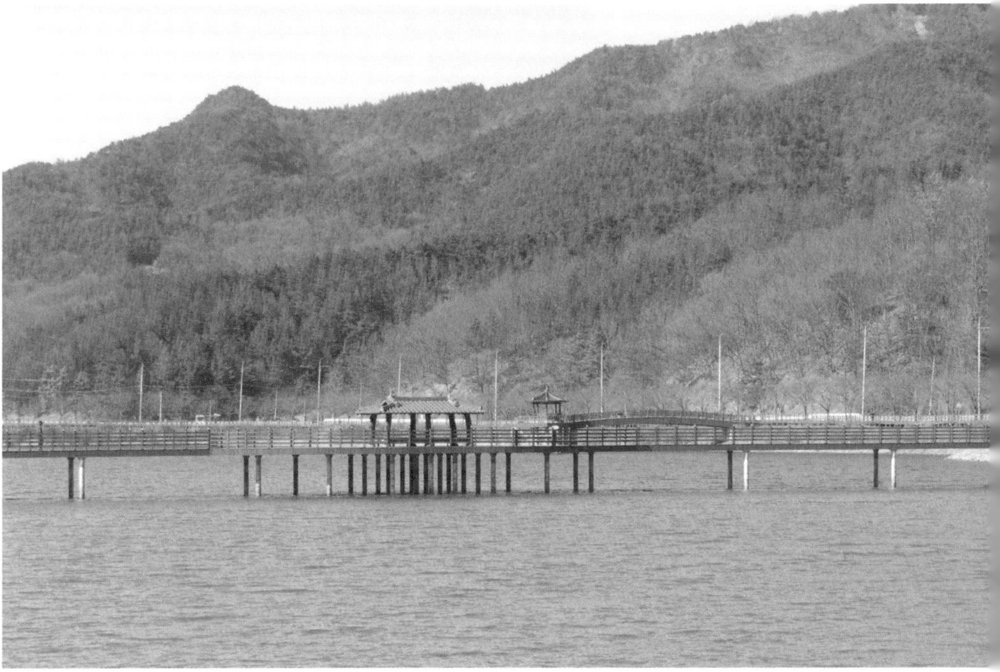

SPOT 3

수제햄버거 맛집

ㅁㅁㅎㅅ 부엉이버거

주소 경상북도 칠곡군 왜관읍 매원1길 9 · **가는 법** 왜관북부버스정류장에서 농어촌버스 26번 승차 → 매원초등학교 하차 → 도보 이동(약 3분) · **운영시간** 11:00~19:00/연중무휴 · **전화번호** 010-2622-1260 · **홈페이지** instagram.com/mmhs_company · **대표메뉴** 2인세트 29,500원, 3인세트 44,500원, 오리지널버거 7,000원 · etc 주차 무료

입구에 '모든날 매순간 행복한 사람들 ㅁㅁㅎㅅ'라고 되어 있지만 보통은 므므흐스로 읽는다. 칠곡 왜관 매원마을에 위치한, 어찌 보면 마을 분위기와는 전혀 어울리지 않는 곳에 있는 수제햄버거집이다. 브랜드의 설계, 기획 단계부터 목표결과물의 도출에 이르기까지 모든 과정을 고객의 모든 날 매 순간에 행복이 깃들기를 소망하며 만든다고 한다.

우선 므므흐스 부엉이버거는 먹고 나면 속이 편하다. 그 이유는 우리 몸에 적합한 재료를 소화기관에 맞게 만들 뿐만 아니라 면역력에 좋은 흑마늘을 넣어 빵을 만들고 히말라야 소금과 우리 땅에서 자란 신선한 재료를 사용하기 때문이란다. 추구하는 방향 그대로 먹고 나서 부대끼는 것 없이 속이 편하긴 했다. 패티에 사용한 고기도 두툼해 씹히는 맛이 있고 빵이 맛있어 아무것도 넣지 않고 빵만 먹어도 맛있다. 매장에서 먹는 것보다 포장해 가져가는 사람들이 많고 주말이면 일찍 문을 닫을 때도 많으니 미리 확인하고 방문해 보자.

주변 볼거리·먹거리

라온가비 므므흐스 부엉이버거 바로 옆에 위치한 한옥카페 라온가비는 정원이 아름다운 곳이다. 즐거운 커피와 차라는 뜻을 가진 카페 라온가비는 영남 3대반촌에 든다는 매원마을에 위치한 한옥을 그대로 살려 카페로 단장했다. 실내와 정원에는 오래된 물건들로 꾸며 과거로 돌아간 느낌이 든다. 구운삼색가래떡이 가장 인기 있는 메뉴다.

Ⓐ 경상북도 칠곡군 왜관읍 매원1길 5-5 Ⓞ 11:30~20:00/연중무휴 Ⓣ 054-973-5008 Ⓗ instagram.com/raongabi Ⓜ 국화차 7,000원, 아메리카노 5,000원, 카페라테 5,500원, 구운삼색가래떡 8,000원 Ⓔ 주차 무료

추천 코스 숨은 명소를 찾아서(칠곡)

1 COURSE

🚌 학하2리에서 버스 885번 승차 → 송학리사거리 하차 → 버스 33번 환승 → 왜관북부버스정류장 하차 → 🚶 도보 이동(약 13분)

가산수피아

주소 경상북도 칠곡군 가산면 학하들안2길 105

가는 법 왜관북부버스정류장에서 농어촌버스 33번 승차 → 송학리윗세뜸 하차 → 버스 881번 환승 → 학하2리돌짝골 하차 → 도보 및 택시 이동(약 24분)

운영시간 10:00~18:00/연중무휴

입장료 대인 8,000원, 소인 6,000원/미술관 및 알파카 입장료는 별도

전화번호 054-971-9861

홈페이지 gasansupia.com

etc 주차 무료

6월 26주 소개(216쪽 소개)

2 COURSE

🚌 관호오거리입구에서 버스 111, 11번 승차 → 관호3리입구 하차 → 🚶 도보 이동(약 13분)

호국의다리(왜관철교)

주소 경상북도 칠곡군 왜관읍 석전리 872-1

운영시간 24시간/연중무휴

입장료 무료

전화번호 054-973-3321(칠곡군청)

etc 주차 무료

1905년 일제가 군용단선 철도로 개통한 경부선 철도교로 지금은 근대문화유산으로 기록되어 있다. 왜관철교는 한국전쟁 당시 남하하는 북한군을 저지하기 위해 다리를 폭파하고 북한군의 추격을 따돌렸다고 한다. 그때부터 호국의다리라 불리며 한국전쟁의 중요한 상징물로 보호되고 있다. 현재는 다리를 건널 수 있으며 수변산책로가 잘 조성되어 있고 밤이면 조명으로 더욱 아름답다.

3 COURSE

1004-11카페

주소 경상북도 칠곡군 약목면 칠곡대로 1004-11

운영시간 11:00~22:00/매주 월~화요일 휴무

전화번호 054-973-1411

대표메뉴 아메리카노 4,500원, 카페라테 5,000원, 카페모카 5,000원, 찹쌀떡페스추리 4,500원, 소금빵 3,000원, 단팥빵 3,000원

etc 주차 무료

1004-11는 발효된 천연효모균을 48~72시간 동안 저온숙성해 만든 빵이 맛있는 베이커리 카페로 한옥의 멋스러움을 그대로 인테리어에 담았다. 입구부터 고급진 소파에 어른 키만 한 인형이 있고 새소리가 청량하게 들린다. 날씨가 좋은 날에는 새소리를 들을 수 있는 야외도 좋다. 방금 구워낸 따뜻한 빵들이 계속 나오고 갓구워 달큰한 빵 냄새가 카페 전체에 풍긴다. 커피도 마실 수 있지만 빵 맛집으로 소문나 빵을 먹기 위해 들르는 사람이 더 많다고 한다.

3월의 포항 오감만족 행복이 넘치는 낭만여행

햇빛이 좋은 날 동해는 어디가 하늘이고 어디가 바다인지 구분이 안 된다. 햇살은 물속이 훤히 보이는 맑은 바닷물 속에 투영되어 어울린다. 초봄 바닷바람은 옷깃을 꽁꽁 여미게 하고 짭조름한 해조류 냄새가 코끝을 자극해도 바다는 낭만적이다. 동해안에 속해있는 바닷가 주변 마을에는 새해 첫날 가장 먼저 해가 뜬다고 한다. 호미곶이 있는 포항도 우리나라에서 가장 먼저 해가 뜬다고 알려진 곳 중 하나다.

2박 3일 코스 한눈에 보기

연오랑세오녀테마공원

구룡포항

호미곶해맞이광장

곤륜산

포항운하

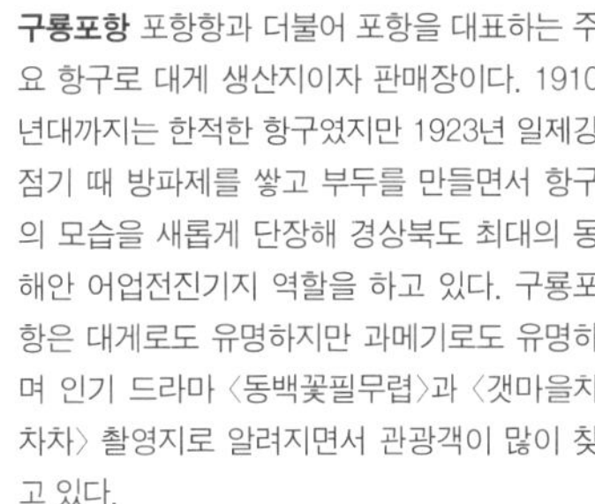

구룡포항 포항항과 더불어 포항을 대표하는 주요 항구로 대게 생산지이자 판매장이다. 1910년대까지는 한적한 항구였지만 1923년 일제강점기 때 방파제를 쌓고 부두를 만들면서 항구의 모습을 새롭게 단장해 경상북도 최대의 동해안 어업전진기지 역할을 하고 있다. 구룡포항은 대게로도 유명하지만 과메기로도 유명하며 인기 드라마 〈동백꽃필무렵〉과 〈갯마을차차차〉 촬영지로 알려지면서 관광객이 많이 찾고 있다.

Ⓐ 경상북도 포항시 남구 구룡포읍 호미로 222-1 Ⓞ 새벽부터 해 질 때까지 Ⓣ 054-270-8282(포항시청)

삼형제횟집 현지인이 추천하는 맛집으로 바가지도 없고 서비스도 넉넉해 이미 유명세를 타고 있는 곳이다. 싱싱한 해산물과 대게, 거기다 푸짐한 상차림까지 가성비도 좋아 대접받고 오는 기분이 드는 곳 중 한 곳이다. 새콤달콤 물회는 입맛을 돌게 하고 싱싱한 물고기로 끓인 매운탕은 국물이 시원하다. 수족관에서 금방이라도 나올 것 같은 게는 살이 꽉 차 쫄깃쫄깃하다.

Ⓐ 경상북도 포항시 북구 죽도시장길 37 Ⓞ 24시간/연중무휴 Ⓣ 054-242-7170 Ⓜ 매운탕 10,000원, 모듬회(大) 100,000원, 포항박달대게 시가 Ⓔ 공용주차장

삼형제횟집

영일대해수욕장

환호공원스페이스워크

이가리닻전망대

러블랑

마지막까지 남아 있던 찬바람마저 보내고 나니 가지마다 개나리와 진달래꽃이 햇빛에 반짝인다. 이에 질세라 앞다퉈 꽃망울을 터트리는 소리가 들리는 듯하다. 밤새 조화를 부리는 듯 아침이면 흐드러진 꽃잎으로 세상을 뒤덮으니 봄은 그 어떤 계절보다 사랑스럽다. 그중 4월은 특히 찬란하다.

4월의 경상도

꽃잎 봄바람에 날리며

4월 첫째 주

꽃길만 걷게 해 줄게

14 week

SPOT 1

영원히 끝나지 않을

쌍계사 십리벚꽃길

주소 경상남도 하동군 화개면 화개로 142 · **가는 법** 화개버스터미널에서 시작 · **운영시간** 24시간/연중무휴 · **입장료** 무료 · **전화번호** 055-880-2380

화개장터에서 쌍계사까지 하늘이 보이지 않을 정도로 벚꽃이 빽빽하게 뒤덮인다. '한국의 아름다운 길 100선'으로 죽기 전에 꼭 걸어봐야 할 길에 선정된 하동 쌍계사길은 벚꽃이 필 때면 말 그대로 꽃길만 걷게 한다. 십리벚꽃길이라고 하지만 10리(4km)가 넘는다. 쌍계사 십리벚꽃길은 사랑하는 남녀가 두 손을 꼭 잡고 걸으면 백년해로 한다고 하여 혼례길이라고도 불린다.

화개장터에서 쌍계사로 가는 길 외에 화개장터에서 섬진강을 따라 난 길에도 벚꽃이 장관을 이룬다.

강을 따라 벚꽃 띠가 구불구불 이어지고 터널까지 이뤄 차를 타고 달리면 가장 아름다운 드라이브를 경험하게 된다. 나룻배가 떠 있는 강물 위로 벚꽃이 드리운 모습은 그야말로 한 폭의 그림이다.

주변 볼거리·먹거리

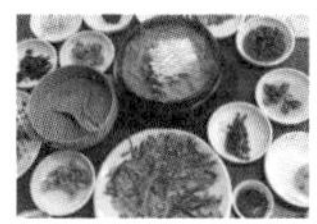

혜성식당 화개장터와 쌍계사십리벚꽃길 길목에 위치해 있어 4월 벚꽃이 필 때면 벚꽃뷰가 환상적인 혜성식당은 참게탕으로 유명한 맛집이다. 걸쭉한 국물은 적당히 맵고 얼큰한 참게탕은 민물 특유의 냄새가 전혀 없다. 몸통과 다리는 살이 가득해 쫄깃하고 알은 꽉 차 있고 싱싱하다. 민물에서 사는 참게는 수질이 깨끗하고 맑은 섬진강 주변에서 주로 잡히며 하동 방문 시 꼭 먹어야 할 지역 음식이다.

Ⓐ 경상남도 하동군 화개면 화개로 48 Ⓞ 09:00~20:00/연중무휴 Ⓣ 055-883-2140 Ⓜ 참게탕(2인) 40,000원, 재첩국 11,000원 Ⓔ 주차 가게 앞

화개장터 김동리의 단편소설 〈역마〉의 배경지였던 화개장터는 경상도와 전라도 사이에 흐르는 섬진강 줄기 따라 영호남 사람들이 어울려 장을 이루는 곳으로 유명하다. 예전에는 닷새마다 한 번씩 장이 열렸는데 지금은 365일 화개장터를 구경할 수 있다. 섬진강에서만 잡힌다는 재첩과 참게는 꼭 한번 먹어봐야 할 하동의 대표 먹거리다.

Ⓐ 경상남도 하동군 하계면 쌍계로 15 Ⓞ 09:00~19:00/연중무휴 Ⓣ 055-883-5722 Ⓔ 주차 무료

SPOT **2**

하얀 벚꽃 터널 아래

여좌천

주소 경상남도 창원시 진해구 여좌동주민센터 인근 · **가는 법** 진해시외버스터미널 인의동터미널정류장에서 버스 162, 160, 150번 승차 → 진해역 하차 → 도보 이동(약 9분) · **운영시간** 24시간/연중무휴 · **입장료** 무료 · **전화번호** 055-225-3691(창원시청 관광과) · etc 주차 공간 협소

진해 벚꽃은 여인내의 연분홍 속치마처럼 하늘거린다. 전날 아직 터트리지 못한 꽃망울이 밤새 흰 눈이라도 내린 듯 가지마다 활짝 피어난다. 벚꽃이 필 무렵 함께 열리는 군항제로 진해는 그야말로 축제의 도시가 된다. 4월이면 도시 전체가 벚꽃 물결을 이루는데 그중 진해역 뒤쪽에 자리 잡은 여좌천은 벚꽃 터널을 볼 수 있어 최고의 벚꽃 명소로 꼽힌다. 특히 드라마 〈로망스〉에서 주인공 남녀가 처음 만나는 장소로 등장해 '로망스 다리'로 기억하는 사람들이 더 많다.

드라마에서 다리 위로 하얀 터널을 이룬 벚꽃 아래 연인의 모습이 인상적이었던 탓에 여좌천은 유독 청춘남녀들로 발 디딜 틈이 없다. 그래서일까. 벚꽃이 활짝 핀 나무 아래 서 있으면 여기저기서 팝콘 터지는 듯한 소리가 들려오는 듯하다. 바람이 불면 꽃비가 흩날리는 환상적인 풍경에 숨이 멎을 듯하다. 여좌천은 조명으로 한껏 멋을 낸 밤 풍경이 더욱 근사하다.

주변 볼거리·먹거리

제황산공원 '일년계단'이라 불리는 365개의 계단을 올라가면 만날 수 있는 제황산공원 전망대에 오르면 진해 시내가 한눈에 내려다보인다. 정상까지 모노레일이 있지만 사람들이 붐빌 때는 2시간을 기다려야 탈 수 있다. 부엉이가 앉아 있는 모습과 닮았다고 해서 부엉산으로도 불린다.

Ⓐ 경상남도 창원시 진해구 중원동로 54 Ⓞ 모노레일 09:00~18:00/연중무휴 Ⓒ 무료/모노레일 왕복 3,000원, 편도 2,000원 Ⓣ 055-712-0442 Ⓗ monorail.cwsisul.or.kr(모노레일) Ⓔ 주차 무료

SPOT 3

가장 아름다운 간이역

경화역공원

주소 경상남도 창원시 진해구 진해대로 649 · **가는 법** 진해시외버스터미널 진해남산초등학교에서 버스 307번 승차 → 경화역맞은편 하차 → 도보 이동(약 2분) · **운영시간** 24시간/연중무휴 · **입장료** 무료 · **전화번호** 055-225-3691(창원시청 관광과) · etc 주차 무료

멀리서 기적 소리가 들리면 약속이라도 한 듯 철로 주변에 사람들이 모여든다. 기차가 벚꽃 터널을 뚫고 빠져나가는 장면을 포착하려는 것이다. 매년 벚꽃이 피면 역으로 들어오는 기차를 찍기 위해 사람들이 몰리면서 크고 작은 사고가 빈번하게 일어났다. 그래서 지금은 폐선로 위에 기차를 세워두고 기차와 벚꽃을 배경으로 사진을 찍을 수 있도록 했다. 열차 위로 벚꽃이 흩날리는 장면을 마음껏 찍을 수는 있지만 기적 소리를 들을 수 없어 아쉽다. 기찻길 옆으로 빽빽이 늘어선 벚꽃 나무, 하늘을 가릴 듯 벚꽃 터널을 이루는 경화역은 우리나라에서 가장 아름다운 간이역이다.

그저 보통의 기찻길을 걷는 것만으로도 낭만적일 텐데 꽃비가 내려앉는 기찻길이라니, 이보다 더 황홀할 수 없다. 영화 〈소년, 천국에 가다〉와 드라마 〈봄의 왈츠〉 촬영지이기도 한 경화역. 한국의 꼭 가봐야 할 아름다운 50곳 중 다섯 번째로, 벚꽃이 흐드러지게 핀 철길을 따라 걸어보자.

주변 볼거리·먹거리

오수비 디저트가 맛있는 카페 오수비는 경화역에서 멀지 않은 곳에 위치해 있다. 골목안 주택가에 있긴 하지만 깔끔한 하얀 건물이라 금방 찾을 수 있다. 카페 내부는 크지 않지만 다락방이 있고 소품들은 하나같이 아기자기하다. 모든 디저트는 직접 만들어 판매하고 있으며 전체적인 분위기가 좋고 앉으면 바로 포토존이 될만한 소품들이 많다.

Ⓐ 경상남도 창원시 진해구 병암북로3번길 26 Ⓞ 11:00~21:00/매주 월요일 휴무 Ⓜ 더치커피 5,000원, 오수비라테 4,800원 Ⓔ 주차장은 따로 없고 골목에 주차

SPOT 4

빵이 맛있는 공원 같은 카페

더로드101

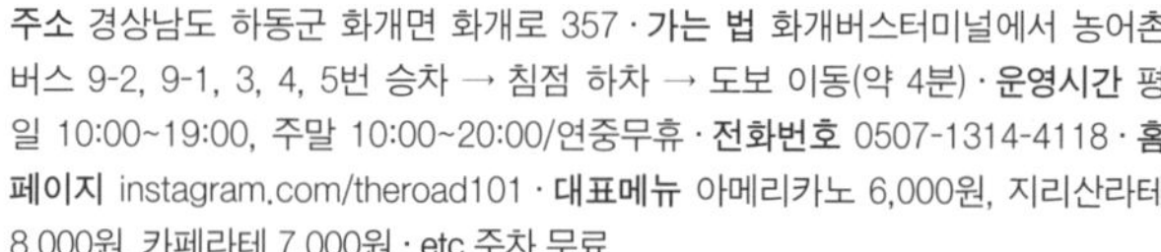
주소 경상남도 하동군 화개면 화개로 357 · **가는 법** 화개버스터미널에서 농어촌버스 9-2, 9-1, 3, 4, 5번 승차 → 침점 하차 → 도보 이동(약 4분) · **운영시간** 평일 10:00~19:00, 주말 10:00~20:00/연중무휴 · **전화번호** 0507-1314-4118 · **홈페이지** instagram.com/theroad101 · **대표메뉴** 아메리카노 6,000원, 지리산라테 8,000원, 카페라테 7,000원 · etc 주차 무료

아름다운 벚꽃길로 유명한 쌍계사 십리 벚꽃길을 지나 쌍계사 입구 전에 위치한 대형 베이커리 카페 더로드101은 정원이 아름답기로 유명하다. 정원보다는 공원에 와 있는 느낌이랄까. 정원 한가운데 분수가 있으니 규모가 어떤지 짐작이 된다.

카페 앞쪽으로는 녹차 밭이 보이고 뒤편으로는 황장산의 산자락을 볼 수 있으니 앞이든 뒤든 바라보이는 곳이 힐링포인트가 된다. 카페 안으로 들어서면 벽 한쪽은 초록색 식물로, 바로 밑에는 작은 연못을 만들어 붕어가 헤엄치는 모습을 볼 수도 있다. 식물로 채운 벽면 앞에는 포토존이 있어 사진 찍기에도 좋다.

날씨가 좋은 날 테라스에 앉아 있으면 마치 자연 속에 있는 기분을 느낄 수 있다. 제빵사가 따로 있어 빵 종류도 다양하고 인공첨가물이나 방부제를 사용하지 않으니 믿고 먹을 수 있다. 시그니처 음료가 따로 있는 것은 아니지만 하동녹차가루를 사용해 만든 지리산라테는 더로드101에서만 마실 수 있다.

주변 볼거리·먹거리

쌍계사&불일폭포 신라시대 성덕왕 때 대비, 삼법 두 화상이 혜능스님의 정상을 모시고 귀국해 눈 쌓인 계곡 칡꽃이 피어 있는 곳에 봉안하라는 꿈의 계시를 받고 호랑이의 인도로 지금의 자리에 지은 절로 차와 인연이 깊은 곳이기도 하다. 보물 9점, 문화재 29점을 보유하고 있으며 하동8경 중 하나로 사계절 아름다운 풍광을 볼 수 있다. 쌍계사에서 3km 떨어진 불일폭포는 높이 60m, 폭 3m로 지리산에서 가장 큰 폭포이자 지리산 10경 중 하나다.

Ⓐ 경상남도 하동군 하개면 쌍계사길 59 Ⓞ 08:00~17:30/연중무휴 Ⓒ 무료 Ⓣ 055-883-1901 Ⓗ ssanggyesa.net Ⓔ 주차 무료

추천 코스 초록향 가득한 차밭을 찾아서(하동)

1 COURSE

매암제다원(매암차박물관)

악양에서 농어촌버스 9번 승차 → 신촌 하차 → 도보 이동(약 11분)

2 COURSE

도심다원

신촌에서 농어촌버스 9-2, 9번 승차 → 정금 하차 → 도보 이동(약 10분)

3 COURSE

더로드101

주소 경상남도 하동군 악양면 악양서로 346-1

가는 법 하동버스터미널에서 농어촌버스 1, 3, 4, 5, 7, 8, 9번 승차 → 악양 하차 → 도보 이동(약 2분)

운영시간 10:00~18:00/매주 월요일 휴무

대표메뉴 매암홍차 8,000원, 산뜻홍차 6,500원, 우전녹차 8,000원, 세작녹차 7,000원

전화번호 055-883-3500

etc 주차 무료

매암제다원은 한국전통홍차의 제조법을 계승하여 홍차를 생산하고 있다. 입구에 세워진 매암차박물관은 차문화박물관으로는 국내 최초의 사설박물관으로 차와 다기에 관련된 품목들이 전시되어 있다.

주소 경상남도 하동군 화개면 신촌도심길 43-22

운영시간 10:00~18:00/휴무일 별도 공지

전화번호 0507-1401-0140

이용요금 우전녹차+책살홍차 8,500원, 세작녹차+책살홍차 7,000원/차바구니 세트 대여 25,000원

etc 주차 무료

지리산 남향 화개에 위치한 도심다원은 한국에서 제일 크고 수령 천년이 넘은 차나무를 보유하고 있으며 다른 지역에 비해 향, 색, 맛이 모두 뛰어나다. 7대째 차 농사를 이어가고 있는 이곳은 산을 따라 높이 올라간 차밭이 인상적이다.

주소 경상남도 하동군 화개면 화개로 357

운영시간 평일 10:00~19:00, 주말 10:00~20:00/연중무휴

전화번호 0507-1314-4118

홈페이지 instagram.com/theroad101

대표메뉴 아메리카노 6,000원, 지리산라테 8,000원, 카페라테 7,000원

etc 주차 무료

4월 14주 소개(132쪽 참고)

4월 둘째 주

바다와 호수를 거닐다

15 week

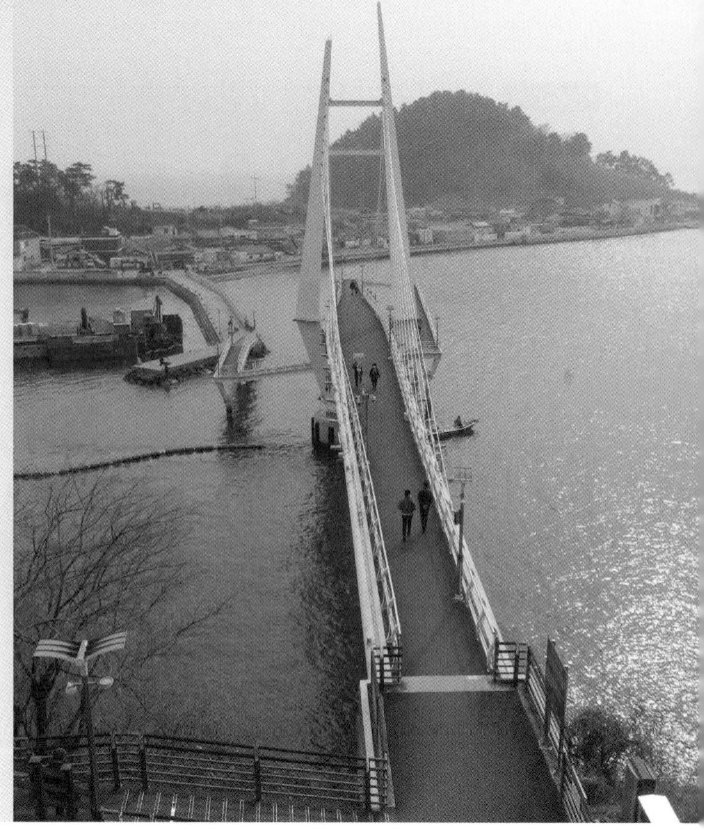

SPOT 1

체험과 바다 생태계를 배우다

진해해양공원

주소 경상남도 창원시 진해구 명동로 62 · **가는 법** 진해버스터미널 진해남산초등학교에서 버스 306번 승차 → 해양공원입구 하차 → 도보 이동(약 12분) · **운영시간** 09:00~18:00/매주 월요일 휴관 · **입장료** 어류생태학습관, 해양생물테마파크 어른 2,500원, 중 · 고교생 2,000원, 초등학생 1,500원/창원솔라타워 어른 3,500원, 중 · 고교생 2,500원, 초등학생 1,500원 · **전화번호** 055-712-0425 · **홈페이지** cwsisul.or.kr · **etc** 승용차 30분 300원/30분 초과 10분마다 100원/1일 주차 3,000원

대규모 해양단지인 진해해양공원은 다채로운 체험을 통해 그동안 몰랐던 바다를 가까이서 접해볼 수 있는 해양테마파크로 음지도 전체에 조성되어 솔라파크, 집라인, 레스토랑과 카페 등 모든 시설을 이용할 수 있다.

우도라는 작은 섬까지 건널 수 있는 다리가 설치되어 쉽게 건널 수 있고 우도선착장과 방파제 주변으로는 낚시를 즐긴다거나 바닷길을 따라 벽화가 그려진 마을길을 걸을 수도 있다. 바닷가로 연결되어 있는 산책로는 바다와 하나가 되어 남해의 매력에 빠지게 한다.

체험으로 바닷속 생태계를 배울 수 있는 해상생물테마파크는 3개의 층으로 1층은 바다, 2층은 땅, 3층은 하늘을 나타낸다. 멀리서 보면 돛단배를 닮아 있는 솔라타워는 한쪽 건물 벽 전체가 태양광발전시설인 태양광 집열관으로 되어 있고 태풍과 지진에 강하게 설계되었다. 엘리베이터를 타고 솔라타워전망대에 오르면 우도와 소쿠리섬, 동섬이 속해있는 창원 바다를 조망해 볼 수 있다. 문화 공간으로 꾸며져 있는 북카페는 바다가 보이는 풍광 속에서 여유를 느끼게 한다.

주변 볼거리·먹거리

인코스타 스페인어로 '해안'이라는 뜻을 가진 인코스타는 디저트와 커피가 맛있는 카페다. 산과 바다, 골프장이 동시에 보이는 뷰를 가진 대형카페로 커피뿐 아니라 여러 가지 굿즈도 판매한다. 아기자기하게 꾸며놓은 포토존이 많고 햇살 좋은 날에는 천국의 계단이 있는 옥상 루프톱과 야외공간 이용을 추천한다.

Ⓐ 경상남도 창원시 진해구 제덕로 155 Ⓞ 10:00~22:00/연중무휴 Ⓣ 055-547-1007 Ⓗ instagram.com/cafe_incosta Ⓜ 바다라테 6,800원, 블랙라테 6,800원, 구름소다스무디 6,500원 Ⓔ 주차 무료

SPOT 2

진양호반과 주변 경관을 한눈에

진양호 호반전망대

주소 경상남도 진주시 남강로 1번길 146 · **가는 법** 진주시외버스터미널 반도병원에서 버스 120, 124, 125번 승차 → 진양호공원 하차 → 도보 이동(약 17분) · **운영시간** 상시개방/연중무휴 · **전화번호** 055-749-8628(진주시청 관광진흥과) · etc 주차무료

경호강과 덕천강이 만나는 곳에 위치한 인공호수 진양호와 주변을 볼 수 있는 전망대로 아침이면 물안개가 피어오르고 해질 무렵이면 저녁노을에 넋을 잃는다. 흰색 벽과 민트색 지붕, 파란색 기둥은 주변의 진양호와 잘 어울릴 뿐만 아니라 지중해 산토리니를 연상케 한다.

육지와 연결된 작은 섬들과 어우러진 잔잔한 호수는 아름다운 절경을 이루고 날이 좋으면 와룡산, 지리산, 자굴산과 금오산을 조망할 수 있으니 가만히 서 있어도 힐링이 된다.

아름다운 풍경이 소문이 났는지 이곳은 드라마 〈지정생존자〉 촬영지로 이용되기도 했다. 전망대로 오르는 일년계단의 수가 365개로, 계단을 오르며 한 가지 소원을 빌면 반드시 이루어진다는 속설도 있다. 탁 트인 호반 너머로는 지리산이 한눈에 들어오고 호반과 숲이 있는 물빛길은 일년계단과 연결되어 숲길과 흙길을 걸으며 진양호의 매력을 느낄 수 있다.

주변 볼거리·먹거리

진양호동물원 경남 최초의 동물원으로 47종 270여 마리의 동물과 조류 등을 사육하고 있다. 유지가 될까 싶을 정도로 입장료가 저렴하며 동물이나 조류를 관람하면서 산책로를 따라 걷기에도 좋다.

Ⓐ 경상남도 진주시 남강로 1번길 130 Ⓞ 하절기 09:00~18:00, 동절기 09:00~17:00/매주 월요일 휴무 Ⓒ 어른 1,000원, 군인·청소년 800원, 어린이 500원 Ⓣ 055-749-7467 Ⓗ jinju.go.kr/park Ⓔ 주차 무료

SPOT 3

낡은 차고지의 변신

브라운핸즈

주소 경상남도 창원시 마산합포구 가포순환로 109 · **가는 법** 창원역에서 버스 122번 승차 → 가포고등학교 하차 → 도보 이동(약 15분) · **운영시간** 월~목요일 10:00~22:00, 금~일요일 10:00~22:30/연중무휴 · **전화번호** 055-243-0050 · **홈페이지** brownhands.co.kr · **대표메뉴** 에소프레소 5,300원, 아메리카노 5,800원, 카페라테 6,800원 · etc 주차 무료

버려진 공간을 허물지 않고 그대로 살려 때로는 문화공간으로 때로는 식당과 카페로 활용하는 곳이 많아졌다. 마산 앞바다와 돼지섬이라 불리는 돝섬이 보이는 곳에 버스 차고지를 개조한 카페 브라운핸즈도 그런 곳이다. 오래된 공간이 주는 포근함과 레트로 감성을 젊은 세대와 함께 느끼며 공감할 수 있는 장소로 제격이다.

가스충전기의 두꺼운 녹은 녹록하지 않았던 그때를 말하는 듯하고 빛바랜 흑백사진만이 이곳이 버스 차고지였다는 걸 증명이라도 하듯 벽면 한쪽을 차지한다. '닦고 조이고 기름치자!' 카페로 들어가면 가장 먼저 보이는 문구로 이곳이 차고지 겸 정비소였음을 알게 한다. 벗겨진 벽면의 페인트만 조금 칠했을 뿐 모두 예전 모습 그대로 유지했다.

커피는 취향에 따라 골라 주문할 수 있고 빵 종류도 다양하고 신선해 만족스럽다. 밖으로 나오면 나무데크를 따라 넓게 야외 테이블이 놓여 있고 그곳에서도 마산 앞바다를 바라볼 수 있다. 커피와 빵이 맛있는 곳이지만 바다의 풍광을 그대로 느낄 수 있는 오션뷰 맛집이 추가된다.

주변 볼거리·먹거리

· **창동예술촌** 음악다방과 서점, 카페 그리고 먹자골목으로 화려했지만 지역경제를 지탱하던 대기업이 문을 닫거나 인근도시로 이전한 후 삭막해진 골목에 벽화와 조형물이 들어섰고 닫힌 점포를 활용해 도심 속 문화와 예술의 거리로 조성했다. 문신예술골목, 마산예술흔적골목, 에꼴드창동골목이라는 3개의 테마로 이루어진 골목마다 문화예술과 체험공간을 잘 활용해 즐겁고 행복한 골목여행을 즐길 수 있다.

Ⓐ 경상남도 창원시 마산합포구 오동서6길 24 Ⓞ 09:00~18:00/연중무휴 Ⓣ 055-222-2155 Ⓗ changdongartvillage.kr Ⓔ 별도의 주차장이 없으니 대중교통 이용

추천 코스 내 생애 가장 아름다운 벚꽃여행(창원)

1 COURSE

경화역공원

경화역에서 버스 307, 315, 315-1, 315-2번 승차 → 진해역 하차 → 도보 이동(약 6분)

2 COURSE

여좌천

해성아파트입구에서 버스 163, 160번 승차 → 자유무역지역후문 하차 → 도보 이동(약 7분)

3 COURSE

24시남양돼지국밥

주소 경상남도 창원시 진해구 진해대로 649

가는 법 진해시외버스터미널 진해남산초등학교에서 버스 307번 승차 → 경화역맞은편 하차 → 도보 이동(약 2분)

운영시간 24시간/연중무휴

입장료 무료

전화번호 055-225-3691(창원시청 관광과)

etc 주차 무료

4월 14주 소개(130쪽 참고)

주소 경상남도 창원시 진해구 여좌동 주민센터 인근

운영시간 24시간/연중무휴

입장료 무료

전화번호 055-225-3691(창원시청 관광과)

etc 주차 공간 협소

4월 14주 소개(128쪽 참고)

주소 경상남도 창원시 마산회원구 합포로 286

운영시간 06:00~01:00/연중무휴

전화번호 055-297-0103

대표메뉴 돼지국밥 8,000원, 섞어국밥 8,000원, 내장국밥 8,500원, 순대국밥 9,000원

etc 주차 무료, 전국 택배 가능

100% 순사골을 펄펄 끓는 가마솥에 36시간 우려내 돼지 특유의 잡내가 없고 국물이 깔끔하다. 식당 입구에는 커다란 가마솥이 있어 끓이는 모습을 직접 볼 수 있어 더 믿음이 간다. 고기도 많고 국수사리는 무한대다. 적당히 익은 깍두기는 식욕을 돋운다.

4월 셋째 주

저수지에 부는 바람

16 week

SPOT 1

아름다운 숲과 저수지

위양지

주소 경상남도 밀양시 부북면 위양로 273-36 · **가는 법** 밀양역에서 일반버스 4대항3, 4대항7번 승차 → 도방동 하차 → 도보 이동(약 11분) · **운영시간** 연중무휴 · **전화번호** 055-359-5641 · etc 주차 무료

숲과 나무, 꽃 등 자연과 공감할 수 있는 저수지 위양지는 사계절이 모두 아름다운 곳이다. 밀양 부북면 위양리에 위치해 있으며 '양민을 위한다'는 뜻의 위양으로 임금이 백성을 위해 저수지 주변으로 소나무와 이팝나무, 왕버들을 심었다고 한다. 위양지는 신라시대에 만들어진 저수지로 못 가운데에 다섯 개의 작은 섬과 크고 작은 나무들로 경치를 이룬다. 동그란 저수지를 따라 놀며 쉬며 둘레길을 걸어도 40분이 채 걸리지 않을 정도로 작지만 길 따라 크고 작은 나무들이 숲을 이루니 마치 경산의 반곡지와 고성의 장산숲을 닮았다.

사계절 아름답지만 이팝나무 꽃이 필 때면 환상적인 풍경으로 2016년 16회 전국 아름다운 숲 대회에서 공존상 우수상을 수상했다. 지금은 다리가 놓인 완재정은 예전에는 배를 타야만 들어갈 수 있는 곳이었다. 안동 권씨 위양 종중의 입향조인 학산 권삼변이 위양지 안에 정자를 세우고 싶어 완재(宛在)라는 이름까지 지어놓았지만 뜻을 이루지 못하다 250년이 지난 1900년에 후손들이 위양지 안에 세웠다고 한다. 완재는 중국 시경에 나오는 말로 '완연하게 있다'라는 뜻이 담겨있다.

주변 볼거리·먹거리

위양루 위양지를 걷다가 발견한 한옥카페 위양루는 논과 밭뷰를 자랑한다. 탁 트인 전망으로 시원한 개방감이 있는 카페로 아담하게 꾸며놓은 정원과 위양지가 보이는 테라스는 햇살이 가득하다. 직접 담근 자몽청 위에 오렌지와 히비스커스를 우려낸 차를 그라데이션한 위양선셋과 위양라테가 위양루의 시그니처 음료이며, 음료와 함께 먹으면 좋을 마카롱과 스콘도 다양하다.

Ⓐ 경상남도 밀양시 부북면 위양3길 34 Ⓞ 09:00~21:00/연중무휴 Ⓣ 0507-1363-2260 Ⓗ instagram.com/wiyangroo_cafe Ⓜ 위양선셋 7,000원, 위양라테 6,500원, 아메리카노 5,000원, 카페라테 5,500원 Ⓔ 주차 무료

SPOT 2

조선시대 소박한 정자

무진정

주소 경상남도 함안군 함안면 괴산4길 25 · **가는 법** 함안버스터미널에서 농어촌버스 3번 승차 → 괴항 하차 → 도보 이동(약 3분) · **운영시간** 24시간/연중무휴 · **입장료** 무료 · **전화번호** 055-580-2551 · etc 주차 무료

무진정(경상남도 유형문화재 제158호)은 조선 중종 때 문신 조삼 선생이 벼슬을 그만두고 후진 양성을 하며 남은 여생을 보내던 곳에, 후손들이 그의 덕을 기리고자 연못가에 지은 정자이다. 무진은 조삼 선생의 호이다.

연못 위로 놓인 돌다리 한가운데 오래된 나무가 있는데, 다리를 놓을 때 잘라내지 않고 그대로 두었으니 마치 오랫동안 무진정을 지켜주는 수호나무처럼 느껴진다. 얽히고 설킨 단단한 나무뿌리가 오랫동안 그 자리를 지켜왔음을 보여준다. 차곡차곡 쌓아 만든 돌계단을 올라가면 소박하면서도 화려한 무진정의 모습을 볼 수 있다.

조선 초기 정자의 형식을 그대로 갖춘 무진정은 하늘로 날아

갈 듯 치솟은 팔작지붕의 선이 유난히 곱고, 아무런 조각이나 장식을 하지 않아 소박하면서도 화려함을 뽐낸다.

매년 4월 초파일에는 이곳 무진정과 연못 일원에서 함안의 고유 민속놀이인 낙화놀이가 열린다. 군민의 안녕을 기원하기 위해 시작된 불꽃놀이는, 연못을 가로질러 무진정까지 이은 줄에 참나무 숯가루를 한지에 넣어 꼬아 만든 낙화봉을 매달아 불을 붙이면 꽃가루처럼 물 위로 불꽃이 흩날리는 장관이 연출된다.

주변 볼거리·먹거리

무진 무진정 앞 주택을 개조해 카페로 오픈한 무진은 창을 통해 무진정을 볼 수 있다. 넓은 창 앞에 의자를 두고 무진정을 배경으로 사진을 찍을 수 있도록 포토존을 만들어 무진정이 보이는 테이블은 가장 인기가 많아 한 번 앉으면 좀처럼 일어나지 않는다. 음료와 케이크, 쿠키 등 디저트 종류가 다양하고 음료에 들어가는 모든 재료는 직접 만들어 사용하니 믿을만하다 하겠다.

Ⓐ 경상남도 함안군 함안면 함안대로 257 Ⓞ 평일 11:00~20:00, 주말 11:00~21:00/매주 월요일 휴무 Ⓣ 0507-1496-1281 Ⓗ instagram.com/_moozine Ⓜ 에스프레소 4,500원, 바닐라빈라테 5,500원, 아이스크림라테 6,500원, 아메리카노 4,500원 Ⓔ 주차 무료

SPOT 3

100년 고택 전통 맛집

향촌갈비

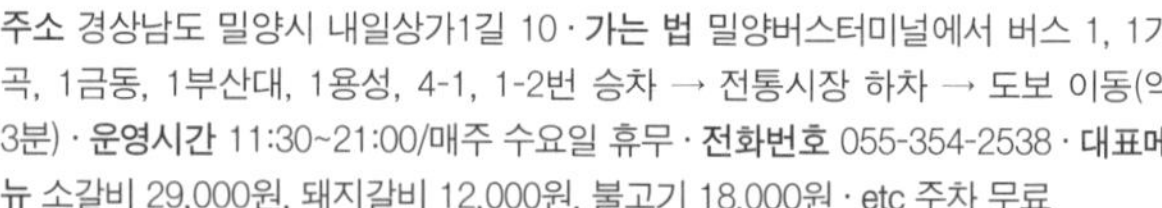
주소 경상남도 밀양시 내일상가1길 10 · **가는 법** 밀양버스터미널에서 버스 1, 1가곡, 1금동, 1부산대, 1용성, 4-1, 1-2번 승차 → 전통시장 하차 → 도보 이동(약 3분) · **운영시간** 11:30~21:00/매주 수요일 휴무 · **전화번호** 055-354-2538 · **대표메뉴** 소갈비 29,000원, 돼지갈비 12,000원, 불고기 18,000원 · etc 주차 무료

영남루에서 야경을 만끽하다 저녁식사를 위해 아리랑시장을 걷다 발견한 향촌갈비는 〈허영만의 백반기행〉에도 나왔던 곳이다. 이곳은 한옥을 식당으로 개조한 곳으로 집 가운데 정원을 두고 방들이 있어 100년 고택의 멋이 고스란히 느껴지는 소문난 맛집이다.

처음에는 국밥집으로 운영하려다 갈빗집으로 바꿨는데 한옥과 갈비가 제법 잘 어울린다. 갈비를 주문했더니 꽤 많은 밑반찬이 깔리고 화로 불판이 나오는데 자세히 보니 불판 바로 옆에 대나무가 올려져 있다. 고기가 익으면 타지 않게 올려놓고 먹으라는 주인장의 배려가 엿보인다. 그래서인지 대나무 위에 올려놓은 고기에 대나무향도 느껴지는 듯하다.

이곳의 소갈비는 색깔만 보면 간이 덜 밴 듯하지만 먹어보면 달지도 짜지도 않게 밴 간이 입맛을 돋운다. 고기의 잡내가 없고 육즙과 푸석하지 않고 쫀쫀한 고기 맛이 일품이다.

주변 볼거리·먹거리

영남루 영화 〈밀양〉과 드라마 〈아랑사또전〉의 촬영지로 알려진 영남루는 아랑의 전설이 깃들어 있다. 보물 제147호로 지정되어 보호받고 있으며 진주의 촉석루, 평양의 북벽루와 함께 우리나라 3대 누각으로 꼽힌다. 조선시대 밀양도호부의 객사 부속 건물로 손님을 접대하거나 주변 경치를 보면서 휴식을 취했던 곳이기도 하다. 영남루 주변으로는 아랑각과 천진궁, 밀양천을 따라 걸을 수 있는 산책로가 있다. 높은 절벽 위에 자리한 영남루에서 내려다보이는 멋진 풍광은 조선16경 중 하나로 손꼽히며 야경으로도 아름답다.

Ⓐ 경상남도 밀양시 중앙로 324 Ⓞ 09:00~18:00/연중무휴 Ⓣ 055-359-5590

추천 코스 3대 신비를 찾아서(밀양)

1 COURSE

만어사종석

밀양역에서 버스 3번 승차 → 교통행정복지센터 하차 → 얼음골행 환승 → 얼음골 하차 → 도보 이동(약 16분)

2 COURSE

얼음골

얼음골에서 버스 얼음골3번 승차 → 시외버스터미널 하차 → 1서가정, 1초등번 환승 → 무안 하차 → 도보 이동(약 5분)

3 COURSE

표충비각

주소 경상남도 밀양시 삼랑진읍 만어로 776
가는 법 밀양역에서 ITX새마을호 승차 → 삼랑진역 하차 → 만어사까지 자동차 또는 택시 이용(약 17분)
운영시간 24시간/연중무휴
입장료 무료
전화번호 055-356-2010(만어사)
etc 주차 무료

동해의 바닷속 용왕에게 아들이 하나 있었는데 아들의 목숨이 다한 것을 알고 무척산의 신통한 스님을 찾아가 새로 살 곳을 마련해 달라고 하자 가다가 멈춘 곳이 인연 있는 곳이라 일러주었고 왕자가 길을 떠나자 수많은 고기 떼가 그의 뒤를 따랐다고 한다. 왕자가 머물러 쉰 곳이 만어산이다. 왕자는 미륵전 안에 있는 5m의 큰 바위가 되었고 뒤를 따르던 물고기떼는 돌멩이가 되었다는 전설이 전해지며 만어사를 가득 메운 돌멩이와 만어사 종석은 밀양의 3대 신비에 속해 있다.

주소 경상남도 밀양시 산내로 1647
운영시간 24시간/연중무휴(산에 위치해 있어 일몰 시에는 출입금지)
입장료 무료
전화번호 055-356-1915(얼음골 관리사무소)
etc 주차 무료

겨울이면 따뜻한 온기가 느껴지고 30도 넘는 여름에는 차가운 냉기를 뿜어내는 얼음골은 3월 초순부터 얼음이 얼기 시작해 7월 중순까지 얼음이 남아 있다. 삼복더위가 지나면 바위틈에 냉기가 점차 줄어든다는데 여름철 계곡물은 손이 얼 정도로 차갑지만 겨울이면 따뜻한 김이 올라와 고사리와 이끼가 낀다고 한다. 계절을 거스르는 얼음골은 밀양의 3대 신비에 속해있다.

주소 경상남도 밀양시 무안면 동부동안길 4(홍제사)
운영시간 24시간 / 연중무휴
입장료 무료
전화번호 055-352-0125
etc 주차 무료

무안면 홍제사 경내에 있는 표충비는 한비 또는 땀 흘리는 비라고도 불리는데, 나라가 위기에 처했을 때마다 땀을 흘린다는 전설이 있다. 땀을 흘리는 원인은 아직 정확히 밝혀지지 않았지만 국가의 중대사가 있을 때를 전후로 비면에 물기가 맺혀 마치 눈물이 흐르는 것처럼 보인다고 한다. 죽어서도 나라를 걱정하는 사명대사의 넋이 깃든 표충비각은 밀양의 3대 신비의 속한다.

4월 넷째 주

골목길에 얽힌 이야기

17 week

SPOT 1

근대 문화의 발자취를 따라

근대문화골목

주소 대구광역시 중구 경상감영길 67 · **가는 법** 대구역 북편네거리2정류장에서 버스 503, 706, 410-1번 승차 → 약령시앞 하차 → 도보 이동(약 7분) · **운영시간** 24시간/연중무휴 · **입장료** 무료 · **전화번호** 053-661-2625(대구시 중구 관광진흥과) · **etc** 주차 무료/정기 투어 매주 토요일 10:00~12:00, 14:00~16:00(홈페이지 신청)

과거와 현재 그리고 미래가 공존하는 대구 중구 일대를 여행하는 골목길 투어가 있다. 그중 2012년 '한국관광의별'과 '한국인이 꼭 가봐야 할 100곳'에 선정된 제2코스 근대문화골목은 이름 그대로 근대 문화의 발자취를 따라가는 여행이다. 푸른 담쟁이가 가득했다는 청라언덕을 시작점으로 3·1만세운동길, 계산성당, 이상화 · 서상돈 고택을 지나 진골목과 화교협회(화교소학교)까지 1.64km를 걷는 데 2시간가량 소요된다.

대구는 한국전쟁 당시 피해가 비교적 덜했던 곳이어서 역사적인 건물이 많이 남아 있다. 특히 중구는 대구에서 가장 오래된 건물들을 볼 수 있는 곳이다. 1910년경 동산병원 내에 서양식으로 지어진 2층 벽돌 건물의 선교사 주택, 1902년 프랑스 신부에 의해 건립된 대구에서 유일한 1900년대 초기 건물인 계산성당, 1933년에 지어진 경북 최초의 기독교회 제일교회 등 100년의 역사를 간직한 건물들이 이곳에 있다. 제일교회 바로 옆은 태극기가 펄럭이는 3·1운동계단으로 양쪽에 3·1운동과 관련된 사진 자료들이 전시되어 있다. 1919년 파고다공원에서 시작된 3·1운동이 전국으로 번져 3월 8일 대구만세운동이 일어났는데, 당시 대구 학생들이 일본 경찰의 눈을 피해 이곳 솔밭길을 지나 만세운동 집결지로 이동했다고 한다.

복잡한 도심 속에 옛 모습을 간직하고 있는 진골목은 1900년대 초 부자들이 살던 동네로 대구에서 가장 오래된 양옥 건물 정소아과의원, 36년 전 문을 연 이래로 지금까지 운영하며 옛날 과자와 쌍화차를 내는 미도다방, 진골목 끝에 자리 잡은 1929년에 지어진 화교협회, 시인 이상화가 1939년부터 1943년까지 기거했던 고택과 국채보상운동을 펼친 독립운동가 서상돈의 고택까지 처음 세워진 모습 그대로 1세기 가까이 간직하고 있는 골목은 당시에는 화려했을 옛날의 영화와 한국 근대사의 흔적을 고스란히 간직하고 있다.

주변 볼거리·먹거리

동천유원지 대구에서 가장 오래된 유원지로 금호강을 따라 나무가 울창하게 우거져 자연경관이 아름답기로 정평이 나 있다. 40대 이상의 대구 시민이라면 망우당공원과 더불어 학창 시절에 한 번쯤 소풍을 왔던 추억의 장소이기도 하다. 시원한 강바람을 맞으며 오리배를 타거나 수영, 롤러스케이트, 골프 등 즐길 거리가 많고, 각종 위락 시설이 잘 갖춰져 있다. 여름이면 나무 그늘 밑에 돗자리를 깔고 하루 종일 휴식을 취해도 좋다.

Ⓐ 대구광역시 동구 효동로6길 73 Ⓞ 24시간/연중무휴 Ⓒ 무료 Ⓣ 053-662-2865

SPOT 2

화려한 빛과 캐릭터로 꾸며진

트윈터널

주소 경상남도 밀양시 삼랑진읍 삼랑진로 537-11 · **가는 법** 밀양역에서 삼랑진행 버스 승차 → 화성 하차 → 도보 이동(약 12분) · **운영시간** 평일 10:30~19:00, 주말 10:30~20:00/연중무휴 · **입장료** 성인 8,000원, 청소년 6,000원, 어린이 5,000원 · **전화번호** 055-802-8828 · **홈페이지** blog.naver.com/twintunnel · **etc** 주차 무료

지역마다 최소 하나씩은 존재하는 폐터널이 변화를 맞고 있다. 버려진 터널에 화려한 조명을 설치하거나 와인터널로 새롭게 꾸며 관광상품으로 활용하고 있는 것이다. 밀양에는 2개의 폐터널이 트윈터널이라는 이름으로 새롭게 변신해 관광명소로 각광받고 있다.

화려한 빛과 캐릭터로 이루어진 테마파크 트윈터널은 입구부터 색다르다. 아이들에게는 다소 무서울 듯한 분위기를 캐릭터와 약 1억 개의 알록달록 환상적인 불빛으로 꾸며 입구부터 분위기에 반하게 된다. 전구로 꾸며진 터널은 종종 가봤지만 이렇게 많은 전구는 처음 접해볼 정도다.

트윈터널의 총 길이는 1km로 아쿠아빌리지를 시작으로 별빛마을, 그리고 트윈카페 등 10가지의 테마로 이루어져 있다. 1억 개의 LED 불빛으로 수놓은 포토존이 가득하니 어디서 찍어도 화려하고 예쁘다. 테마별로 꾸며놓은 터널에는 불빛뿐만 아니라 다양한 물고기도 볼 수 있으니 아이들한테도 유익하겠다.

터널 안에는 카페도 운영되고 있어 터널에서 차 한잔 마시는 이색카페 체험도 할 수 있다. 터널 특성상 여름에는 시원하고 겨울에는 따뜻하니 피서지로도 좋을 뿐만 아니라 무엇보다 별빛이 수없이 쏟아지는 은하수 속을 걷는 느낌이다.

주변 볼거리·먹거리

카페달리아삼랑진

삼랑진 벚꽃길이 시작되는 곳 왼편에 빨간 벽돌의 카페달리아가 있다. 달리아는 디저트와 베이커리 카페로 24년 경력의 대한민국 제과 기능장이 빵을 만드는데 다른 카페에서는 볼 수 없는 보기만 해도 달달함이 느껴지는 다양한 빵들이 가득하다. 카페달리아는 경남권 최초로 대용량 로스터를 운영하여 커피가 신선하고 취향에 따라 원두를 선택해 마실 수 있도록 하고 있다.

Ⓐ 경상남도 밀양시 삼랑진읍 천태로 359 Ⓞ 09:30~20:30/연중무휴 Ⓣ 0507-1496-9024 Ⓜ 아메리카노 5,500원, 소금커피 7,300원, 라떼 6,000원 Ⓔ 주차 무료

SPOT 3

짬뽕이 맛있는 집

블랙스완 짬뽕카페

주소 대구광역시 남구 대명서로 21-2 · **가는 법** 대구역 1호선(설화명곡 방면) 승차 → 서부역 하차 → 도보 이동(약 16분) · **운영시간** 11:00~20:30(15:00~17:30 브레이크타임)/매주 일요일 휴무 · **전화번호** 053-621-1977 · **대표메뉴** 크림짬뽕 9,500원, 짬뽕 8,000원, 차돌짬뽕 9,000원, 짜장면 6,000원 · etc 주차 공간 협소, 골목에 주차

대구에 숨은 맛집 이번엔 짬뽕집이다. 밖에서 보면 카페나 호프집처럼 생겼는데 들어가 보면 짬뽕과 짜장면을 파는 중국집이다. 간판부터 다른 중국집과 차별화를 두었는데 맛은 어쩔지 궁금하다. 내부 인테리어도 세련되고 특이한데 벽에는 상호처럼 블랙스완이 그려져 있고 벽면을 가득 채운 술병도 왠지 분위기가 남다르게 느껴진다.

이곳은 노키즈존은 아니지만 아이들을 방치하는 부모들은 출입을 삼가해달라는 문구가 있다. 아이들이 상식에 벗어난 행동을 하면 바로 잡아줘야 하는데 그렇지 못한 부모들이 있기에 부탁하는 말인 듯하다.

모든 메뉴는 주문과 동시에 조리를 하기 때문에 시간이 다소 걸리지만 조금 기다렸다 나온 짬뽕은 국물에서 불향이 느껴지고 매콤 칼칼한 것이 텁텁하지 않고 깊다. 맵다고는 하지만 매운 걸 먹지 못하는 사람들도 먹을 수 있을 정도의 맵기이며 면발은 탱탱하고 쫄깃해서 다 먹을 때까지도 불지 않아 좋다. '당신에게 오늘 좋은 일이 생길 겁니다'라는 블랙스완의 문구처럼 짬뽕하나로 좋은 일이 생길 것 같다.

주변 볼거리·먹거리

앞산해넘이전망대 일몰과 야경이 아름다운 앞산해넘이전망대는 대구의 경관을 볼 수 있는 곳이다. 앞산빨래터공원의 역사와 상징을 담았기에 전망대를 보면 빨래 짜는 모습을 하고 있다. 조명을 설치해 밤이면 아름답고 전망대로 올라가면서 주변을 볼 수 있도록 원형으로 되어 있다. 해넘이전망대 옆으로는 주민들이 한데 모여 빨래하던 빨래터의 옛 모습을 조성해 두었다.

Ⓐ 대구광역시 남구 대명동 1501-2 Ⓞ 09:00~22:00/연중무휴 Ⓣ 053-664-2783 Ⓔ 주차 무료

아눅앞산 40년 된 오래된 주택을 카페로 개조한 아눅앞산은 가정집 형태를 그대로 살려 2층으로 올라가는 계단이며 방으로 들어가는 문도 오래된 옛스러움이 남아 있다. 음료와 같이 먹을 수 있는 빵 종류도 많고 옥상에 올라가면 뷰가 아름다운 전망 좋은 카페다.

Ⓐ 대구광역시 남구 앞산순환로 459 Ⓞ 10:00~22:00/연중무휴 Ⓜ 카페라테 5,500원, 크림코르타도 7,000원 Ⓗ instagram.com/a.nook_apsan Ⓔ 주차 무료

추천 코스 놀이공원에서 찾은 동심(대구)

1 COURSE
옥연지송해공원

옥포벚꽃길2정류장에서 도보 이동(약 9분)

2 COURSE
이월드

내당역(2호선 영남대방면) 승차 → 반월당역 하차 → 1호선 안심방면 환승 → 동구청역 하차 → 2번 출구 도보 이동(약 3분)

3 COURSE
행복한갈비

주소 대구광역시 달성군 옥포읍 기세리 306
가는 법 동대구역 1호선 승차 → 설화명곡역 하차 → 7번 출구에서 버스 달성2, 600번 환승 → 옥포지 하차 → 도보 이동(약 9분)
운영시간 24시간/연중무휴
입장료 무료
전화번호 053-668-2706
etc 주차 가능

옥연지 송해공원은 달성군 명예군민인 방송인 송해 선생의 이름을 따 조성한 공원으로 옥연지둘레길, 백년수중다리, 바람개비 쉼터와 전망대 등 다양한 볼거리가 있다. 걷기 좋은 옥연지 송해공원 둘레길은 생태탐방로로 옥연지 일대의 자연생태를 볼 수 있다. 지금은 돌아가신 송해 선생의 노래비와 조형물이 설치되어 있기도 하다.

주소 대구광역시 달서구 두류공원로 200
운영시간 평일 10:00~21:00, 주말 10:00~22:00
입장료 어른 49,000원, 청소년 44,000원, 어린이 39,000원
전화번호 053-620-0001
홈페이지 eworld.kr
etc 주차 가능

예전 우방랜드가 이월드로 새롭게 탄생했다. 30여 개의 어트랙션과 직접 만지고 체험할 수 있는 동물농장에 아이스링크까지 경북지역 최고의 테마파크다. 사계절 꽃축제가 열리고 시즌별로 다양한 페스티벌로 365일 새로운 즐거움을 준다.

주소 대구광역시 동구 신암남로 166
운영시간 11:00~23:00/연중무휴
전화번호 053-958-8592
대표메뉴 정통갈비 뼈삼겹 10,000원, 돼지갈비 쪽갈비 9,000원, 한우갈비살 23,000원
etc 주차 가능

원래는 돼지갈비인 수제갈비와 뼈삼겹 등 전통갈비로 유명한 식당이다. 직접 숙성시킨 고기로 모든 메뉴가 맛있지만 그중 매콤하면서도 기름기가 없어 담백한 소갈비찜은 별미다. 갈비살 속까지 양념이 배어 있어 고기가 싱겁거나 밍밍하지 않고 기분 좋은 매운맛이다. 매콤함 속에서도 개운함이 느껴지고, 푹 익힌 고기는 깨끗하게 발라져 깔끔하니 좋다.

4월의 하동
꽃향기에 취해 떠나는 향기로운 여행

따뜻한 바람이 부는가 싶더니 어느새 사방에서 꽃망울을 터뜨린다. 겨우내 그리웠던 꽃향기는 얼어붙었던 몸속까지 깊이 스며든다. 개나리, 진달래, 철쭉, 매화 등 3월부터 시작된 봄꽃은 4월 벚꽃으로 절정에 이르니 사방이 꽃잔치로 들썩이게 한다. 꽃향기에 취해 꽃을 찾아 떠나보자.

2박 3일 코스 한눈에 보기

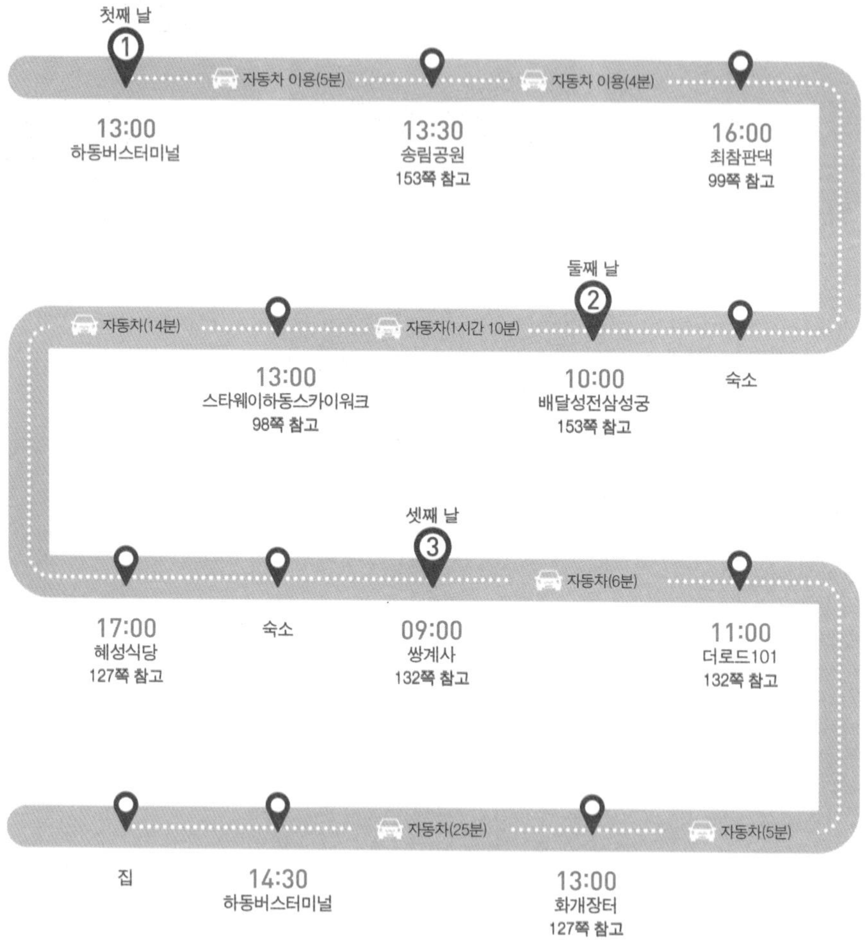

송림공원

송림공원 하동의 숨겨진 명소이자 우리나라에서 최고로 손꼽히는 노송숲이다. 1745년 강바람과 모래바람을 막기 위해 섬진강변에 심은 것으로 3백 년 가까이 되는 소나무(천연기념물 제445호) 800그루가 있다. 노송숲 앞에는 백사장이 있고 섬진강이 흐른다.

Ⓐ 경상남도 하동군 하동읍 섬진강대로 2107-8 Ⓞ 24시간/연중무휴 Ⓒ 무료 Ⓣ 055-880-2761 Ⓔ 주차 무료

최참판댁

배달성전삼성궁

배달성전삼성궁 청학동 도인촌이 있는 골짜기 850m 지점에 위치한 삼성궁의 정확한 명칭은 배달성전 삼성궁이다. 환인, 환웅, 단군을 모신 궁으로 둘레길과 돌탑, 인공호수 등 다양한 볼거리가 있으며 가을이면 단풍으로도 아름다운 곳이다. 언제부터 쌓아 올렸는지 수많은 돌탑으로 절경을 이루며 맷돌과 절구통, 다듬잇돌로 꾸며진 길과 담장이 재미있다.

Ⓐ 경상남도 하동군 청암면 삼성궁길 2 Ⓞ 4~11월 08:30~17:00, 12~3월 08:30~16:30/연중무휴 Ⓒ 어른 8,000원, 청소년 5,000원, 어린이 4,000원 Ⓣ 055-884-1279 Ⓔ 무료

스타웨이하동스카이워크

혜성식당

쌍계사

더로드101

화개장터

움직이기 적당한 햇빛과 덥지 않은 날씨까지 완벽한 봄날이다. 알록달록 화려하던 봄이 싱그러운 풀숲에 숨어버린 듯 가는 곳마다 푸르름이 가득하다. 봄이 깊어갈수록 경상도의 햇빛은 대지를 풍요롭게 한다. 삼삼오오 짝을 지어 여행하기 좋은 계절이기에 누군가와 함께하던 즐거움이 곳곳에 묻어 있다.

5월의 경상도

싱그러운 봄, 풀숲에 숨다

5월 첫째 주

영화 속 주인공처럼

18 week

SPOT 1

잠시 쉬어가도 괜찮아

리틀포레스트 촬영지

주소 대구광역시 군위군 우보면 미성5길 58-1 · **가는 법** 군위공용버스터미널에서 농어촌버스 6, 7, 8, 9번 승차 → 이화 하차 → 도보 이동(약 26분) · **운영시간** 마을에 주민이 거주하고 있으니 늦은 시간 방문 자제/연중무휴 · **전화번호** 054-380-6230(군위군청 문화관광과) · etc 주차 무료

영화 〈리틀포레스트〉는 시험, 연애, 취업 뭐 하나 뜻대로 되지 않는 취준생이 일상을 잠시 멈추고 고향으로 내려온 주인공에 관한 이야기다. 고향 친구들과 함께 가꾼 직접 농작물로 한 끼 한 끼 만들어 먹으며 겨울에서 봄, 그리고 여름, 가을을 보내고 다시 겨울을 맞이하며 고향으로 돌아온 진짜 이유를 깨닫게 된다는 내용으로 힐링이 필요할 때 혹은 삶이 지루하거나 무료할 때 권하고 싶은 영화다.

이곳은 작은 숲속에 있는 것처럼 마음을 편안하게 해주었던 영화 〈리틀포레스트〉 촬영지로 그림 같은 배경을 영화 속에 가득 담아냈다. 영화 속에서 감동을 느끼고 싶었던 이유도 있었겠지만 오롯이 나를 위해 촬영지를 찾았고 흙담을 돌아 내부로 들어가니 촬영했던 모습 그대로 보존되어 있었다. 어디든 촬영하고 나면 관리 소홀로 훼손되기 마련인데 관광명소로 군위군이 관리한다니 다행이다 싶다. 그렇게 크지 않은 거실과 주방도 그대로 있어 영화 속 장면들이 투영되어 고스란히 느껴진다. 거실 창으로 길게 들어오는 햇살이 포근하고 따뜻하니 커피 한 잔과 책 한 권을 친구삼아 하루 종일 머물고 싶다는 생각이 든다. 마을 안에서 영화 내용을 바탕으로 그려놓은 벽화를 보는 것도 좋은데 주민이 살고 있으니 정숙은 필수!

주변 볼거리·먹거리

삼국유사테마파크
군위에 위치한 삼국유사테마파크는《삼국유사》속 다양한 이야기를 전시 조형물과 교육 체험프로그램으로 재현해 볼거리와 즐길거리를 제공해 주는 복한문화공간이다. 체험놀이로는 해룡물놀이장, 해룡슬라이드 등이 있으며 휴양을 즐길 수 있는 체험형 숙박시설인 역사돔도 있다.

Ⓐ 대구광역시 군위군 의흥면 일연테마로 100 Ⓞ 10:00~18:00/매주 월요일, 1월 1일 휴무 Ⓒ 성인 9,000원, 청소년·어린이 8,000원/체험시설물 이용 시 입장권 별도 구매 Ⓣ 054-380-3964 Ⓗ gunwi3964.co.kr Ⓔ 주차 무료

SPOT 2

〈미스터선샤인〉 촬영지

만휴정

주소 경상북도 안동시 길안면 묵계하리길 42 · **가는 법** 안동역에서 버스 610번 승차 → 묵계 하차 → 도보 이동(약 14분) · **운영시간** 별도로 정해지지 않았으나 늦은 밤 방문 금지/연중무휴 · **입장료** 1,000원, 체험료 35,000원 · **전화번호** 010-9930-0313 · etc 주차 무료

주차 후 만휴정까지 걸어가는 길목은 여느 시골길과 다름없다. 일찍 방문한 탓에 사람도 없었고 그래서 오롯이 혼자만의 시간을 느끼기에 충분했다. 다리 밑으로 흐르는 물소리가 조용한 산길에 적막을 깨듯 더 크게 들리는 듯하다. 만휴정으로 오르는 길목의 오른쪽에는 송암계곡이 있고 송암폭포에서 떨어지는 비단 같은 물줄기는 웅장하게 들린다. 계곡길을 따라 조금만 오르면 드라마 〈미스터선샤인〉의 촬영지 만휴정이 보인다.

만휴정으로 들어갈 때는 두 사람이 겨우 지나갈 정도로 좁은 다리를 건너야 하는데 폭이 좁아 무섭지만 나름 운치가 있다. 만휴정은 조선 전기 문신인 김계행이 1500년에 지은 정자로 말년에 독서와 하문을 연구했던 곳이라고 한다. 청백리로 유명했던

그는 1480년 50세에 과거 급제 후 여러 벼슬을 하다가 연산군의 폭정이 시작되자 향리로 돌아와 살았다고 전해진다.

계곡의 너럭바위에서 떨어진 물은 폭포를 이루며 흐르고 평소 김계행이 읊었던 시 중 '우리집에는 보물이 없지만 보물로 여기는 것은 청렴과 결백이네(吾家無寶物 寶物惟淸白)'라는 의미의 시구가 새겨져 있다. 그의 호인 보백당도 시 구절에서 가져왔다고 한다. 1498년 안동에 내려와 집을 짓고 말년에 쉬는 정자라는 뜻으로 만휴정을 지었다 한다. 꾸미지 않은 자연스러운 모습의 만휴정은 우리 민족의 순수함을 그대로 닮아 있다.

주변 볼거리·먹거리

묵계서원 묵계리에서 100m쯤 고갯길을 오르면 왼쪽에 묵계서원이 보인다. 보백당 김계행 선생과 응계 옥고 선생의 학문과 덕행을 추모하기 위해 숙종 13년에 창건되었다. 고종 6년에 서원철폐령으로 사당은 없어지고 강당만 남았는데 최근 없어진 건물들을 새로 짓고 복원하였다.

Ⓐ 경상북도 안동시 길안면 국만리길 72 Ⓣ 054-841-2433 Ⓔ 주차 무료

SPOT 3

산이 보이는 베이커리 카페

카페스톤

주소 대구광역시 군위군 부계면 한티로 1525-6 · **가는 법** 군위공용버스터미널에서 급행9번 승차 → 대율1리 하차 → 농어촌버스 1, 2, 3번 환승 → 남산2리 하차 → 택시 또는 도보 이동(도보 이동 시 약 30분) · **운영시간** 11:00~21:00/연중무휴 · **전화번호** 010-9374-7902 · **홈페이지** instagram.com/cafe._.stone · **대표메뉴** 돌커피 5,500원, 돌소금 7,000원, 돌라테 7,000원, 까까라테 6,500원 · **etc** 주차 무료

최근 바닷가나 깊은 산 속까지 불과 몇 년 만에 카페가 많이 생겼다는 걸 실감했다. 뷰가 좋거나 공기 좋은 곳에는 카페가 있으니 군위 팔공산 한티재에 위치한 카페 스톤도 산을 배경으로 하고 있다. 통유리를 통해 본 산은 바다보다 안정감과 편안함을 줄 때가 있듯 카페 스톤도 그런 곳이다. 돌커피와 돌소금 등 모든 음료 앞에는 돌이라는 단어가 들어가 있는데 어떤 맛인지 궁금하다면 음료 설명서가 있으니 부담 없이 확인하고 주문할 수 있다.

셀 수 없이 다양한 빵이 있는 이곳은 베이커리 맛집이다. 달달한 생크림이 가득 들어간 크로와상과 따뜻한 커피가 환상적인 조합이다. 벽면 한쪽에 가득 채워진 책들은 독서와 거리가 먼 사람들도 책을 꺼내 들게 한다. 곳곳에 사진을 찍을 수 있도록 비치해놓은 소품과 의자들은 이곳이 포토존임을 알려준다. 간혹 창가 쪽으로 나란히 놓여있는 소파에 앉아 통유리를 통해 본 세상은 산과 나무로 가득하다.

주변 볼거리·먹거리

카페우즈 산과 멋진 계곡 그리고 폭포가 있어 자연과 더불어 경치까지 좋은 정원 카페다. 야외 공간의 길게 뻗은 정원 양옆으로는 테이블이 놓여있고 멋진 계곡과 폭포가 있어 시원하고 청량한 기분이 든다. 계곡을 따라 분위기 좋게 테이블이 있어서 주말이면 자리 경쟁이 치열하다.

Ⓐ 대구광역시 군위군 부계면 한티로 2034 Ⓞ 11:00~20:00/매주 화요일 휴무 Ⓣ 054-383-0889 Ⓗ instagram.com/woods__cafe Ⓜ 에스프레소 5,500원, 아메리카노 5,500원, 카페라테 6,000원 Ⓔ 주차 무료

추천 코스 숨겨진 역사의 흔적을 찾아서(군위)

1 COURSE
삼국유사테마파크

수서2리정류장에서 농어촌버스 7번 승차 → 의흥면보건지소 하차 → 농어촌버스 11번 환승 → 화본리 하차 → 도보 이동(약 3분)

2 COURSE
화본역

화본역에서 자동차 또는 택시 이동(약 28km)

3 COURSE
들국화

주소	대구광역시 군위군 의흥면 일연테마로 100
가는 법	군위공용버스터미널에서 농어촌버스 7번 승차 → 수서2리 하차 → 택시 이용(약 4.7km)
운영시간	10:00~18:00/매주 월요일, 1월 1일 휴무
입장료	성인 9,000원, 청소년·어린이 8,000원/체험시설물 이용 시 입장권 별도 구매
전화번호	054-380-3964
홈페이지	gunwi3964.co.kr
etc	주차 무료

5월 18주 소개(157쪽 참고)

주소	대구광역시 군위군 산성면 산성가음로 711-9
운영시간	09:00~17:30/연중무휴
입장료	1,000원(급수탑)
전화번호	1544-7788
etc	주차 무료

전국에서 가장 아름다운 역으로 뽑힌 화본역은 1930년대 모습을 그대로 간직한 채 지금도 하루 6번씩 열차가 정차하고 있는 100년의 역사를 간직한 간이역이다. 1930년에 지어져 일제강점기 때부터 사용했던 급수탑은 화본역의 명물이다. 화본역이 있은 화본마을에는 골목길마다 일연스님과 삼국유사, 허수아비를 주제로 그려놓은 벽화가 있다.

주소	대구광역시 군위군 군위읍 도군로 2733
운영시간	11:30~21:00/매주 일요일 휴무
전화번호	054-383-5777
대표메뉴	버섯전골(大) 45,000원, 만두전골(大) 40,000원
etc	주차 무료

노루궁뎅이버섯과 능이버섯, 황금송이버섯까지 다채로운 버섯이 푸짐하게 들어간 버섯전골과 돼지고기 전문 맛집으로 직접 끓이는 육수는 텁텁하지 않고 깔끔하며 맛과 건강을 모두 잡은 느낌이다. 신선하고 질 좋은 돼지고기를 솥뚜껑에 구워 먹는 특별식도 있고 식사 후에는 식당에서 운영하는 카페에서는 질 좋은 음료를 제공하고 있다.

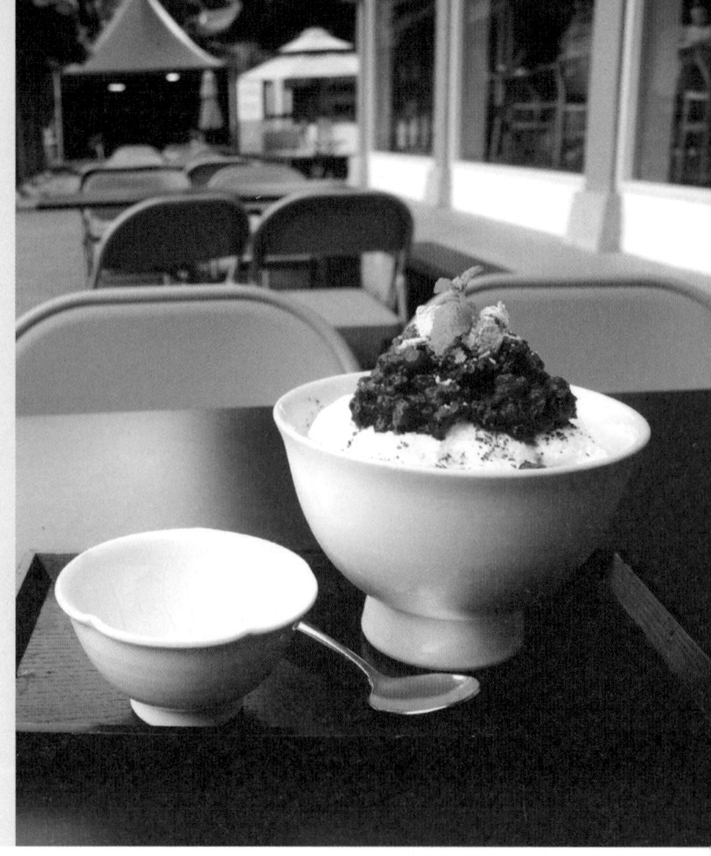

5월 둘째 주

한옥 카페에서 반나절 여유를

19 week

SPOT 1

분위기 있는 한옥 북카페 구름에오프

주소 경상북도 안동시 민속촌길 190 · **가는 법** 안동역안동터미널에서 버스 112번 승차 → 안동시립민속박물관 하차 → 도보 이동(약 17분) · **운영시간** 08:00~21:00/연중무휴 · **전화번호** 070-4912-1767 · **대표메뉴** 아메리카노 5,000원, 카페라테 6,200원, 레몬차 6,000원, 생강차 6,000원 · etc 주차 무료

구름에오프는 안동 민속촌에서 좀 더 위쪽으로 올라가면 전통리조트 구름에 옆에 위치해 있다. 단아하게 지어진 한옥 카페로 디저트와 브런치를 즐길 수 있으며 책도 읽을 수 있는 북카페다. 안쪽 깊숙이 위치해 있어 조용하고 한적해 모든 걸 내려놓고 반나절 쉬어가기에 좋은 분위기다.

구름에오프와 나란히 있는 구름에온은 전통체험을 할 수 있는 복합공간으로 사용되고 있다. 벽면을 가득 채운 책은 종류별로 다양해 책을 좋아한다면 금방 자리를 떠나기 어려울 수도 있겠다. 고즈넉한 풍경 속에 느긋함을 배우는 힐링의 시간을 즐기기에 좋은 곳이다.

빙수에 들어가는 팥과 떡은 안동 일대에서 생산되는 국내산 식재료를 이용해 만들며, 커피는 아프리카, 남미 그리고 태평양 연안에서 선별된 고급 아라비카 원두로 개별 로스팅해 신맛과 단맛 그리고 쓴맛의 조화를 이루는 원두만 사용한다니 커피 부심이 대단하다. 기왓장이 올라간 낮은 돌담은 운치를 느끼게 하고 그 분위기 때문인지 수필집을 들고 야외테이블에 자리를 잡았다. 책장을 넘기다 말고 주변 경치에 반해 두리번거리기도 하고 새들의 노랫소리에 바람까지 불어오니 책 읽는 건 뒷전이고 게으른 낮잠만 쏟아진다. 바쁘게 살아온 일상 속에 이런 날도 가끔 있어야 하지 않을까.

주변 볼거리·먹거리

안동민속촌 안동댐의 건설로 물에 잠기게 된 수몰지역의 가옥을 한곳에 모아 보존하고자 조성된 곳으로 조선시대 양반가의 건축과 까치구멍집, 돌담집, 통나무집 등 그 시대에 다양한 집들이 전시 보존되고 있는 야외박물관이다. 유유히 흐르는 낙동강과 안동댐이 보이는 전망 좋은 곳으로 민속촌 안에는 연못과 나무들을 심어 공원으로 조성해 놓기도 했다.

Ⓐ 경상북도 안동시 성곡동 산195-1 Ⓞ 정해진 시간 없음/연중무휴 Ⓣ 054-840-3433 Ⓔ 주차 무료

월영당 낙동강이 보이는 한옥 카페로 365일 지붕 위에 보름달이 떠 있는 모습이 월영당의 시그니처다. 〈강철부대 시즌1〉에 출연했던 이진봉이 직접 운영하는 카페로 카페 안에서는 안동호가 보인다. 본관과 별채로 나뉘며 야외까지 규모가 꽤 크지만 평일에도 자리가 없을 정도이며, 담장이 드리워진 마당은 한옥의 운치를 더해 한옥 카페의 매력을 느끼게 한다.

Ⓐ 경상북도 안동시 민속촌길 26 Ⓞ 10:00~22:00/휴무일은 별도 공지 Ⓣ 054-1899-9570 Ⓗ instagram.com/wolyeongdang Ⓜ 안동대마라떼 7,500원, 아메리카노 5,500원, 쑥떡쉐이크 7,500원, 안동대마마들렌 4,500원 Ⓔ 민속박물관 앞 주차 무료

SPOT 2

마당 넓은 한옥 카페

화수헌

주소 경상북도 문경시 산양면 현리3길 9 · **가는 법** 문경시외버스터미널에서 버스 10-1, 11-1, 20-1번 승차 → 점촌시내버스터미널 하차 → 버스 50-3, 50, 62번 환승 → 현리 하차 → 도보 이동(약 2분) · **운영시간** 11:00~19:00/매월 둘째 주 수요일 휴무 · **전화번호** 054-554-0724 · **홈페이지** instagram.com/hwasuheon_replace · **대표메뉴** 아메리카노 5,000원, 가래떡구이 10,000원, 문경오미자에이드 6,000원 · etc 주차 무료/마을버스정류장 또는 공터

살기 좋은 마을 현리는 맑고 깨끗한 금천이 흐르는 조용한 곳이다. 과거 사람이 살던 역사적 흔적이 남아 있는 고택을 문경시에서 사들여 정비하고 보수해 한옥 카페로 새롭게 개조한 곳이 화수헌이다.

카페 화수헌 고택은 1790년 우암 채덕동이 창건한 채철재 고택으로 사랑채와 안채로 이루어져 있고 홑 처마에 팔작지붕형식을 갖춰 한옥의 우아함까지 느끼게 한다. 꽃과 나무가 만발한 가옥이라는 뜻을 가진 화수헌은 현리마을을 대표하는 이름으로

안채는 카페로, 사랑채는 게스트하우스로 이용되고 있다. 잔디가 깔린 넓은 마당은 열댓 명의 아이들이 뛰어다녀도 넉넉하고 오랜 소품을 활용한 포토존 공간에서는 누가 찍어도 인생샷을 남길 수 있다.

남녀노소가 좋아하는 시그니처 디저트로는 떡와플과 가래떡 구이가 있으며, 고소한 콩가루가 올라간 아이스크림을 같이 먹으면 속은 바삭하고 겉은 쫄깃한 맛을 느끼게 되는 떡와플과 따뜻한 아메리카노 주문은 현명한 선택이다.

잠시 툇마루에 걸터앉아 하늘을 보니 속세를 벗어나 무상무념에 빠지게 한다. 과거를 보기 위해 한양을 넘어가는 길에 잠깐 쉬었다 갔다는 문경, 그리고 화수헌은 잠시 쉬었다 갈 수 있는 일상 속의 작은 소풍 카페다.

주변 볼거리·먹거리

경체정 금천이 흐르고 너럭바위가 있는 곳에 위치한 경체정은 1935년 채성우를 비롯한 그의 7형제를 위해 손자 부자가 지은 정자다. 경체(景棣)는 '형제간 우애가 깊어 집안이 번성한다'는 뜻을 품고 있으며, 경체정 또는 벽정이라고도 부른다. 원래는 현리마을 안에 있었는데 1971년 지금의 위치로 옮겨왔다.

Ⓐ 경상북도 문경시 산양면 현리 371-1 Ⓞ 24시간/연중무휴 Ⓔ 주차 무료

SPOT 3

돈가스가 맛있는

카페뒤뜰

주소 경상북도 안동시 임동면 경동로 2214 · **가는 법** 안동역안동터미널(시내방면)에서 급행1번 승차 → 솔뫼입구 하차 → 버스 611, 임동1번 환승 → 임하댐입구 하차 → 도보 이동(약 1분) · **운영시간** 10:00~20:00, 돈가스 주문 11:00부터(재료 소진 시 마감)/매주 화요일 휴무 · **전화번호** 010-4272-1133 · **대표메뉴** 뒤뜰돈가스 12,000원, 에스프레소 4,500원, 아메리카노 4,500원 · etc 주차 무료

청송에서 안동으로 이동하던 중 차 한잔 생각나서 우연히 들어간 곳이 돈가스 맛집이었다. 여행 중에는 가끔 맛집을 찾거나 커피가 맛있는 곳을 발견하게 되는데 카페 뒤뜰이 그런 곳이다. 커피와 식사류는 유일하게 돈가스만 판매하고 있는데, 직접 먹어보면 왜 카페에 와서 돈가스를 주문해 먹는지 알 수 있을 정도다.

돈가스는 겉바속촉. 두께도 식감도 좋고 고기의 잡내가 나지 않고 부드러울 뿐만 아니라 육즙이 느껴진다. 돈가스 소스는 따로 나오는데 소스에 찍어 먹는 걸 더 선호하는 찍먹파들에게는 반가운 소식이다. 돈가스 소스는 옛날 경양식집에서 먹었던 맛처럼 새콤하면서도 달콤한 맛이 조화를 이룬다. 음료의 종류도 많고 쿠키와 타르트 종류도 다양해 커피와 함께 즐기기 좋다.

돈가스를 먹고 커피를 주문해 야외로 나가면 공원 잔디밭을 보는 듯 규모가 어마어마한 뒤뜰을 만날 수 있다. 햇빛이 있는 곳은 타프와 파라솔을 설치해 두었고 큰나무들도 많아 그늘이 되어주니 여름에도 시원함을 느낄 수 있다.

주변 볼거리·먹거리

경상북도독립운동기념관 경상북도 출신 독립운동가의 역사와 뜻을 이어가는 데 목적을 두고 설립되었다. 독립운동기념관은 전체 독립운동사를 담은 전시관과 교육시설인 연수원, 어린이체험교육관으로 구성되어 있으며, 야외전시장에는 추모와 참배의 공간인 추모벽이 있다.

Ⓐ 경상북도 안동시 임하면 독립기념관길 2 Ⓞ 09:00~18:00/매주 월요일 휴무, 1월 1일·설날·추석 휴무 Ⓒ 무료/체험은 별도 요금 Ⓣ 054-820-2600 Ⓗ 815gb.or.kr/ Ⓔ 주차 무료

추천 코스 전통문화와 자연이 어우러진 곳(안동)

1 COURSE

임청각

임청각에서 버스 112번 승차 → 안동시립민속박물관 하차 → 도보 이동(약 18분)

2 COURSE

낙강물길공원

자동차 또는 택시 이동(약 5분)

3 COURSE

구름에오프

주소	경상북도 안동시 임청각길 63
가는 법	안동터미널에서 버스 610, 612, 순환2번 승차 → 법흥동 하차 → 도보 이동(약 10분)
입장료	무료/고택체험 및 숙박 체험비 별도
전화번호	054-859-0025
홈페이지	imcheonggak.com
etc	054-857-9781(문화관광해설 예약)

현존하는 살림집 중 가장 오래된 집으로 500년이 넘는 역사를 지닌 안동 고성 이씨의 종택이다. 석주 이상룡 선생을 비롯하여 선생의 아들, 손자 등 3대에 걸쳐 독립운동을 했던 독립운동의 산실이다.

주소	경상북도 안동시 상아동 423
운영시간	24시간/연중무휴
전화번호	054-840-3433
홈페이지	tourandong.com/public
etc	주차 무료

8월 35주 소개(280쪽 참고)

주소	경상북도 안동시 민속촌길 190
운영시간	08:00~21:00/연중무휴
전화번호	070-4912-1767
대표메뉴	아메리카노 5,000원, 카페라테 6,200원, 레몬차 6,000원, 생강차 6,000원
etc	주차 무료

5월 19주 소개(162쪽 참고)

5월 셋째 주

숲 속에 눕다

20 week

SPOT 1

천년 세월을 이어온 가장 오래된 숲 경주계림

주소 경상북도 경주시 교동 1번지 · **가는 법** 경주시외버스터미널에서 버스 10, 11, 15, 16, 602, 604, 605번 승차 → 월성동주민센터 하차 → 도보 이동(약 11분) · **운영시간** 24시간/연중무휴 · **전화번호** 054-779-8585 · **etc** 주차장 없음/인근 공용주차장에 주차

천년의 세월을 지켜온 계림은 첨성대와 반월성 사이에 위치해 있고 왕버들과 느티나무, 팽나무, 그리고 회화나무가 숲을 이룬다. 신라 건국 초기부터 있었던 나무들이 숲을 이뤘으니 천 년은 족히 살았고 나무와 땅을 뚫고 나온 뿌리와 지나온 세월이 무색할 정도로 짙푸른 초록 잎은 울창하기까지 하다. 계림 입구에 있는 1300년 역사를 지닌 회화나무는 신라의 역사를 지키는 수호신처럼 느껴지는데, 지금은 10%만 남아 있지만 그 위용만큼은 변함이 없다. 계림은 산책로가 잘 조성되어 있기로 유명하다. 양탄자가 깔린 듯 매트 위를 걸으면 계림의 숲길이 펼쳐지고

주변 볼거리·먹거리

경주역사유적지구월성지구(반월성) 지금도 신라시대의 유물이 발굴되고 있는 월성은 반달처럼 생겼다고 해서 반월성이라 불렀다. 산으로 둘러싸여 요새와 같은 입지조건을 가지고 있으며 신라 파사왕 때는 왕궁을 짓고 월성이라 이름 지었다.

Ⓐ 경상북도 경주시 교동 38-13 Ⓞ 24시간/연중무휴 Ⓔ 주차 무료

월정교 통일신라시대에 지어진 교량으로 조선시대에 유실된 걸 2018년 4월 국내 최대 규모의 목조교량으로 복원하였다. 경주 월성과 남산을 연결해 주며 월정교 앞으로는 남천이 흐르고 징검다리도 있어 운치를 더한다. 통일신라의 문화적 품격을 직접 느낄 수 있으며 조명으로 수놓은 야경이 아름답다.

Ⓐ 경상북도 경주시 교동 274 Ⓞ 09:00~22:00/연중무휴 Ⓔ 공용주차장 무료

그 길을 따라 숲으로 들어가면 누가 설명해 주지 않아도 신라에 대해 배우는 듯하다. 계림은 경주 김씨의 시조인 알지가 발견된 전설이 내려오는 유서 깊은 곳이다.

신라 탈해왕 때 호공이 숲에서 닭이 우는 소리가 들려 가까이 가보니 금으로 만든 상자가 나뭇가지에 걸려 있는 걸 보고는 상자를 내려 열어보니 남자아이가 있었다. 왕은 이름을 알지라 짓고 시림이나 구림이라 불렀던 이 숲을 계림이라 부르게 하여 지금에 이르고 있다.

SPOT 2

숲에서 힐링하다

벌영리 메타세쿼이아숲

주소 경상북도 영덕군 영해면 벌영지 산54-1 · **가는 법** 영덕시외버스터미널에서 농어촌버스 143번 승차 → 영해터미널 하차 → 농어촌버스 220, 222, 224번 환승 → 벌영2리 하차 → 도보 이동(약 18분) · **운영시간** 24시간/연중무휴 · **etc** 주차 무료

답답하고 숨통이 막힐 때는 숲속 한가운데 돗자리 펴고 숲바람이라도 맞고 싶다. 인적도 드물고 조용한 곳으로 바람 소리만 들려오는 곳. 벌영리 메타세쿼이아숲은 그런 곳으로 최적의 장소다. 이곳은 개인이 정성스럽게 가꾼 사유지로 메타세쿼이아가 숲을 이룬다. 빽빽하게 들어선 나무들이 길을 만들어주고 나무들 사이로 부는 바람은 시원하다 못해 몸을 움츠리게 할 정도로 상쾌하다.

숲이 주는 고마움 그리고 즐거움. 이곳의 메타세쿼이아는 수령이 15년 정도 되었다는데 이렇게 울창한 숲을 이루는 걸 보니 그간의 노고가 숲길과 숲속에서 느껴진다. 쉬어갈 수 있는 의자가 있으니 그곳에 앉아 바람을 느끼며 숲멍도 해본다. 봄에는 초록초록한 잎들이 눈을 시원하게 한다. 숲속 한 켠에는 측백나무가 나란히 서 있고 산책로를 따라가면 편백나무가 자라고 있으니 은은하게 퍼지는 편백향은 기분까지 좋게 한다. 숲을 이루고 있는 나무들이 내뿜는 피톤치드보다 편백나무는 10배 이상의 피톤치드를 뿜어낸다 하니 편백향에 취하고 피톤치드에 마음이 편안해짐을 느낄 수 있다.

하늘이 보이지 않을 정도로 정성스럽게 가꿔놓은 메타세쿼이아숲은 무료로 개방하고 있으니 숲을 감상하고 돌아갈 때는 함께 즐길 수 있도록 주변 정리가 필요하겠다.

주변 볼거리·먹거리

삼사해상산책로 7번 국도를 따라 영덕 대게마을 안쪽 해안도로로 진입하면 바닷가 산책로를 만나게 된다. 총 길이 233m로 동그란 원을 그리며 바다 위를 걷도록 조성되어 있다. 투명 유리로 된 길을 걸으면 마치 바닷속으로 빨려 들어가는 듯하다. 발아래 바닷속이 훤히 들여다보일 정도로 맑고 깨끗하다.

Ⓐ 경상북도 영덕군 강구면 삼사리 Ⓞ 연중무휴(태풍이나 풍랑 시 출입금지) Ⓣ 054-730-6395(영덕군청 문화관광과) Ⓔ 공용주차장 이용

블루밍342 삼사해상산책로 바로 앞에 있는 카페로 오션뷰와 덤으로 삼사해상산책로를 볼 수 있다. 1층에서도 바다가 보이지만 2층으로 올라가면 삼사해상산책로와 함께 볼 수 있어 자리 잡기가 하늘에 별따기다. 쪽빛 바다와 바위로 부서지는 파도는 물멍에 빠지게 한다.

Ⓐ 경상북도 영덕군 강구면 삼사길 21-1 Ⓞ 10:00~20:00/연중무휴 Ⓣ 054-734-0342 Ⓜ 아메리카노 4,000원 Ⓔ 공용주차장 이용

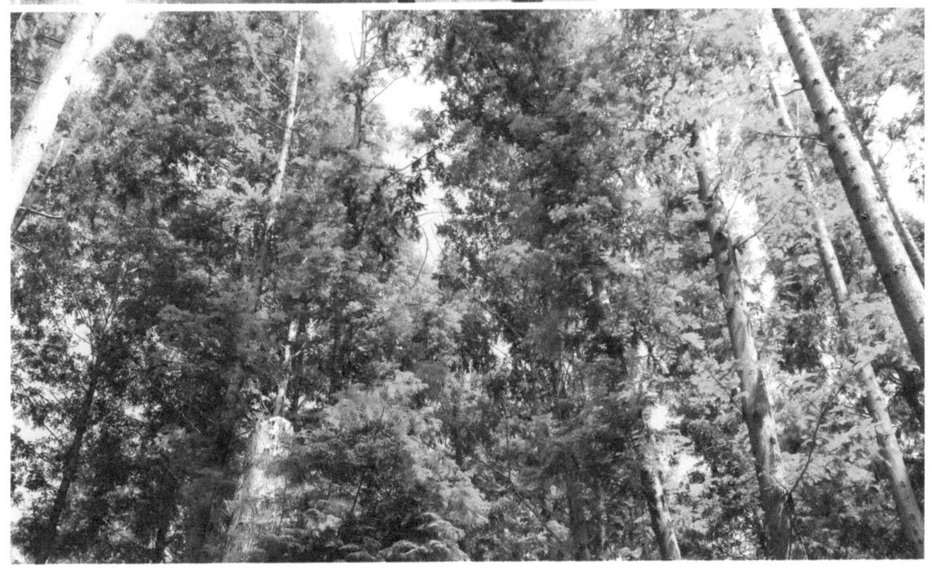

SPOT 3

분위기 좋은 쌈밥 맛집

유수정 불고기쌈밥

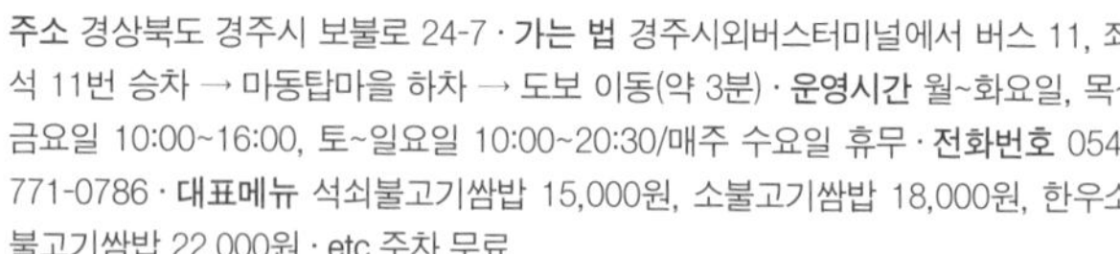
주소 경상북도 경주시 보불로 24-7 · **가는 법** 경주시외버스터미널에서 버스 11, 좌석 11번 승차 → 마동탑마을 하차 → 도보 이동(약 3분) · **운영시간** 월~화요일, 목~금요일 10:00~16:00, 토~일요일 10:00~20:30/매주 수요일 휴무 · **전화번호** 054-771-0786 · **대표메뉴** 석쇠불고기쌈밥 15,000원, 소불고기쌈밥 18,000원, 한우소불고기쌈밥 22,000원 · etc 주차 무료

경주 대릉원 주변으로는 유명한 쌈밥집이 많다. 그만큼 쌈밥은 경주를 대표하는 먹거리 중 하나다. 쌈밥집이 몰려있는 대릉원이 아닌 보문단지 근처에 쌈밥 맛집 유수정이 있다. 유수정, 물이 흐른다는 뜻이던가. 꿈과 낭만이 함께하는 곳이라는 현수막처럼 7080 분위기에 맞게 DJ 박스가 있고 벽면을 가득채운 LP판도 오랜만이다. 클래식이 나올 것 같은 분위기지만 실내 음악은 통기타 음악으로 가득하니 흥얼거리며 발로 박자를 맞추게 된다.

아마 요즘 세대들은 이해 못 하는 그때 그 시절만의 낭만이 있듯 밥 먹으러 왔다가 과거 그 시절로 돌아간 기분이다. 젊은 시절의 분위기를 느끼고 싶다면 환영이다. 적당한 양의 밑반찬은 리필이 가능하고 칼칼하고 매콤한 불고기는 고기 특유의 냄새 없이 불맛이 느껴진다. 집에서 직접 담근 된장은 정겨운 시골 맛인 데다 야채도 신선하다. 찹쌀로 지은 잡곡밥에 밤, 대추, 검은콩, 은행, 호두 등 몸에 좋다는 건 다 들어간 돌솥영양밥을 선택한 것도 신의 한 수였다.

주변 볼거리·먹거리

바실라 신라의 1500년 전 이름으로 '더 좋은 신라'라는 뜻을 가지고 있는 카페 바실라는 하동 저수지가 보이는 탁 트인 호수전망과 공간이 결코 평범하지 않다. 카페 바실라는 제7회 경주시 건축상에서 동상을 받은 건축물로 밖에서 보면 카페가 아닌 한옥으로 생각할 정도로 화려하면서 단아하다. 하동 저수지가 보이는 야외공간은 시원스럽다.

Ⓐ 경상북도 경주시 하동못안길 88 Ⓞ 월~금요일 10:00~21:00, 토~일요일 09:00~21:30/연중무휴 Ⓣ 010-5703-0000 Ⓜ 바실랑테 8,000원, 아메리카노 6,000원, 바실라팥빙수 18,000원 Ⓔ 주차 무료

추천 코스 천년의 역사를 찾아서(경주)

1 COURSE
▶ **석굴암**

석굴암주차장에서 버스 12번 승차 → 불국사매표소 하차 → 도보 이동(약 7분)

2 COURSE
▶ **불국사**

불국사주차장에서 버스 700번 승차 → 월성동주민센터 하차 → 버스 60, 61번 환승 → 황남사거리 하차 → 도보 이동(약 6분)

3 COURSE
▶ **황남금고**

주소 경상북도 경주시 석굴로 238
가는 법 경주시외버스터미널에서 버스 11, 좌석 11번 승차 → 불국사 하차 → 좌석 12번 환승 → 석굴암주차장 하차 → 도보 이동(약 12분)
운영시간 09:00~17:30/연중무휴
입장료 무료
전화번호 054-746-9933
홈페이지 seokguram.org
etc 승용차 1,000원, 중형차 2,000원, 대형차 4,000원/반려동물입장 불가

신라 경덕왕 때 김대성이 불국사를 중창하면서 지은 석불사(석굴암)는 국보 제24호이자 유네스코 지정 세계문화유산이다. 토함산은 동해의 바닷물을 들이마시고 구름과 안개를 토해냈다고 해서 붙여진 이름이다. 이처럼 습기와 물기가 많은 지역에서도 천년 동안 원래의 모습을 간직하고 있는 석굴암은 그야말로 신라시대 과학과 불교 문화 그리고 예술 정신이 빚어낸 걸작이다.

주소 경상북도 경주시 불국로 385
운영시간 09:00~17:30
입장료 무료
전화번호 054-746-9913
홈페이지 bulguksa.or.kr
etc 승용차 1,000원, 중형차 1,000원, 대형차 2,000원/반려동물입장 불가

경주하면 가장 먼저 떠오르는 불국사는 과거 수학여행 때 반드시 들르는 곳 중 하나로 유명한 사찰이자 관광지다. 토함산 서쪽에 위치한 불국사는 1995년 유네스코 지정 세계문화유산으로 등재된 신라시대 예술의 걸작품으로 신랑 경덕왕 10년 김대성이 부모님을 위해 창건했다. 정과 망치만으로 돌을 다듬었는데도 어느 하나 어긋남이 없고 천년이라는 시간을 넘은 견고함이 놀라울 따름이다.

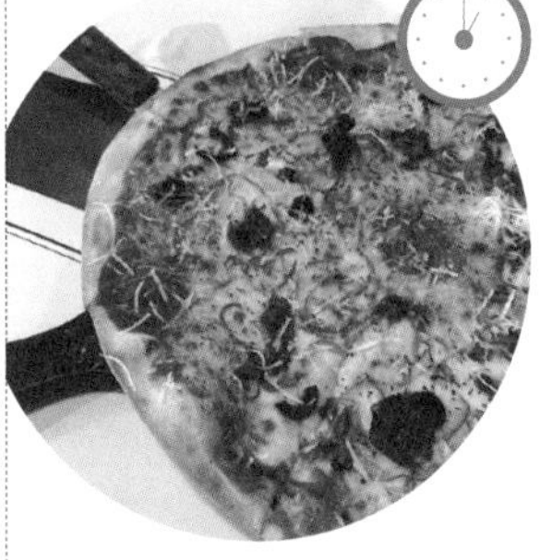

주소 경상북도 경주시 첨성로 81번길 31 1층
운영시간 11:30~20:30(14:30~17:00 브레이크타임)/매주 수요일 휴무
전화번호 0507-1372-6573
대표메뉴 황남금고 칼조네 18,200원, 황남금고 피자 17,900원, 매콤차돌 크림파스타 15,300원
etc 노키즈존, 주차 불가

1977년부터 새마을금고가 있던 자리를 식당으로 리모델링한 곳으로 실제 사용했던 금고가 있다. 테이블과 의자 등 전체적인 분위기는 레트로풍으로 고전미가 있다. 꾸덕하면서 감칠맛이 가득한 크림파스타와 시그니처 메뉴인 칼조네는 다른 곳에서는 맛볼 수 없는 특별한 메뉴로 불고기 토핑이 가득하고 겉은 바삭하고 속은 촉촉하다. 얇은데 토핑이 알차게 올라간 황남금고 피자도 먹어보자.

5월 넷째 주

외로운 섬 하나 새들의 고향 울 릉 도 & 독 도

21 week

SPOT 1

수려한 경관에 반하다

관음도

주소 경상북도 울릉군 북면 천부리 산1 · **가는 법** 저동항여객선터미널에서 농어촌버스 2, 22번 승차 → 관음도 하차 → 도보 이동(약 10분)/울릉여객선터미널 울릉군 도동정류장에서 농어촌버스 2, 22번 승차 → 관음도 하차 → 도보 이동(약 9분) · **운영시간** 09:00~18:00(매표 마감시간 16:30)/연중무휴 · **입장료** 어른 4,000원, 청소년 · 군인 3,000원, 어린이 · 경로 2,000원 · **전화번호** 054-791-6022 · etc 주차 무료

마치 제주도에 있는 우도를 닮았다고 해야 하나. 바다를 끼고 걷는 길은 환상적이고 맑은 공기와 더불어 풍광을 맘껏 느낄 수 있는 곳이다. 관음도는 원래 섬이었으나 2013년 울릉도와 관음도를 잇는 보행연도교가 생기면서 좀 더 편하게 다닐 수 있게 되었다. 관음도는 무인도로 울릉도 주민들은 관음도를 깍개섬 또는 깍새섬이라 부르는데 이는 깍새가 많아 그렇게 부른 것이라고 한다. 울릉도나 죽도 그리고 독도와 달리 사람이 살지 않지만 예전에는 주민 3명이 거주했고 토끼와 염소를 방목했다고 한다. 연도교를 건너 계단을 오르니 평평한 섬 능선은 우도를 닮았다

는 생각을 하게 한다. 관음도는 계절별로 다양한 꽃이 피는 야생화의 천국이다. 가을에는 억새와 갈대, 보리밥나무꽃과 자주색의 왕해국, 그리고 동백나무꽃과 후박나무도 볼 수 있다.

끝을 알 수 없는 수평선과 푸른 바다에 우뚝 솟아있는 삼선암과 산책로, 죽도의 절경은 다른 세상에 와 있는 듯 자연이 빚어낸 천혜의 환경이 환상적이다. 울릉도 해상보호구역으로 지정 보호를 받고 있으며 해상생물과 어우러진 수중경관도 일품이다. 제주도를 닮았지만 제주도의 바다와는 비교가 되지 않을 정도로 맑고 깨끗하다.

주변 볼거리·먹거리

삼선암 울릉도 3대 해안절경 중 하나로 손꼽는 삼선암은 3개의 암석이 울릉도 바다에 솟아있다. 울릉도의 일부였던 삼선암은 수직절리를 따라 약한 부위가 파도에 의해 차별침식을 받으면서 떨어졌다고 한다. 또한 울릉도의 절경에 반해 하늘로 올라갈 시간을 놓친 3명의 선녀가 옥황상제의 노여움으로 바위가 되었다는데 늦장을 부린 막내 바위는 풀조차 자라지 않게 만들었다는 전설이 있다.

Ⓐ 경상북도 울릉군 북면 천부리 산4-1 Ⓞ 24시간/연중무휴 Ⓔ 길 옆에 주차 가능

카페더함 울릉군 죽암마을 딴바위를 배경으로 카페가 있고 바다를 볼 수 있도록 놓여진 파란색 소파는 바다를 담았다. 커피 맛보다는 오션뷰에 취하게 하고 액자 속에 바다를 담아 사진도 찍어본다. 음료뿐만 아니라 울릉도를 담은 디퓨저와 각종 소품도 판매하고 있다.

Ⓐ 경상북도 울릉군 북면 죽암1길 4 Ⓞ 10:00~22:00/매주 월요일 휴무 Ⓣ 0507-1470-1342 Ⓗ instagram.com/thehamm734 Ⓜ 아메리카노 5,000원 Ⓔ 주차 무료

SPOT 2

환상적인 해넘이 비경

태하향목 관광모노레일 (향목전망대)

주소 경상북도 울릉군 서면 태하길 236 · **가는 법** 저동항여객터미널에서 농어촌버스 2번 승차 → 황토구미정류장 하차 → 모노레일 탑승(도보 이동 시 약 21분) · **운영시간** 늦은 시간 방문 금지/연중무휴 · **전화번호** 054-791-6638 · **etc** 주차 무료

울릉도의 비경 중 한 곳인 향목전망대는 해 질 녘 노을이 아름다운 곳이다. 정상까지 운영하는 관광모노레일이 있으나 거리상으로는 멀지 않아 보여 올라가기로 했지만 초입의 고갯길은 험난하다.

가파른 언덕을 몇 개나 올라왔는지 숲이 우거지고 평지가 나오니 이제야 주변 경치가 눈에 들어온다. 소나무, 대나무 그리고 동백나무가 빼곡하게 자리 잡고 있으며 예전에는 향나무도 많았지만 산불로 인해 이제 향나무는 볼 수 없다고 한다. 그때 향나무 타는 냄새가 강원도까지 퍼질 정도였다고 하니 피해가 얼마나 심각했는지 짐작할 수 있겠다.

완만한 경사길을 10분 정도 올라가면 태하등대를 지나 대한

민국 10대 비경 향목전망대에 도착하니 해가 하늘을 붉게 물들이고 있었다. 향목전망대는 현포해안의 절경과 대풍감의 해안 절경이 가장 잘 보이는 곳으로 울릉도에서 해안경관이 가장 아름다운 곳이다. 바람을 기다리는 대풍감과 수직에 가까운 해안 절경 등 때 묻지 않은 천혜의 자연경관은 어느 것과도 비교가 되지 않는다.

TIP

- 태하향목 정상까지는 관광모노레일을 운영(문의 054-791-6638)하니 힘들지 않게 갈 수 있으며 하차 후 도보로 10여 분 정도 완만한 경사면을 걸으면 전망대에 도착한다.
- 운행시간 : 09:00~18:00(매표마감 17:00)
- 이용요금 : 어른(왕복) 4,000원, 청소년·군인(왕복) 3,000원, 어린이·경로(왕복) 2,000원

주변 볼거리·먹거리

카페울라 뒤편으로는 송곳산이 있고 송곳산에는 고릴라 모양의 바위가 있다고 한다. 고릴라 바위에 영감을 얻어 송곳산 아래 카페를 오픈했다. 카페 울라에서는 굳이 음료를 주문하지 않아도 코스모스정원에서 산책이 가능하며 카페의 상징인 7m 높이의 울라 앞에서 사진도 찍을 수 있다. 카페 내부는 아담하며 야외의 오션뷰가 환상적이다. 카페와 리조트 울아식당이 한 곳에 모여있다.

Ⓐ 경상북도 울릉군 북면 추산길 88-13 Ⓞ 10:00~18:00/1~2월 휴장 Ⓣ 054-791-7790 Ⓗ instagram.com/official.ulla Ⓜ 울라치노 8,000원, 아메리카노 5,500원, 울라큐브라테 7,500원 Ⓔ 주차 무료

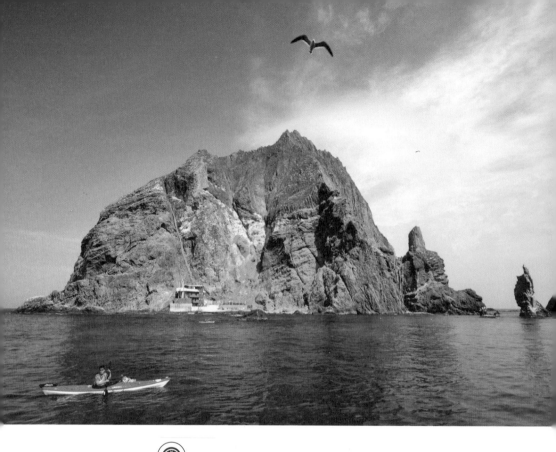

SPOT 3

누가 뭐래도 우리 땅

독도

주소 경상북도 울릉군 울릉읍 독도안용복길 3 · **가는 법** 울릉도 사동, 저동, 저동항에서 독도까지 편도 1시간 30분 소요(사동항 09:10, 저동항 07:20, 저동항 08:20 출발) · **운영시간** 독도 접안 후 30분 · **전화번호** 054-790-6642(독도관리사무소) · etc 대아고속해운 1544-5117, 씨스포빌 1577-8665, 돌핀해운 054-791-8111/사동항 출발 일반석 63.500원, 우등석 69,700원, 저동항 출발 일반석 60,000원, 우등석 66,000원

천연자원과 천혜의 비경을 간직한 독도(천연기념물 제336)는 울릉도에서 배로 2시간 남짓 떨어진 거리에 있다. 그야말로 망망대해에 솟은 외로운 섬이다. 바람이 불거나 파도가 높은 날은 입도조차 할 수 없다. 그러나 독도는 살아생전 꼭 한 번 가봐야 하는 섬이다. 파도가 잔잔한 날에는 입도할 수 있지만 오래 머물지는 못한다. 60도의 깎아지른 듯한 비탈길은 아찔하지만 세상 어디에서도 볼 수 없는 아름다운 모습을 선사한다. 460만 년 전 해저 용암 분출로 인해 생성된 독도는 울릉도나 제주도보다 먼

저 생긴 섬이다.

독도는 군사 및 전략적 가치는 물론 지질과 생태학적으로도 특별한 곳이다. 파도와 바람이 심해 숲은 없지만 자생하는 식물만 해도 60여 종이 넘는다. 독립문 바위를 시작으로 사람 얼굴을 닮은 바위 등 크고 작은 바위들이 자꾸만 발길을 붙든다. 그래서 독도에 허락된 시간 30분은 너무나도 짧다.

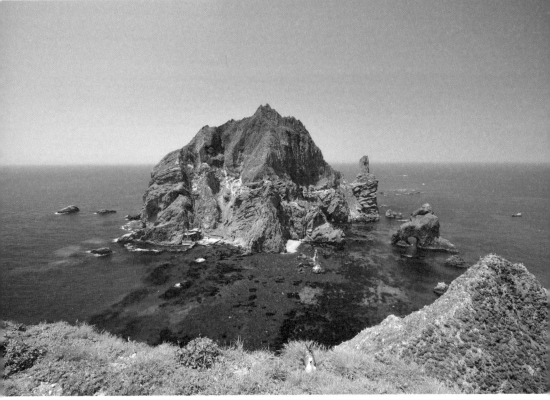

SPOT 4

나물을 듬뿍 넣어 맛있는

나리촌식당

주소 경상북도 울릉군 북면 나리1길 31-115 · **가는 법** 저동여객터미널에서 농어촌버스 2, 22번 승차 → 천부 하차 → 농어촌버스 4번 환승 → 나리 하차 → 도보 이동(약 4분) · **운영시간** 07:00~19:00/매주 수요일 휴무 · **전화번호** 054-791-6082 · **대표메뉴** 산채정식 25,000원, 산채비빔밥 15,000원, 감자전 15,000원 · etc 주차 무료

우산국 때부터 사람이 살았다는 나리분지는 울릉도 화산분화구에 화산재가 쌓여 생긴 화구원으로 울릉도 유일의 평야지대다. 비단처럼 아름다운 마을이라는 나리골 나리분지를 찾아 신령수 생태길을 걷다가 비빔밥을 먹기 위해 들른 곳이 산채비빔밥 맛집 나리촌식당이다.

울릉도가 고향인 친구가 자신의 오빠를 소개해 지금까지 같이 살고 있다는 부부가 운영하는 나리촌식당은 규모가 크지만 자리가 없을 정도로 문전성시를 이룬다. 나물이 종류별로 다양하고 정갈해서 보는 것만으로도 건강해진다. 비빔밥이라 기본 나물 외에도 밑반찬이 푸짐했고 명이가 유명한 울릉도라 그런지 명이나물이 밑반찬으로도 나온다. 생소한 나물은 사장님에게 물어보기도 하는데 이곳의 시래기 된장국은 세 번이나 리필해 먹을 정도로 맛있다. 반반씩 나온 감자전과 더덕파전은 겉은 바삭하고 은은한 더덕향이 입안에 가득 퍼진다. 고소한 참기름 향이 코끝을 자극하는 오랜만에 제대로 된 산채비빔밥을 먹은 듯하다.

주변 볼거리·먹거리

나리분지숲길 제13회 아름다운 숲 전국대회 공존상을 수상한 나리분지숲길은 걸으며 울릉도의 속살을 만날 수 있는 곳이다. 성인봉 기슭까지 이르는 숲길로 너도밤나무, 섬피나무, 섬단풍나무 등으로 이루어진 원시림과 섬백리향군락지, 섬말나리 등 희귀 멸종 위기 식물이 자생하고 있다. 신령수약수터는 약수물로 족욕을 할 수 있는 시설이 마련되어 있다.

Ⓐ 경상북도 울릉군 북면 나리 201 Ⓞ 24시간/연중무휴 Ⓣ 054-790-6423 Ⓔ 주차 무료

추천 코스 울릉도&독도는 우리 땅(울릉도)

1 COURSE

봉래폭포

봉래폭포에서 농어촌버스 3번 승차 → 저동 하차 → 농어촌버스 2, 22번 환승 → 관음도 하차 → 도보 이동(약 2분)

2 COURSE

관음도

관음도에서 농어촌버스 1, 11번 승차 → 저동 하차 → 도보 이동(약 1분)

3 COURSE

정애분식

주소 경상북도 울릉군 울릉읍 봉래길 345-4
가는 법 울릉여객터미널 울릉군도동에서 농어촌버스 3번 승차 → 봉래폭포 하차 → 도보 이동(약 14분)
운영시간 08:00~17:00
입장료 성인 2,000원, 청소년 1,500원, 어린이 1,000원
전화번호 054-790-6422
etc 주차 무료

성인봉 깊은 골짜기에서 3단으로 떨어지는 폭포는 속이 뻥 뚫릴 정도로 시원하고 경이롭다. 봉래폭포는 낙차가 30m에 이르는 3단 폭포로 하루 유량 3천 톤이 넘어 물이 부족한 울릉도의 상수원이다. 삼나무로 우거진 삼림욕장이 있고 수려한 산새와 맑은 공기를 맘껏 누릴 수 있다.

주소 경상북도 울릉군 북면 천부리 산1
운영시간 09:00~18:00(매표 마감시간 16:30)/연중무휴
입장료 어른 4,000원, 청소년·군인 3,000원, 어린이·경로 2,000원
전화번호 054-791-6022
etc 주차 무료

5월 21주 소개(174쪽 참고)

주소 경상북도 울릉군 울릉읍 울릉순환로 212-10
운영시간 07:00~20:00/연중무휴
전화번호 054-791-7488
대표메뉴 홍합밥 20,000원, 홍합죽 20,000원, 따개비밥 20,000원, 오징어내장탕 13,000원
etc 별도의 주차장 없음

울릉도는 홍합밥과 따개비밥이 유명해 꼭 먹고 가야 한다고 하지만 잘못 먹게 되면 비릿한 냄새 때문에 맛을 알 수 없는 음식이다. 식당마다 맛이 달라 가끔은 실패하곤 하는데 이곳은 짜지 않아 담백하고 깔끔한 맛이 오래도록 남는다.

5월 다섯째 주

맛있는 빵집에서 행복 찾기

22 week

SPOT 1

정원이 아름다운 카페

우즈베이커리

주소 경상북도 경산시 삼성현로 548 · **가는 법** 경산시외버스터미널에서 버스 509번 승차 → 소라아파트건너 하차 → 버스 939번 환승 → 사동2(백자로) 하차 → 도보 이동(약 9분) · **운영시간** 09:00~22:00/연중무휴 · **전화번호** 053-813-8835 · **홈페이지** wooz.kr · **대표메뉴** 아메리카노 4,800원, 카페라테 5,300원, 카페모카 5,800원 · etc 주차 무료

갓 구운 빵과 부드러운 커피, 그리고 가볍게 먹을 수 있는 브런치까지 한 자리에서 모든 걸 해결할 수 있는 대형카페가 경산에 위치한 우즈베이커리다. 넓은 정원과 잔디밭은 여행지만 고집했던 여행 패턴에 조금씩 변화를 준 계기가 되기도 했다. 대구와 가깝다 보니 대구에서 흔히들 바람 쐬러 들르는 곳이 경산이라고 한다. 인천에 살면서 강화도나 영종도에 드라이브 가듯 대구 사람들도 경산은 힐링의 도시인 셈이다.

우즈베이커리는 은은한 조명 탓인지 전체적으로 따뜻한 느낌을 준다. 내부도 넓어서 답답하지 않고 테이블도 떨어져 있어 대화하는데 시끄럽지 않을 정도로 넓다. 우즈베이커리는 정원에 핀 예쁜 수국으로도 유명한데 8월이면 정원에 수국이 가득한 모습을 볼 수 있다. 야산을 다듬어 카페를 만들었지만 숲과 나무 등 주변 환경은 그대로 두어 숲속에 들어와 있는 것처럼 조용하고 한적하니 힐링이 따로 없다.

주변 볼거리·먹거리

자인의계정숲 경상도는 물론 우리나라에서도 보기 드문 천년숲으로 경산 시민의 휴식공간이다. 이팝나무가 주종을 이루고 있지만 느티나무도 많다. 숲이 가까이 있다는 것을 코끝에 스치는 바람으로 느낄 수 있을 정도다. 이른 시간이지만 나무 그늘 밑에 돗자리를 깔고 앉아 쉬거나 간간이 운동하는 사람들의 발소리가 들린다. 매년 단오(음력 5월 5일)에는 경산 자인단오제를 개최한다.

Ⓐ 경상북도 경산시 자인면 계정길 80 Ⓣ 053-810-5363 Ⓔ 주차 무료

SPOT 2

핸드드립 전문 카페

카페이랑

주소 대구광역시 중구 달구벌대로 2000-3 1층 · **가는 법** 동대구역(1호선 설화명곡 방면) 승차 → 반월당역 하차 → 2호선 문양 방면 환승 → 청라언덕역 하차 → 8번 출구 도보 이동(약 3분) · **운영시간** 월~토요일 12:00~22:00, 일요일 12:00~18:00 · **전화번호** 053-256-5019 · **대표메뉴** 스페셜티핸드드립 7,000원, 에스프레소 4,000원, 아메리카노 4,500원, 카페라테 5,000원 · **홈페이지** instagram.com/baehobong · **etc** 주차 가능

카페 이랑은 직접 로스팅한 커피와 수제 초콜릿이 맛있기로 유명한 집이다. '당신이랑 내가'라는 의미로 함께하는 대상을 나타내는 조사를 붙여 이름을 지었다고 한다. 서구 쪽에 본점을 두고 청라언덕역 바로 옆에 남산점을 오픈했다. 전철이 다니는 기찻길 옆 일반주택을 카페로 개조했고 입구는 디딤돌과 흰색 자갈을 깔아 감성이 돋는다. 주인장이 직접 카페 인테리어를 하고 소품을 진열했으며 직접 쓴 캘리그라피 작품이 카페 곳곳에 걸려 있다. 커피 교육과 캘리그라피 교육까지 겸하고 있다 하니 주

인장 재주가 참 많은 모양이다.

어머니가 영천시 자양에서 1년 정도 호심다방을 운영한 것을 계기로 커피에 관심을 가졌고 커피에 대해선 모르는게 없을 정도로 커피사랑이 대단하다. 커피 종류도 많고 마시는 커피가 어떤 종류인지 자세히 설명해 주니 알고 마시는 커피는 깊은 향이 느껴진다. 도심 속에서 편안한 안식처가 되고 사람들이 서로 어울릴 수 있는 공간이었으면 좋겠다는 바람처럼 코로나19로 온 나라가 상심에 빠져있을 때 고생하는 의료진들에게 하루에 한 번씩 커피를 제공하는 일도 서슴치 않았다고 한다.

주변 볼거리·먹거리

청라언덕 언덕 위 선교사들 주택 벽면이 초록 담쟁이덩굴로 뒤덮여 있어 청라언덕이라고 부르게 된 곳으로 우리 가곡 〈동무생각〉에 나왔던 청라언덕이 바로 이곳이다. 대구광역시의 주요 관광지이자 대한민국 구석구석 100경 중 한 곳으로 선정되었으며, 근대 건축물 밀집지역으로 대구골목투어 제2코스인 근대문화골목 첫 번째 구간이기도 하다.

Ⓐ 대구광역시 중구 달구벌대로 2029 Ⓞ 연중무휴 Ⓣ 053-803-6513

S P O T 3

진한 국물이 일품인 가마솥국밥

온천골

주소 경상북도 경산시 계양로 175 · **가는 법** 경산시외버스터미널에서 버스 840, 309, 980, 609, 909, 509번 승차 → 북부동행정복지센터 하차 → 도보 이동(약 7분) · **운영시간** 07:30~20:00/매주 월요일 휴무 · **전화번호** 053-814-0010 · **대표메뉴** 한우국밥 11,000원, 한우육국수 11,000원, 석쇠불고기 18,000원 · etc 주차 무료

20년 전통 온천골은 가마솥에 끓여 시골 장터 맛을 재현해 옛날 5일 장이나 운동회 때 먹었던 국밥 맛을 느끼게 해 준다. 국밥은 지역마다 조금씩 맛이 다른데 우거지를 넣는 곳도 있고 콩나물로 시원한 맛을 내는 지역도 있어 그 지역 특유의 국밥을 먹어보는 재미도 있다.

경산의 온천골은 무와 크게 자른 대파, 한우 양지머리와 사태살을 넣고 푹 끓여 국물맛이 일품이다. 온천골에서 국물맛을 낼 때는 청도 가지산의 천연수를 사용하고 고기는 한우를 두툼하고 큼직하게 썰어 넣으니 고기 씹는 식감부터가 다르다. 이곳 국밥은 특히 텁텁한 고춧가루 대신 고추기름을 사용한다. 반찬이라고 해봤자 깍두기와 국물 위에 얹어 먹는 김가루가 전부지만 국밥이 맛있으면 다른 반찬은 필요 없다.

온천골의 국밥은 뚝배기가 아니라 놋그릇에 나오는데 이 또한 경상도식이라고 한다. 아프고 나서 건강 회복 혹은 찬바람 불 때 좋다는 한우국밥은 더워지기 전에 먹어두면 좋을 것 같다.

주변 볼거리·먹거리

호미호시 들어가는 입구와 건물이 이색적으로 조용하고 운치 있는 카페다. 커피와 디저트 맛집으로 작은 분수가 있는 야외공간과 계단 밑 테이블의 구성이 특이하다. 카페 이름인 호미호시는 '좋은 맛 좋은 시간'이라는 뜻을 가지고 있다.

Ⓐ 경상북도 경산시 원효로 275 Ⓓ 11:00~22:00/연중무휴 Ⓣ 053-816-6777 Ⓜ 아메리카노 5,500원, 카페라테 6,000원, 바닐라라테 6,500원 Ⓔ 주차 무료

추천 코스 사진 찍기 좋은 녹색 명소(경산)

1 COURSE

갓바위종점에서 803번 승차 → 경산시장건너편 하차 → 남선 1번 환승 → 삼성현역사문화공원 하차 → 도보 이동(약 6분)

팔공산갓바위

2 COURSE

삼성현역사문화공원에서 경산 3번 승차 → 더사랑교회 하차 → 도보 이동(약 6분)

삼성현역사문화공원

3 COURSE

우즈베이커리

주소	경상북도 경산시 와촌면 갓바위로 681-55
가는 법	경산시외버스정류장(세명병원)에서 버스 803번 승차 → 갓바위주차장 하차 → 도보 이동(약 3분 190m)
운영시간	08:00~일몰까지
입장료	무료
etc	주차 무료

팔공산도립공원 안에 있는 관봉석조약사여래좌상을 갓바위라고 부른다. 한 가지 소원을 빌면 그 소원은 꼭 이룰 수 있다고 하여 수험생이나 사업을 하는 사람들이 많이 찾는 곳이기도 하다. 보물 제431호 갓바위 부처는 신라시대 때 만들어진 석불좌상으로 4m 높이에 머리에 갓을 쓴 것처럼 판석이 올려져 있는 것이 특징이다. 매년 9월 소원기도처로 알려진 갓바위 부처를 찾는 관광객에게 다양한 볼거리와 먹거리를 제공하는 소원성취축제가 열리고 있다.

주소	경상북도 경산시 남산면 삼성현공원로 59
운영시간	09:00~18:00/매주 월요일, 1월 1일, 설·추석 당일 휴무
입장료	무료
전화번호	053-804-7320
홈페이지	samseonghyeon.gbgs.go.kr
etc	주차 무료

불교발전에 기여했던 원효, 유교사상 설총 그리고 삼국유사를 기록한 일연스님 등 세 분을 일컬어 삼성현이라 부르며, 이 삼성현의 업적과 정신적 가치를 널리 알려 현대인들이 문화적으로 소통하고 체험할 수 있도록 전시실을 비롯해 수장고, 국궁장 등 다양한 시설을 갖춘 복합문화공간이다.

주소	경상북도 경산시 삼성현로 548
운영시간	09:00~22:00/연중무휴
전화번호	053-813-8835
홈페이지	wooz.kr
대표메뉴	아메리카노 4,800원, 카페라테 5,300원, 카페모카 5,800원
etc	주차 무료

5월 22주 소개(182쪽 참고)

5월의 울릉도&독도
우리나라 최남단 섬으로 떠나는 여행

3면이 바다로 둘러싸인 우리나라에는 무수히 많은 섬이 푸른 바다와 어우러져 천혜의 절경을 이룬다. 따뜻한 봄날 파도가 높지 않을 때는 배를 타고 섬으로 떠나보자. 홀로 외로웠던 섬은 손님을 맞을 준비에 분주해진다.

2박 3일 코스 한눈에 보기

행남해안산책로

독도일출전망대케이블카

비목식당

호랑약소플라자

독도

행남해안산책로 길이 좁아서 파도가 거센 날이면 덮칠 듯 바다가 가깝고 물이 깨끗해 헤엄치는 물고기가 보일 정도다. 머리가 닿을 듯 기암절벽 사이로 난 좁은 산책로는 사람 한 명만 지나갈 수 있을 정도로 좁은 길이지만 낭만이 있다.

Ⓐ 경상북도 울릉군 울릉읍 도동리 Ⓣ 054-790-6454

독도일출전망대케이블카 도동항이 보이는 독도전망대는 날이 맑은 날이면 독도까지 볼 수 있다. 울릉팔경의 하나인 오징어잡이배 어화를 감상하며 108개의 계단을 올라 전망대에 도착하면 울릉도의 정기가 서려 있는 망향봉이 있다.

Ⓐ 경상북도 울릉군 울릉읍 약수터길 93 Ⓞ 하절기(4~10월) 08:00~19:00, 동절기(11~3월) 08:00~18:00 Ⓒ 어른 7,500원, 청소년·군인 5,500원, 어린이 3,500원 Ⓣ 054-790-6427 Ⓔ 주차 무료

비목식당 현지인 추천 맛집 비목식당은 울릉도에서 먹어야 그 맛을 알 수 있다는 오징어내장탕 맛집이다. 예전에는 그냥 버려졌던 오징어내장을 모아 콩나물과 무만 넣고 국을 끓이는데 내장이 싱싱할수록 고소한 맛과 담백한 맛이 난다. 청양고추의 칼칼한 맛과 무와 콩나물의 시원한 맛의 매력 때문에 해장하기에 제격이다.

Ⓐ 경상북도 울릉군 울릉읍 도동2길 14 Ⓞ 전화로 확인 Ⓣ 054-791-2660 Ⓜ 홍합밥 15,000원, 따개비밥 15,000원, 오징어내장탕 15,000원 Ⓔ 주차장 없음

호랑약소플라자 울릉도 여행 시 꼭 먹어봐야 하는 음식 중 하나는 칡소다. 칡소는 토종 소로 얼룩소라고도 부르며 황갈색 바탕에 검은색 세로 줄무늬가 있다. 울릉 칡소는 공기 좋고 물 맑은 곳에서 자라는 산야초를 먹여 키워 기름기가 적고 부드럽고 담백하기로 유명하다. 호랑약소플라자는 울릉군이 지정한 향토음식점으로 정육식당처럼 부위별로 포장해놓은 고기를 직접 골라 식당에서 구워 먹도록 하고 있다. 울릉도 특산물인 명이나물에 싸서 먹는 고기맛이 일품이다.

Ⓐ 경상북도 울릉군 울릉읍 신리길 48 Ⓞ 10:00~21:00/연중무휴 Ⓣ 054-791-1447 Ⓜ 등심(100g) 25,000원, 차돌박이(100g) 20,000원, 갈비탕 12,000원, 상차림비 성인 5,000원 Ⓔ 부위별 판매(농장직영 시가에 따라 변동)

독도 5월 21주 소개(178쪽 참고)

Ⓐ 경상북도 울릉군 울릉읍 독도안용복길 3 Ⓞ 독도 접안 후 30분 Ⓣ 054-790-6642(독도관리사무소) Ⓔ 대아고속해운 1544-5117, 씨스포빌 1577-8665, 돌핀해운 054-791-8111

SPECIAL

바다가 보이는 카페

남해와 동해가 있는 경상도는 최근 바닷가 주변으로 크고 작은 카페가 생겨나고 있다. 몇 년 전만 해도 해당 지역을 방문할 때 관광지를 주로 찾았다면 지금은 카페를 찾아 풍경과 경치를 보며 커피를 마시는 여행으로 변할 만큼 우리나라에 카페 문화가 깊숙이 자리 잡고 있다. 각 지역마다 바다를 배경으로 생겨난 카페를 찾아 떠나보자.

온더선셋

Ⓐ 경상남도 거제시 사등면 성포로 65 Ⓞ 10:00~22:00 Ⓣ 055-634-2233 Ⓗ instagram.com/onthesunset Ⓜ 선셋커피 8,500원, 선셋주스 8,500원, 선셋에이드 8,000원, 아메리카노 6,500원 Ⓔ 주차 무료

1월 1주 소개(032쪽 참고)

마소마레

Ⓐ 경상남도 거제시 일운면 거제대로 1828-5 Ⓞ 10:00~22:00/연중무휴 Ⓣ 055-681-4300 Ⓗ massomare.modoo.at Ⓜ 더블에스프레소 5,500원, 아메리카노 5,500원, 카푸치노 6,500원 Ⓔ 주차 무료

12월 52주 소개(404쪽 참고)

카페도어스

Ⓐ 경상남도 고성군 고성읍 신월로 160 Ⓞ 11:00~22:00/연중무휴 Ⓣ 055-672-2009 Ⓗ instagram.com/cafe_doors Ⓜ 바닐라라테 6,500원, 소금라테 7,500원, 아메리카노 5,500원 Ⓔ 주차 무료

1월 3주 소개(044쪽 참고)

고옥정

Ⓐ 경상남도 고성군 거류면 당동5길 54-7 Ⓞ 11:00~22:00/매주 월요일 휴무 Ⓣ 0507-1387-8218 Ⓜ 크림커피 6,300원, 아메리카노 4,800원, 카페라테 5,800원, 오트라테 6,800원 Ⓔ 주차 가능
9월 37주 소개(301쪽 참고)

미스티크

Ⓐ 경상남도 통영시 산양읍 산양일주로 1215-52 Ⓞ 수요일 10:30~18:20, 목~금요일, 일~화요일 10:30~19:00, 토요일 10:30~19:30/연중무휴 Ⓣ 055-646-9046 Ⓗ mystique2016.co.kr Ⓜ 아메리카노 5,000원, 카페라테 6,000원, 에스프레소 4,500원 Ⓔ 주차 무료
11월 48주 소개(362쪽 참고)

헤이든

Ⓐ 부산광역시 기장군 일광읍 문오성길 22 Ⓞ 10:30~22:00 Ⓣ 051-728-4717 Ⓜ 아메리카노 5,500원, 돌체라테 6,500원, 카페라테 6,000원 Ⓔ 주차 가능
12월 52주 소개(407쪽 참고)

코랄라니

Ⓐ 부산광역시 기장군 기장읍 기장해안로 32 Ⓞ 10:00~22:00/연중무휴 Ⓣ 051-721-6789 Ⓗ instagram.com/cafecoralani Ⓜ 솔티코랄 8,000원, 아메리카노 6,000원, 카페라테 8,500원 Ⓔ 주차 무료
12월 52주 소개(402쪽 참고)

호피폴라

Ⓐ 울산광역시 울주군 서생면 나사해안길 6 Ⓞ 10:00~23:00 Ⓣ 052-238-2425 Ⓗ instagram.com/cafe_hoppipolla Ⓜ 아메리카노 5,500원, 카페라테 6,000원, 콜드브루 6,500원 Ⓔ 주차 무료
1월 2주 소개(036쪽 참고)

러블랑

Ⓐ 경상북도 포항시 북구 송라면 동해대로 3310 Ⓞ 월~목요일 08:30~21:30, 금~일요일, 공휴일 08:30~22:00/연중무휴 Ⓣ 054-261-3535 Ⓗ instagram.com/loveblanccoffee__official Ⓜ 아메리카노 6,000원, 러블랑에이드 8,000원, 선셋에이드 8,000원, 카페러블랑 8,500원 Ⓔ 주차 가능
3월 9주 소개(094쪽 참고)

르카페말리

Ⓐ 경상북도 울진군 죽변면 죽변중앙로 32 Ⓞ 월~토요일 10:00~22:00, 일요일 10:00~18:00/연중무휴 Ⓣ 054-781-5292 Ⓗ instagram.com/lecafemarli Ⓜ 아메리카노 4,500원, 카페라테 5,000원, 레인보우케이크 6,000원 Ⓔ 주차 무료
1월 4주 소개(050쪽 참고)

카페봄

Ⓐ 경상북도 영덕군 강구면 영덕대게로 192 Ⓞ 월~금요일 10:00~20:00, 토요일 09:00~21:00, 일요일 09:00~20:00/연중무휴 Ⓣ 054-734-8189 Ⓜ 아메리카노 5,000원, 바닐라라테 6,000원 Ⓔ 도로변 주차 가능

1월 4주 소개(048쪽 참고)

씨맨스카페

Ⓐ 경상남도 사천시 해안관광로 381-5 Ⓞ 월~금요일, 일요일 11:00~21:00, 토요일 11:00~22:00/태풍이나 파도가 심한 날 휴무 Ⓣ 055-832-8285 Ⓜ 에스프레소 5,500원, 아메리카노 6,000원, 카페라테 6,500원, 씨맨스커피 7,500원 Ⓔ 음료를 구입하면 주차 무료

7월 28주 소개(235쪽 참고)

송포1357

일몰이 아름답고 오션뷰라는 최적의 조건이 성립된 사천, 그중에서도 송포1357은 일몰 때 환상적인 오션뷰를 자랑한다. 건물 자체가 통유리로 되어 있어 굳이 밖으로 나가지 않아도 바다를 볼 수 있으며 야외 좌석에 놓여진 빈백은 편안해서 좋다.

Ⓐ 경상남도 사천시 해안관광로 363 Ⓞ 10:00~22:00 Ⓣ 0507-1474-9928 Ⓜ 아메리카노 5,000원, 카페라테 5,500원, 에스프레소 5,000원 Ⓔ 주차 무료

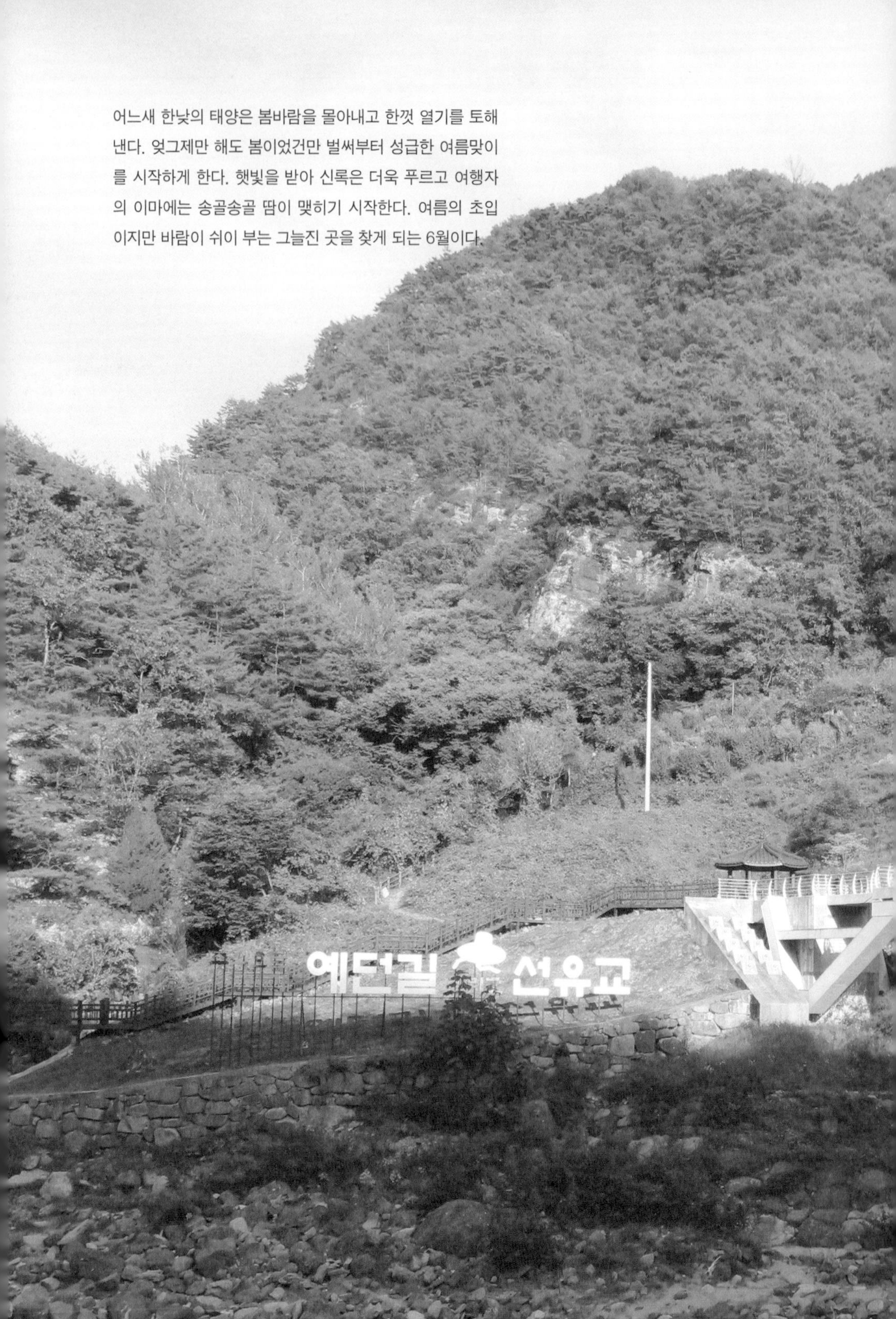

어느새 한낮의 태양은 봄바람을 몰아내고 한껏 열기를 토해낸다. 엊그제만 해도 봄이었건만 벌써부터 성급한 여름맞이를 시작하게 한다. 햇빛을 받아 신록은 더욱 푸르고 여행자의 이마에는 송골송골 땀이 맺히기 시작한다. 여름의 초입이지만 바람이 쉬이 부는 그늘진 곳을 찾게 되는 6월이다.

6월의 경상도

성급한 여름맞이

6월 첫째 주

역사의 흔적을 찾아서

23 week

SPOT 1

삼국통일 이룩한 문무왕 수중릉
문무대왕릉

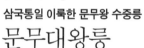

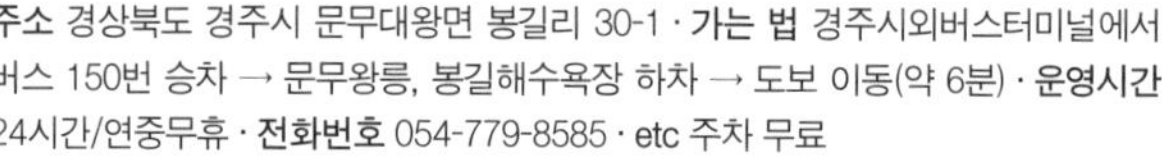
주소 경상북도 경주시 문무대왕면 봉길리 30-1 · **가는 법** 경주시외버스터미널에서 버스 150번 승차 → 문무왕릉, 봉길해수욕장 하차 → 도보 이동(약 6분) · **운영시간** 24시간/연중무휴 · **전화번호** 054-779-8585 · **etc** 주차 무료

7번 국도에 속해있는 봉길해변은 바다의 풍광을 고스란히 안고 있는 조용하고 한적한 곳이다. 이곳에 죽어서도 바다로 침입하는 적을 막고 나라를 지키고자 수중에 무덤을 만들라는 유언을 남긴 문무대왕릉이 있다. 경주에 가면 흔하게 볼 수 있는 왕릉이 아닌 동해에 섬처럼 솟아 있는 바위 밑에 화장해 묻었다고 한다. 삼국을 통일했지만 그는 죽는 날까지도 나라를 걱정해 동해의 용으로 태어날 것이라 했다.

681년 문무왕이 사망하자 그의 유언대로 화장한 유골을 수장하였으며 문무대왕릉이 있는 해변과 가까운 곳에 위치한 이견대, 감은사 터까지 호국정신을 느낄 수 있는 유적지로 유명하다.

사적 제158호로 지정된 문무대왕릉은 자연적으로 생긴 바위다. 위에서 내려다보면 대왕암은 동서남북으로 물길을 인공적으로 만들었는데 바닷물이 수시로 드나들 수 있도록 물길을 터놓아 항상 맑은 물이 흐른다고 한다. 수면 아래에는 길이 3.7m, 폭 2.06m의 남북으로 길게 놓인 넓적한 거북 모양의 돌이 덮여 있는데 그 아래에 문무왕이 잠들어 있을 것이라 추측하고 있다. 문무대왕릉을 보기 위해 그곳에 가보면 바다 위로 솟아있는 바위만 보일 뿐 능이라고 하기에는 그 크기가 초라해 보이지만 나라를 사랑하는 마음이 고스란히 담겨 그 마음을 헤아리게 된다.

주변 볼거리·먹거리

히든씨 동해 감포해변에 숨겨둔 감성 카페 히든씨는 바다와 기암절벽으로 어우러진 곳이다. 몽돌해변과 모래해변을 걸을 수 있으며 야외정원과 산책로도 이용이 가능하다. 빵은 소량으로 만들어 소진되면 다시 굽는 방식으로 신선하고 따끈한 빵을 제공하고 있다. 아름다운 오션뷰와 일출, 일몰의 명소이기도 하다.

Ⓐ 경상북도 경주시 감포읍 동해안로 2560 Ⓞ 08:30~20:30/연중무휴 Ⓣ 010-6839-7767 Ⓜ 아메리카노 5,800원, 카페라테 6,000원, 콜드브루 6,500원 Ⓔ 주차 무료

SPOT 2

소나무숲과 기암절벽이 아름다운

대왕암공원

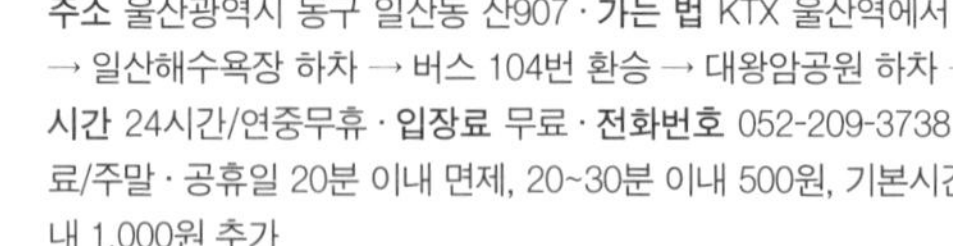

주소 울산광역시 동구 일산동 산907 · **가는 법** KTX 울산역에서 버스 5002번 승차 → 일산해수욕장 하차 → 버스 104번 환승 → 대왕암공원 하차 → 도보 이동 · **운영시간** 24시간/연중무휴 · **입장료** 무료 · **전화번호** 052-209-3738 · **etc** 주차 평일 무료/주말 · 공휴일 20분 이내 면제, 20~30분 이내 500원, 기본시간 초과 시 1시간 이내 1,000원 추가

지도상으로 보면 동해에서 가장 뾰족하게 나온 부분에 대왕암이 있다. 울주군 간절곶과 함께 우리나라에서 해가 가장 빨리 뜨는 곳으로 알려져 있으며, 주변에는 기암절벽과 오래된 해송숲이 어우러져 산책하기에 좋은 곳이다.

대왕암이 울산에만 있는 것은 아니다. 경주에 있는 대왕암은 문무대왕릉이고, 울산의 대왕암은 문무대왕비릉이다. 죽어서 용이 되어 나라를 지키겠다며 바다에 묻으라고 했던 문무대왕의 뜻을 같이하고자 대왕비도 바다에 묻으라는 유언을 남겼다. 문무대왕이 묻힌 경주의 대왕암과 대왕비가 묻힌 대왕암은 비록 떨어져 있지만, 죽은 후에도 호국용이 되어 나라를 지키겠다는 마음은 한결같으리라.

새롭게 단장한 대왕교를 지나 문무대왕비가 묻힌 곳까지 걸어갈 수도 있다. 대왕암으로 가는 길에는 100년 넘은 해송들이 600m의 숲을 이루고 있다. 해송의 진한 향기와 대왕암 주변의 기암괴석이 바다의 운치를 더한다.

주변 볼거리·먹거리

울기등대 울산에서 맨 처음 세워진 울기 등대는 일본이 만주와 조선의 지배권을 독점하기 위해 일으킨 러일전쟁 때 동해와 대한해협의 해상군 장악을 목적으로 세워진 등대다. 군사 전략용으로 세워진 등대가 지금은 매일 밤 일몰에서 일출까지 동해를 오가는 배들의 길잡이가 되고 있다.

Ⓐ 울산광역시 동구 등대로 155 Ⓞ 4~9월 09:00~18:00, 10~3월 09:00~17:00/매주 월요일 휴무 Ⓒ 무료 Ⓣ 052-251-2125 Ⓔ 주차 공간 없음

대왕암공원출렁다리 울산에서 생긴 최초의 출렁다리로 대왕암공원 내 해안산책로인 햇개비에서 수루방 사이에 바다 위로 연결되어 있어 대왕암 주변의 해안 비경을 감상할 수 있다. 길이는 303m이며 중간에 지지대 없이 연결되어 있어 스릴과 짜릿함을 동시에 경험할 수 있다.

Ⓐ 울산광역시 동구 등대로 140 Ⓞ 09:00~17:40(입장 마감), 18:00(운영 종료)/매월 둘째 주 화요일 휴장 Ⓣ 052-209-3738 Ⓔ 대왕암공원주차 적용

SPOT 3

건강하고 푸짐한 한상

별채반 교동쌈밥

주소 경상북도 경주시 첨성로 77 · **가는 법** 경주시외버스터미널에서 버스 500, 506번 승차 → 황남시장건너편 하차 · **운영시간** 11:00~21:00(브레이크타임 16:00~17:00)/연중무휴 · **전화번호** 054-773-3322 · **대표메뉴** 교동쌈밥(한우) 20,000원, 교동쌈밥(오리) 18,000원, 교동쌈밥(돼지) 17,000원, 6부촌육개장 13,000원 · **etc** 주차 무료

반찬 가짓수를 다 헤아릴 수 없을 정도로 한 상 푸짐하게 차려 내는 쌈밥집. 언제부터였는지 어떤 이유인지 알 수 없지만 대릉원 주변에는 유명한 쌈밥집이 많았다. 어느 곳을 들어가든 곡류, 산채, 해산물이 풍성하게 차려지고 천년의 고장답게 한옥의 멋을 느낄 수 있다. 교동쌈밥은 역사를 품고 미래를 지향하는 경주의 별을 정갈하게 담아낸 한 그릇이라는 의미로 만든 경주향토음식 브랜드 별채반에 속한다.

텁텁하지 않고 매콤한 돼지불고기쌈밥은 전혀 자극적이지 않고 뒷맛이 깔끔하다. 교동쌈밥은 쌈밥만 유명한 것이 아니다. 6부촌육개장은 경주에서 기른 천년한우와 단고사리, 곤달비 그리고 양, 곱창 등 산과 들에서 생산되는 6가지 재료로 끓여낸 것으로, 신라 건국의 기초가 되었던 이씨, 최씨, 정씨, 손씨, 배씨, 설씨 여섯 부족에서 이름을 따 6부촌육개장이라고 한다.

주변 볼거리·먹거리

대릉원 신라시대의 능 23기가 솟아있는 황남동의 고분군이다. 식목일에 나무를 잘못 심을 정도로 경주에서는 흔하게 볼 수 있는 것이 능인데, 지금의 능 위에 자라는 나무들은 그렇게 심어진 것들이라 한다. 미추왕릉과 천마총을 비롯해 규모가 큰 황남대총도 대릉원에 있다. 1973년 발굴된 능 안에는 금관을 비롯하여 많은 유물이 출토되었다 하여 천마총이라 이름 짓고 원형 그대로 내부를 공개하고 있다.

Ⓐ 경상북도 경주시 황남동 31-1 Ⓞ 09:00~22:00 Ⓒ 어른 3,000원, 청소년 2,000원, 어린이 800원, Ⓣ 054-771-8650 Ⓔ 대릉원 주차장 2,000원

추천 코스 볼수록 매력적인 곳(경주)

1 COURSE

▶ **양남주상절리**

양남주상절리에서 버스 150, 150-1번 승차 → 와읍 하차 → 버스 130번 환승 → 골굴암입구 하차 → 도보 이동(약 14분)

2 COURSE

▶ **골굴사**

골굴암입구에서 버스 130번 승차 → 와읍 하차 → 버스 100, 100-1번 환승 → 감포항 하차 → 버스 800번 환승 → 오류3리 하차 → 도보 이동(약 5분)

3 COURSE

▶ **히든씨**

주소 경상북도 경주시 양남면 읍천리 405-3

가는 법 경주시외버스터미널에서 버스 150번 승차 → 읍천주상절리 하차 → 도보 이동(약 4분)

운영시간 24시간/연중무휴

입장료 무료

전화번호 054-779-6320(경주시청 해양수산과)

etc 양남주상절리전망대 주차 가능하지만 협소하니 읍천항, 하서항 주차

제주도에 꼿꼿이 서 있는 주상절리와 달리 양남주상절리(천연기념물536)는 비스듬히 누워 부채모양으로 펼쳐져 있다. 그 모습이 마치 한 송이 해국꽃이 핀 것처럼 보여 동해의 꽃이라고도 부른다. 일반적으로 주상절리는 수직으로 세워져 있는데 양남주상절리는 다양한 부채꼴 형상으로 이는 세계적으로 매우 드문 모습이라고 한다.

주소 경상북도 경주시 문무대왕면 기림로 101-5

입장료 무료

전화번호 054-744-1689

홈페이지 golgulsa.com

etc 주차 무료

함월산에 위치한 사찰로 선무도의 총본산 한국의 소림사라 불린다. 1500년 전 인도에서 온 광유 선인 일행이 경주 함월산에 정착하면서 골굴사와 기림사를 창건, 인도의 석굴사원을 본떠서 조성한 국내에서 가장 오래된 석굴사원이다. 보물 제521호로 지정된 주불인 마애여래좌상은 온화한 미소와 화려한 광배가 마음을 편안하게 한다.

주소 경상북도 경주시 감포읍 동해안로 2560

운영시간 08:30~20:30/연중무휴

전화번호 010-6839-7767

대표메뉴 아메리카노 5,800원, 카페라테 6,000원, 콜드브루 6,500원

etc 주차 무료

6월 23주 소개(197쪽 참고)

6월 둘째 주

강 줄 기 따 라

24 week

걸으며 풍류를 느끼다

낙동강예던길 선유교

주소 경상북도 봉화군 명호면 고계리 산225 · **가는 법** 봉화공용버스터미널 봉화우체국에서 농어촌버스 15, 16번 승차 → 비나리 하차 → 도보 이동(약 18분) · **운영시간** 24시간/연중무휴 · **전화번호** 054-679-6961 · etc 주차 무료

겹겹이 쌓여 내려앉은 기암절벽들이 낙동강을 감싸고 오랜 세월 동안 당연하다는 듯 골짜기를 따라 흐르는 물줄기는 명호군 관창리를 지난다. 그 물줄기를 따라 예던길이 시작되고 그 길은 낙동강 시발점으로 명호교, 고계마을, 백용담과 출렁다리를 지나 오마교, 청량산 입구인 청량교에서 끝이 난다. 총 길이만도 9.5km로 3시간 남짓 소요되지만 강줄기를 따라 때 묻지 않은 청정지역의 민낯은 때론 쉼표가 되어주기도 한다.

퇴계 이황 선생은 유독 청량산을 좋아했다고 한다. 산행을 하거나 때론 제자들과 함께 걸었던 길이고 옛 선비들이 행하던 길, 실천하던 도리의 길이라 하여 예던길을 복원했다고 한다. 자동

차로만 다녔던 이 길이 이렇게 아름다웠던가. 자동차에서는 볼 수 없었던 풍경과 시원한 바람, 길가에 꽃들이 갈증을 잊게 한다. 걷다가 만나는 이나리 강변은 태백산자락의 황우산 아래 낙동강과 운곡천이 만나 돌무더기가 쌓여 이루어진 곳으로 두 개의 하천이 만났다고 해서 '이나리'라 이름지었다. 반대편에는 탐방로를 연결하는 이나리출렁다리와 낙동강 백용담 소(沼) 위를 신선이 노니는 다리라는 의미의 선유교가 설치되어 있다. 천혜의 비경과 때 묻지 않은 청정지역으로 하늘 아래 이런 곳이 또 있을까 싶다.

주변 볼거리·먹거리

이나리출렁다리 산과 강을 넘나드는 낙동강 예던길은 우리나라 최고의 길로 강변길이 운치 있게 이어지고 강변길 따라 이나리 강변을 만날 수 있다. 예전 조상들이 멱감고 고기 잡던 곳으로 지금도 은어, 꺽지, 노라치, 쏘가리 등 민물고기가 잡힌다고 한다. 이나리 강변으로는 출렁다리가 있고 출렁다리를 건너면 풍차가 돌아가는 작은 공원이 있어서 산책하기에 좋다.

Ⓐ 경상북도 봉화군 명호군 도천리 산376 Ⓞ 24시간/연중무휴 Ⓒ 무료

SPOT 2

영주호 따라 산책길이 아름다운

영주호 용마루공원

주소 경상북도 영주시 평은면 수변로 108 · **가는 법** 영주종합터미널에서 버스 23, 24, 25, 26번 승차 → 영주여객차고지 하차 → 버스 630번 환승 → 금강이주단지 하차 → 도보 이동(약 8분) · **운영시간** 연중무휴 · **전화번호** 054-639-6601 · **etc** 주차 무료

용마루공원과 용천루출렁다리가 있는 영주호 용마루공원은 1과 2로 나뉘는데 용마루공원 1에서는 다리가 2개 보인다. 아치 모양의 다리는 용미교, 현수교는 용두교로 2개의 다리를 건너면 용마루공원 2에 도착해 영주댐과 주변 풍광을 볼 수 있다. 영주호 영주댐은 평은면 내성천에 위치한 다목적댐으로 4대강 정비 사업의 일환으로 2016년 12월 본댐을 준공했다고 한다. 출렁다리치고는 출렁거림이 덜하지만 그래도 스릴감이 느껴지고 섬과 섬을 연결한 용천루출렁다리에서는 영주호 풍광을 만끽할 수 있다.

용마루공원은 산책 코스가 다양해 소나무숲을 걷거나 강줄기를 따라 걸을 수 있으며 굴곡이 심한 코스가 없어 어르신들도 가뿐히 걸을 수 있다. 폭신한 흙길을 걷다 보면 영주댐 건설로 인해 수몰된 평은역사의 흔적도 만날 수 있다.

주변 볼거리·먹거리

영주댐(물문화관) 한국수자원공사가 영주댐을 건설하면서 한국의 물 관련 역사를 알리기 위해 개관한 곳으로 영주댐을 조망할 수 있는 전망대가 있다. 영주댐이 만들어지면서 조성된 인공호수 영주호 주변으로 올망졸망 산들이 감싸 안아 포근한 느낌이며 물안개가 아름다운 곳이기도 하다.

Ⓐ 경상북도 영주시 평은면 용혈리 897-2 Ⓞ 수~일요일 10:00~17:00/매주 월~화요일, 설 및 추석 연휴, 기타 법정공휴일 휴무 Ⓣ 054-631-9290 Ⓔ 주차 무료

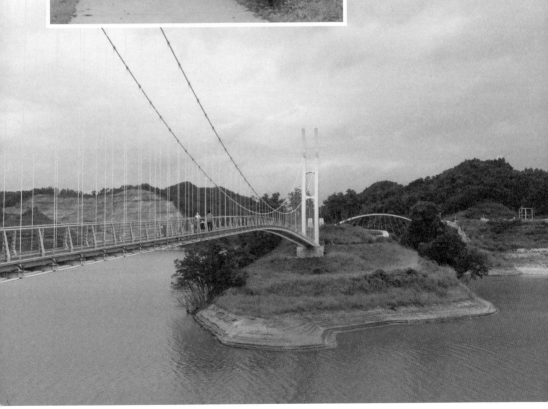

SPOT 3

그림처럼 아름다운 뷰 맛집

카페홀리가든

주소 경상북도 봉화군 명호면 비나리길 172-57 · **가는 법** 봉화공용버스터미널 봉화우체국에서 농어촌버스 10, 11, 12, 13번 승차 → 고계리 하차 → 택시 및 도보 이동(약 30분) · **운영시간** 토~일요일 11:00~18:30(예약제)/매주 월~금요일 휴무 · **전화번호** 010-7470-5881 · **홈페이지** instagram.com/my_hollygarden · **대표메뉴** 1인당 20,000원, 커피 또는 홍차 세트[커피(홍차)+스콘, 머핀] · **etc** 주차 무료, 노키즈존

예전부터 봉화에 가면 가고 싶은 곳이 있었다. 그곳은 하늘 아래 첫 동네라 해도 무색하지 않을 만큼 산 바로 아래에 마을이 형성되어 있는데, 바로 한국의 스위스라 불리는 비나리마을이다. 그곳에 막힌 곳 없이 확 트인 카페 홀리가든이 있다.

카페 내부는 그렇게 크지 않지만 벽면을 모두 통유리로 설치해 카페에 들어서는 순간 보이는 풍경은 이루 말할 수 없을 정도로 환상적이다. 무심한 듯 떨어져 있는 꽃잎들도 그림이 되고 소품이 되듯 꽃잎이 일상의 편안함을 느끼게 해 준다는 걸 이번에 알게 되었다. 6월의 햇살을 가득 머금은 꽃들은 쉴 새 없이 꽃잎을 터트리는데 홀리가든의 야외 정원으로 나가보면 온통 꽃천지다. 홀리가든은 철저한 예약제로 운영되며 멋진 풍경, 차와 스콘, 머핀이 맛있는 카페다. 주말에만 운영되는데다 예약제이다 보니 예약은 하늘에서 별 따기보다 어렵지만 한번 다녀오면 풍경에 반해 다시 가고 싶어진다.

주변 볼거리·먹거리

낙동강예던길

Ⓐ 경상북도 봉화군 명호면 고계리 산 225 Ⓓ 24시간/연중무휴 Ⓣ 054-679-6961 Ⓔ 주차 무료

6월 24주 소개(202쪽 참고)

추천 코스 맑고 깨끗한 바람이 부는(봉화)

1 COURSE
청량산

청량산에서 농어촌버스 16번 승차 → 유곡1리 닭실마을 하차 → 도보 이동(약 9분)

2 COURSE
닭실마을

닭실마을에서 농어촌버스 14번 승차 → 창애정 하차 → 농어촌버스 61번 환승 → 분천역산타마을 하차 → 도보 이동(약 4분)

3 COURSE
분천역산타마을

주소 경상북도 봉화군 명호면 청량로 255
가는 법 봉화공용정류장 봉화우체국에서 농어촌버스 15, 16번 승차 → 청량산도립공원 하차 → 도보 이동(약 32분)
운영시간 24시간/연중무휴
전화번호 054-679-6653
etc 주차 무료

11월 46주 소개(364쪽 참고)

주소 경상북도 봉화군 봉화읍 충재길 60
운영시간 24시간/연중무휴(실제 거주하는 곳이니 집안이나 밤늦은 시간대 방문 자제)
전화번호 054-674-0963(충재박물관)
입장료 무료

안동의 내앞마을, 풍산의 하회마을, 경주의 양동마을과 함께 우리나라 4대 명단으로 꼽히는 길지로 닭이 알을 품고 있는 금계포란 지세라고 해서 닭실마을이라 불리게 되었다. 안동 권씨의 집성촌으로 500년 전부터 이어져 오는 오색한과가 유명하다.

주소 경상북도 봉화군 소천면 분천길 49
운영시간 24시간/연중무휴
전화번호 1544-7788
입장료 무료
etc 주차 무료

기차만 지나가는 인적이 뜸한 시골 간이역이 있던 분천마을이 활기를 띠게 된 건 협곡열차가 개통하면서부터다. 스위스 체르마트역과 자매결연을 맺으면서는 산타마을로 변신했는데 외관도 스위스풍으로 꾸몄으며 역 주변에는 루돌프가 끄는 썰매, 산타카페, 산타갤러리 등 다양한 볼거리, 체험거리가 있다.

6월 셋째 주

바 다 와 조 우 하 다

25 week

SPOT 1

바닷가 작은 성
매미성

주소 경상남도 거제시 장목면 복항길 29 · **가는 법** 고현버스터미널에서 버스 32번 승차 → 대금교차로 하차 → 도보 이동(약 6분) · **운영시간** 24시간/연중무휴 · etc 매미성 공용주차장 이용 시 주차 무료

우리나라에도 만화영화나 동화 속에 등장하는 바닷가 절벽에 세워진 성이 있다. 거제도 복항마을의 몽돌해변으로 내려가면 외국의 어느 바닷가인가 싶을 만큼 이국적인 풍광을 맞닥뜨리게 된다. 바위와 화강암으로 쌓아 올린 매미성이다. 2003년 초강력 태풍 매미로 전국에 피해를 입지 않은 곳이 없을 정도였다. 복항마을에 살던 백순삼 씨의 소중한 밭도 태풍에 쓸려 나가 큰 피해를 입었고, 파도로부터 자신의 터전을 지키기 위해 그때부터 하나둘 쌓은 것이 지금의 매미성이 되었다.

건축을 전혀 배운 적 없는 그는 지금까지 혼자 성을 쌓았고, 지금도 계속 쌓고 있는 중이다.

이 모든 것을 혼자 만들었다고는 믿기지 않을 만큼 매미성의 외관은 중세시대 유럽의 성을 보는 듯 장엄하고 견고해 보인다. 주변의 바다와 나무, 꽃들과도 잘 어우러져 이질감이 전혀 없다. 무엇보다 몽돌해변과 잘 어울리는 매미성에 오르면 복항마을을 비롯해 거제도의 아름다운 풍광과 거가대교까지 내려다보인다. 방송에 소개되면서 많은 사람들이 이곳을 찾고 있다.

주변 볼거리·먹거리

심해 매미성 바로 옆에 있는 카페로 걸어서 갈 수 있을 정도로 가깝다. 흰색 건물과 통유리, 그리고 심해 로고는 바다를 닮아 서로 잘 어울린다. 유리창을 통해 거가대교와 매미성이 보이며 바닷가 기암절벽이 절경을 이룬다.

Ⓐ 경상남도 거제시 장목면 옥포대첩로 1252 Ⓞ 일~목요일 10:00~18:30, 금~토요일 10:00~21:00/연중무휴 Ⓣ 0507-1343-2972 Ⓜ 아메리카노 5,500원, 카페라테 6,000원, 바닐라라테 6,500원 Ⓔ 주차 무료

카페시방리 몇 년 전만 해도 매미성 주변으로는 아무것도 없었는데 지금은 다양한 먹거리와 즐길거리로 사람들을 끌어모으고 있다. 그중 한 곳인 시방리 카페는 외관부터 깨끗한 베이커리 카페로 빵과 다양한 디저트가 있을 뿐만 아니라 멋진 바다 전망을 볼 수 있는 카페다.

Ⓐ 경상남도 거제시 장목면 옥포대첩로 1216 Ⓞ 10:00~22:00/연중무휴 Ⓣ 0507-1342-9239 Ⓜ 오늘의커피 6,500원, 아메리카노 5,500원 Ⓔ 주차 무료

SPOT 2

손잡고 건너면
사랑이 이루진다는

콰이강의다리 (저도스카이워크)

주소 경상남도 창원시 마산합포구 구산면 해양관광로 1872-60 · **가는 법** 마산남부시외버스터미널 해운동정류장에서 버스 61번 승차 → 저도연륙교스카이워크 하차 → 도보 이동(약 6분) · **운영시간** 3~10월 10:00~22:00, 11~2월 10:00~21:00/연중무휴 · **전화번호** 055-220-4061 · etc 주차 무료

사랑하는 사람의 손을 잡고 다리를 건너면 사랑이 이루어진다는 콰이강의다리 저도스카이워크는 창원의 새로운 핫플레이스로 2017년 3월 개장 후 200만 명이 다녀갔다. 저도스카이워크는 1987년 구산면의 육지와 저도를 연결하기 위해 설치한 다리로 길이 170m, 폭 3m의 철제교량으로 본래 이름은 저도연육교로 콰이강의다리라고도 불린다. 2004년 바로 옆에 신교량이 생겨 철거당할 뻔했지만 관광자원 보존 차원에서 유지되고 있으며, 2016년 기존 교량의 콘크리트 바닥을 걷어내고 국내 최초로 13.5m 높이의 수면 위에 바다를 횡단하는 느낌이 들도록 유리를 깔고 LED 조명을 설치해 밤이면 화려한 불빛으로 아름답고 낭만적이다.

자물쇠를 메달 수 있는 사랑의 하트 자물쇠 걸이와 벤치에 남녀의 조형물이 설치된 포토존, 그리고 느린우체통까지 다양한 볼거리가 있어서 연인들의 데이트 코스로 손꼽힌다. 스카이워크를 건너면 옛 마산시가 9경으로 선정할 정도로 물이 맑고 경치가 아름다운 저도에 도착한다. 마치 돼지가 누워있는 형상과 비슷하다고 해 '돼지 저(猪)' 자를 써서 저도라 했고 수려한 경관을 배경으로 해안을 걸을 수 있는 비치로드가 있다. 자칫 철거될 뻔한 스카이워크를 관광자원으로 개발했으니 발상의 전환이라 할 수 있겠다.

주변 볼거리·먹거리

오핑 콰이강의다리 저도스카이워크가 보이는 카페로 밤이면 다리에 들어오는 화려한 조명으로 색다른 분위기를 느낄 수 있다. 야외 좌석은 바다 바로 앞에 있어서 맑고 깨끗한 청정바다를 감상할 수 있으며 들어오는 입구 외에 사방에서 바다를 볼 수 있다.

Ⓐ 경상남도 창원시 마산합포구 구산면 해양관광로 1927-46 Ⓞ 11:00~21:00 Ⓣ 0507-1365-2267 Ⓗ instagram.com/5ffing Ⓜ 아메리카노 5,000원, 에스프레소 4,800원, 카페라테 5,500원 Ⓔ 주차 무료

로봇랜드 세계 최초로 로봇을 테마로 한 테마파크 로봇랜드는 온 가족이 즐길 수 있는 놀이기구와 로봇체험, 그리고 영화나 TV를 통해 봤던 로봇들이 전시되어 있다. 그동안 우리가 봐온 로봇 256종류와 놀이 및 체험시설로 조성된 로봇 복합문화공간이다.

Ⓐ 경상남도 창원시 마산합포구 구산면 로봇랜드로 250 Ⓞ 평일 10:00~18:00, 주말 10:00~21:00/연중무휴 Ⓒ 자유이용권(종일권) 어른 35,000원, 청소년 31,000원, 어린이 27,000원 Ⓣ 055-214-6000 Ⓗ robot-land.co.kr/ Ⓔ 주차 무료

SPOT 3

전복과 꼬막이 맛있는

성포끝집

주소 경상남도 거제시 사등면 성포로3길 56 2층 · **가는 법** 고현버스터미널에서 일반 40, 41-1, 42, 44번 승차 → 성포마을 하차 → 도보 이동(약 6분) · **운영시간** 11:00~21:00 · **전화번호** 055-634-0003 · **홈페이지** instagram.com/sungpo_last_kitchen · **대표메뉴** 전복톳밥정식(2~3인 기준) 38,000원, 굴구이정식(2인상) 32,000원, 전복버터구이 36,000원 · etc 주차 무료

가조도 연륙교가 보이는 곳에 전복과 꼬막이 맛있는 맛집 성포끝집이 있다. 저녁을 먹기 위해 찾아간 곳이기에 낮 풍경을 감상하지 못해 아쉽기도 했다. 꼬막비빔면정식이 맛있다고 하는데 꼬막보다는 전복이 낫겠다 싶어 전복톳밥정식을 주문했다. 전복톳밥정식에는 전복버터구이, 전복톳밥, 새우장, 황태미역국, 디저트가 나오는데 꼬막정식과 함께 성포끝집의 대표메뉴다. 주문한 요리가 나오기 전에 내온 밑반찬은 양도 맛도 깔끔하고 정갈하다.

솥에 담아 내온 전복톳밥은 취향에 따라 양념간장을 더해 비벼 먹으면 풍미가 깊어지는데 그냥 먹어도 삼삼하니 맛있다. 큼지막하게 썬 전복은 꼬들하니 그 싱싱함이 느껴진다. 밑반찬으로 나온 새우장은 짜지 않을 뿐만 아니라 추가로 주문할 정도로 맛있었다. 밑반찬 대부분 간이 세지 않고 삼삼해서 만족스러운 집이다. 디저트로 나온 유자 셔벗은 달콤새콤한 것이 입안 가득했던 비릿한 냄새를 잡아준다. 맛있는 요리는 사람을 행복하게 하는데 성포끝집이 그런 곳인 듯하다.

주변 볼거리·먹거리

엘도라도 사등면과 가조도를 잇는 교량인 가조대교가 보이는 카페로 환상적인 오션뷰도 덤으로 보여주는 대형카페다. 거제도 관광지와 떨어져 있어 한적하고 조용한 곳으로 옥상 루프톱에는 전망대와 포토존이 설치되어 있다. 빵보다는 커피와 함께 맛볼 수 있는 조각케이크의 종류가 다양하며 넓은 창을 통해 바다가 보인다.

Ⓐ 경상남도 거제시 사등면 가조로2길 44 Ⓞ 10:00~22:00/연중무휴 Ⓣ 055-635-6565 Ⓗ instagram.com/eldorado_cafe6565 Ⓜ 아메리카노 5,500원, 카페라테 6,500원, 카푸치노 6,500원 Ⓔ 주차 무료

추천 코스 시선이 머무는 바닷가(거제)

1 COURSE

🚌 대금교차로에서 버스 33번 승차 → 터미널에서 버스 40, 41-4, 42, 44번 환승 → 사등면사무소 하차 → 🚶 도보 이동(약 6분)

매미성

주소 경상남도 거제시 장목면 복항길 29
가는 법 고현버스터미널에서 버스 32번 승차 → 대금교차로 하차 → 도보 이동(약 6분)
운영시간 24시간/연중무휴
etc 매미성 공용주차장 이용 시 주차 무료

6월 25주 소개(208쪽 참고)

2 COURSE

🚌 사등면사무소에서 버스 43, 43-1번 승차 → 가조다리 하차 → 🚶 도보 이동(약 4분)

온더선셋

주소 경상남도 거제시 사등면 성포로 65
운영시간 10:00~22:00
전화번호 055-634-2233
홈페이지 instagram.com/onthesunset
대표메뉴 선셋커피 8,500원, 선셋주스 8,500원, 선셋에이드 8,000원, 아메리카노 6,500원
etc 주차 무료

1월 1주 소개(032쪽 참고)

3 COURSE

성포끝집

주소 경상남도 거제시 사등면 성포로 3길 56 2층
운영시간 11:00~21:00
전화번호 055-634-0003
홈페이지 instagram.com/sungpo_last_kitchen
대표메뉴 전복톳밥정식(2~3인 기준) 38,000원, 굴구이정식(2인상) 32,000원, 전복버터구이(2인상) 36,000원
etc 주차 무료

6월 24주 소개(212쪽 참고)

6월 넷째 주

숲이 주는 편안함

26 week

SPOT 1

고대 가야인의 숨결을 느끼다

가야산 역사신화공원

주소 경상북도 성주군 수륜면 가야산식물원길 17 · **가는 법** 성주터미널에서 농어촌버스 0 칠봉, 송계, 수륜행 승차 → 가야산국립공원 하차 → 도보 이동(약 1분) · **운영시간** 10:00~17:00/매주 월요일, 설날, 추석 당일 휴무 · **입장료** 무료/VR 체험비는 별도 · **전화번호** 054-930-8483 · **홈페이지** sj.go.kr/gayah-m/main.do · etc 주차 무료

성주는 고대국가 가야국 문화권으로 크고 작은 고분 129기가 보존구역으로 지정되어 있을 정도로 유서 깊은 도시다. 가야산 역사신화공원에 속해있는 가야산역사신화역사테마관은 가야의 건국신화인 가야산신 정견모주의 이야기와 가야산의 자연과 역사, 가야산과 관련된 문화유산을 다양한 테마로 접할 수 있도록 조성해 놓았으며 가야산테마관, 가야신화테마관, 옥상정원으로 나뉘어 있다. 쉽게 접할 수 없었던 가야국의 이야기를 사진과 웹툰으로 구성해 관람객들의 이해를 돕고 있으며 야생화 천국인 가야산과 가야산에 속해있는 전설까지도 흥미롭다.

가야산 야생화와 함께할 수 있도록 꾸며놓은 가야산야생화식물원은 굳이 산을 오르지 않아도 가야산에서 피는 야생화를 볼 수 있고, 가야산의 자연경관을 걸으면서 느낄 수 있는 천신의 길과 정견모주의 길로 산책로를 조성해 두었다.

정견모주의 길을 따라 걷다 보면 계곡에서는 맑은 물이 흐른다. 울퉁불퉁 걷기 힘든 돌길은 나무로 테크길을 만들어 놓았고 초록 나무들은 있는 힘껏 피톤치드를 토해낸다. 알록달록 꽃이 쏟아지는 꽃수레길을 따라 모처럼 설렘 가득한 길을 걸어본다.

주변 볼거리·먹거리

인송쥬 카페 안에는 성주참외를 상징하는 참외 인형과 커다란 곰인형이 있다. 아이들이 좋아할 만한 곳이지만 곳곳에 식물들이 많아 노키즈존으로 운영하고 있다. 작은 연못도 있고 아기자기한 공간도 많아 사진찍기에도 안성맞춤이다. 카페 이름 인송쥬는 IN과 SONGE가 합쳐진 프랑스어로 '몽상의 꿈'이라는 뜻이 담겨 있단다.

Ⓐ 경상북도 성주군 수륜면 참별로 1009 Ⓞ 월~화요일, 금~일요일 11:00~20:00/매주 수~목요일 휴무 Ⓣ 054-931-9060 Ⓜ 인송쥬라테 6,800원, 아메리카노 5,000원, 카페라테 6,000원 Ⓔ 주차 무료

SPOT 2

힐링의 숲이 가득한

가산수피아

주소 경상북도 칠곡군 가산면 학하들안2길 105 · **가는 법** 왜관북부버스정류장에서 농어촌버스 33번 승차 → 송학리윗세뜸 하차 → 버스 881번 환승 → 학하2리돌짝골 하차 → 도보 이동(약 24분) · **운영시간** 10:00~18:00(매표마감 17:00)/연중무휴 · **입장료** 대인 8,000원, 소인 6,000원/미술관 및 알파카 입장료는 별도 · **전화번호** 054-971-9861 · **홈페이지** gasansupia.com · **etc** 주차 무료

수피아미술관, 대형카페 수피아, 캠핑장, 천년솔숲, 초대형 공룡 조형물과 알파카랜드까지 우리나라 민간 정원 중에서 규모가 가장 큰 곳이지 않을까 생각했다. 봄부터 가을까지는 계절에 맞는 꽃이 피고 레일썰매까지 탈 수 있어 어른부터 아이까지 온 가족이 즐길 수 있는 공간이 마련되어 있다. 수영장과 샤워시설이 갖춰진 캠핑장과 카라반은 낭만을 느낄 수 있다. 몸길이만 42m인 브라키오사우루스, 티라노사우루스 등 초대형 공룡들을 직접 만날 수 있는 공룡테마파크는 다양한 체험을 할 수 있다.

사계절 신비로운 자연 속에서 솔내음이 가득한 솔숲과 황토길

을 걸으며 신비로움을 자아내는 이끼정원에서 삶의 여유를, 가을이면 향기뜰에 피어난 분홍색 핑크뮬리로 환상적이고 아름다운 정원을 거닐어 보자. 계절에 따라 피어나는 꽃이 바뀌듯 테마정원에는 이맘때 어떤 꽃이 피어있을지 궁금해진다.

TIP

가산수피아 100배 즐기기

- 힐링코스 : 신비로운 자연 속 힐링산책로와 초대형 빈티지 카페에서 삶의 여유를 즐길 수 있는 코스(그라운드수피아카페 - 천년솔숲 황톳길 - 이끼정원)
- 아트&컬처코스 : 문화와 예술이 함께하는 아름다운 감성 코스(수피아미술관 - 돌담길 - 분재원)
- 페딩동물원&가드닝코스 : 자연친화형 알파카랜드와 플레이가드닝을 즐기는 동식물교감코스(알파카랜드 - 파리바에가든 - 테마정원)

주변 볼거리·먹거리

그라운드수피아카페

빈티지 대형카페로 가산수피아 안에 위치한 카페다. 입구에는 철도레일이 깔려 있어 여행 가는 기분이 들고 창고형 카페라 공간을 넓찍하게 활용하고 있다. 봄에는 벚꽃이, 가을이면 핑크뮬리가 예쁘다. 개별 룸이 있어 단체팀이나 아이들과 함께 왔을 때 이용하면 좋겠다.

Ⓐ 경상북도 칠곡군 가산면 학하들안2길 105
Ⓓ 10:00~18:00/연중무휴 Ⓣ 054-971-9863
Ⓜ 아메리카노 5,500원, 카페라테 6,000원, 연유카페라테 6,500원 Ⓔ 주차 무료

SPOT 3

동화 같은 디저트 카페

리베볼

주소 경상북도 성주군 수륜면 덕운로 1433 · **가는 법** 성주터미널 용암방면에서 농어촌버스 0번 승차 → 용암(용정)터미널 하차 → 농어촌버스 19, 24, 26번 환승 → 쾌빈3리 하차 → 농어촌버스 13번 환승 → 찜질방 하차 → 도보 이동(약 4분) · **운영시간** 평일 11:00~19:00, 주말 11:00~21:00/매주 수요일 휴무 · **전화번호** 010-3452-1158 · **홈페이지** instagram.com/liebevoll_art · **대표메뉴** 스페셜티리베볼라테 10,000원, 아메리카노 7,800원, 아포가토 13,500원 · **etc** 주차 무료, 노키즈존

카페로 들어가는 아치형 문을 열면 중세시대로 향하는 것이 아닌가 하는 느낌을 받게 되고 카페 건물은 넝쿨이 감고 있어 숲 속의 집처럼 감성이 물씬 풍긴다. 카페는 조명이며 커피잔이며 엔틱한 느낌과 감성을 자극하는 소품까지 다양할 뿐만 아니라 판매도 하고 있다. 리베볼(Liebevoll)은 독일어로 '사랑스럽다'라는 뜻으로 이름에 걸맞게 곳곳을 사랑스럽게 꾸며놓았다.

카페 리베볼은 세계경매시장에서 수상한 최고급 원두를 직접 로스팅하는 로스터리 카페로 음료값이 주변보다 좀 더 비싼 편인데 이는 3천 평의 정원이용료가 포함되어 있기 때문이란다. 음료를 주문하면 정원지도를 주는데 4개의 정원과 3개의 테라스, 그리고 계곡 산책로까지 규모가 엄청나다는 걸 알 수 있다. 산책할 수 있는 야외정원 곳곳에는 포토존이 있는데 그중 오두막집은 특히 인기가 많다. 차 한잔 마시고 야외정원을 나가 걸어본다. 숲 가까이 계곡이 있으니 눈이 정화되고 저절로 힐링이 된다.

주변 볼거리·먹거리

농가맛집밀 산이 보이는 전망 좋은 한정식집으로 농업진흥청과 성주군에서 선정한 농가맛집 밀식당이다. 정성스럽게 요리해 정갈하게 내놓은 반찬들은 자극적이지 않고 연잎으로 싸서 내온 연잎밥은 각종 곡식이 들어간 건강식이다. 노릇하게 구워낸 떡갈비와 참외의 고장답게 참외로 만든 장아찌는 아삭하고 달콤한 게 입맛을 돋운다.

Ⓐ 경상북도 성주군 수륜면 덕운로 1566 Ⓞ 11:00~20:00/매주 월요일 휴무 Ⓣ 054-931-2660 Ⓜ 밀 한정식 30,000원, 밀 연잎밥정식 18,000원, 보리굴비정식 25,000원 Ⓔ 주차 가능

추천 코스 가끔은 느리게 걷기(성주)

1 COURSE

경산리성밖숲

경산리에서 농어촌버스 0번 승차 → 분통골 하차 → 도보 이동(약 7분)

2 COURSE

인송쥬

분통골에서 농어촌버스 0번 승차 → 백운리중기 하차 → 도보 이동(약 8분)

3 COURSE

농가맛집밀

경산리성밖숲

주소	경상북도 성주군 성주읍 경산리 446-1 일대
가는 법	성주터미널에서 도보 이동(약 13분)
운영시간	24시간/연중무휴
전화번호	054-930-6782
입장료	무료
etc	주차 무료

천연기념물 제403호로 지정된 성밖숲은 수령 300년이 넘는 왕버들나무들이 무려 55주나 빽빽이 숲을 이루고 있다. 조선시대 수해 방지를 위해 조성된 인공림으로 키가 큰 나무는 20m가 넘는다고 한다. 마을 주민들에게는 쉼터가 되어주며 맥문동이 피는 계절이면 보랏빛 맥문동이 성밖숲 전체를 보라색으로 물들인다.

인송쥬

주소	경상북도 성주군 수륜면 참별로 1009
운영시간	월~화요일, 금~일요일 11:00~20:00/매주 수~목요일 휴무
전화번호	054-931-9060
대표메뉴	인송쥬라테 6,800원, 아메리카노 5,000원, 카페라테 6,000원
etc	주차 무료

6월 26주 소개(215쪽 참고)

농가맛집밀

주소	경상북도 성주군 수륜면 덕운로 1566
운영시간	11:00~20:00/매주 월요일 휴무
전화번호	054-931-2660
대표메뉴	밀 한정식 30,000원, 밀 연잎밥정식 18,000원, 보리굴비정식 25,000원
etc	주차 가능

6월 26주 소개(218쪽 참고)

6월의 남해
남쪽 바다 보물을 찾아 떠나는 여행

여름이 시작되려면 아직 좀 여유가 있는데 6월의 햇살은 초여름을 방불케 한다. 이럴 때는 시원한 바다가 그립다. 꼬불꼬불 해안도로를 달리다 보면 눈앞에 펼쳐지는 쪽빛 바다와 아기자기 들어앉은 빨간지붕의 마을은 이국적이다. 확 트인 남해는 햇빛을 받아 빛이 나고 가는 곳마다 아름다우니 모처럼 눈이 호사를 누린다. 보물섬이라 불리는 남해로 보물을 찾아 떠나보자.

2박 3일 코스 한눈에 보기

섬이정원

다랭이마을

미조항&미조식당

설리스카이워크

남해보물섬전망대

남해보물섬전망대(물미해안전망대) 대한민국 최남단 남해를 아름답게 비추는 등대의 모습을 형상화한 건축물로 국내에서는 찾아보기 힘든 360도 파노라마 바다 조망을 하고 있다. 1층은 잡화점과 카페, 2층은 스카이워크를, 3층은 노을전망대가 조성되어 있다.

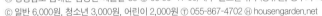

Ⓐ 경상남도 남해군 삼동면 동부대로 720 Ⓞ 09:00~19:00/연중무휴 Ⓒ 스카이워크 3,000원 Ⓣ 055-867-6022

원예예술촌 원예인들이 실제로 거주하면서 21개의 주택과 정원의 모습들을 가꿔놓은 곳이다. 산책로, 전망대, 카페 등이 갖춰져 있고 체험실에서는 세계 각국의 문화를 접할 수 있다. 계절마다 다양한 테마로 바뀌며 탤런트 박원숙이 운영하는 카페가 있는 곳으로도 잘 알려져 있다.

Ⓐ 경상남도 남해군 삼동면 예술길 39 Ⓞ 09:00~17:00/매주 월요일 휴무(공휴일, 성수기 제외) Ⓒ 일반 6,000원, 청소년 3,000원, 어린이 2,000원 Ⓣ 055-867-4702 Ⓗ housengarden.net

원예예술촌

금산산장

보리암

여름이 빠른 걸음으로 다가오는 7월이다. 손바닥으로 햇볕을 막기에는 역부족, 시시때때로 시원한 그늘을 찾게 된다. 오랫동안 쓰지 않았던 캠핑 도구를 꺼내 먼지를 털어내고 녹음 우거진 산으로 떠나보자. 적당한 햇빛과 적당한 바람, 나무가 만들어 낸 자연 그늘막, 오싹 한기가 들 정도로 시원한 계곡물이 반겨줄 것이다.

7월의 경상도

어디선가 시원한 바람이

7월 첫째 주

수국향 가득

27 week

SPOT 1

탐스런 수국꽃이 만발한

태종사

주소 부산광역시 영도구 전망로 119 · **가는 법** 부산역에서 버스 101번 승차 → 태종대, 태종대온천 하차 → 도보 이동(약 37분) · **운영시간** 24시간/연중무휴 · **전화번호** 051-405-4848 · etc 태종대주차장 이용(주차 요금 2,000원)

여름이 시작되는 7월이면 탐스럽게 수국이 핀다. 각 지역마다 수국이 예쁘게 피는 곳이 많겠지만 태종대 안에 있는 작은 사찰 태종사에 피는 수국은 바다와 산이 어우러져 가히 환상적이다.

태종대 앞바다를 보면서 15분 정도 걸으면 태종사에 도착한다. 1976년에 건립한 태종사는 1983년 스리랑카 정부에서 기증한 부처님 진신사 1개와 정골 사리 2개, 그리고 해탈보리수가 있는 곳으로 매년 이맘때면 수국축제가 열리고 태종사로 오르는 길과 언덕 주변으로 수국꽃길이 형성된다. 평소 꽃 가꾸기를 좋아했다는 조실 도성스님이 한국을 비롯해 일본, 네덜란드, 태국, 중국 그리고 인도네시아 등 여러 나라를 다니면서 수집해 심기

시작했다는데 자그마치 5,000그루가 넘는다고 한다. 수국은 장마철에 피는 꽃이라 비가 많이 오면 더 탐스럽게 핀다. 또한 수국은 토양의 산성도에 따라 색이 바뀌는데 보라색뿐만 아니라 분홍색, 청색, 자주색까지 다양하고 화려하다.

주변 볼거리·먹거리

태종대 영도 남단 해안 250m 암벽과 숲으로 이루어진 태종대는 해안지형 관광지 중에서 비교적 개발이 가장 잘된 곳으로 부산을 대표하는 관광지다. 신라시대 태종 무열왕이 전국의 명승지를 다니던 중 이곳 절경에 반해 쉬어갔다 해서 태종대로 불린다. 태종대 해안도로를 따라 걷다가 바라본 기암절벽은 수려한 절경을 자랑한다.

Ⓐ 부산광역시 영도구 전망로 24 Ⓞ 3~10월 04:00~24:00, 11~2월 05:00~24:00/연중무휴 Ⓣ 051-405-8745 Ⓔ 주차 요금 2,000원

SPOT 2

형형색색 수국으로 아름다운

저구수국동산

주소 경상남도 거제시 남부면 저구해안길 16 · **가는 법** 고현버스터미널에서 버스 53-1번 승차 → 매물도여객선터미널 하차 → 도보 이동(약 4분) · **운영시간** 24시간/연중무휴 · **전화번호** 055-639-4171 · **홈페이지** tour.geoje.go.kr · **etc** 주차 무료

거제는 바닷가 주변으로 수국이 많이 피어 있다. 남부면 해안길을 달리다 보면 바다와 어울려 유난히 많이 피어 있는 모습을 보게 되는데 20년 넘는 긴 세월 동안 여름의 꽃 수국은 천혜의 자연경관을 가진 거제를 빛내고 있다. 남부면 저구항 수국동산은 2018년부터 수국축제가 열리고 축제 기간에는 다양한 체험 행사를 열어 색다른 재미를 주고 있다.

저구항 근처 저구마을에는 마을 전체에 수국 관련 벽화가 그려져 있다. 저구항 해안도로와 작은 동산의 언덕 위로 탐스럽게 핀 수국을 만날 수 있는데, 형형색색 수국이 가득 필 때면 파란 바다와 어울려 아름다운 동네를 더 아름답게 만들고 있다.

주변 볼거리·먹거리

거제썬트리팜리조트 수국길 저구항 가기 전 예전에 유스호스텔이 있던 자리에 썬트리팜리조트가 생겼고 리조트 주변으로 수국이 아름답게 피어 있다. 리조트 주변 도로가에 피어 있어 지나는 차들도 잠시 멈춰 사진을 찍고 가는 곳으로 입소문이 퍼지면서 지금은 수국의 또 다른 명소로 꼽힌다.

Ⓐ 경상남도 거제시 남부면 거제대로 283 Ⓞ 24시간/연중무휴 Ⓣ 055-632-7977 Ⓔ 길가 주차 무료

파란대문집수국 몇 해 전부터 SNS를 통해 유명해진 수국의 명소 파란대문집이다. 이곳은 주인이 대문 앞에 수국을 심어 가꾼 곳으로 수국이 만개할 때는 장관을 이룬다.

Ⓐ 경상남도 거제시 일운면 양화4길 1 Ⓓ 실제 주민이 거주하는 곳이니 늦은 시간 방문 자제

SPOT 3

삶의 애환이 가득한

국제시장

주소 부산광역시 중구 국제시장1길, 2길 · **가는 법** 부산역(1호선) → 자갈치역(7번 출구) → 도보 이동(약 6분) · **운영시간** 24시간/연중무휴 · **입장료** 무료 · **전화번호** 051-245-7389 · **홈페이지** gukje.market.co.kr · etc 공영주차장이 있지만 가급적 대중교통 이용

영화 〈국제시장〉의 배경 무대가 되었던 꽃분이네가 있는 골목으로 더욱 유명해진 국제시장은 부산 대표 어시장인 자갈치시장, 미군 부대의 캔 제품을 빼돌려 팔면서 이름이 붙은 깡통시장과 붙어 있다. 게다가 만물거리와 먹자골목이 밀집되어 밤낮으로 북새통을 이루는, 부산에서 사람들이 가장 많이 모이는 곳이다.

광복 이후 일본인들이 한꺼번에 빠져나가면서 생긴 빈 공간에 시장이 형성되었고 처음에는 도떼기시장으로 불렸다. 그러다 한국전쟁 때 부산으로 피난민이 모여들고 부산항으로 들어온 구호품과 밀수품을 팔기 시작하면서 지금의 국제시장이 형성되었다. 국제시장은 없는 것이 없고 무엇이든 살 수 있을 뿐 아니라 씨앗호떡, 떡볶이, 비빔당면, 유부주머니, 족발골목, 밀면 등 꼭 한 번쯤 먹어봐야 할 먹거리도 풍부해 푸짐하게 먹고 구경하는 재미에 시간 가는 줄 모른다.

1996년부터 부산국제영화제가 개최되면서 만들어진 BIFF 광장에는 유명 배우와 감독들의 핸드프린팅으로 장식해 놓았다. 시장의 모습은 시대에 따라 조금씩 변하게 마련이지만 삶이 피곤하거나 지쳤을 때 활력소를 얻기에는 더할 나위 없는 곳이다.

주변 볼거리·먹거리

용두산공원 바다에서 올라오는 용을 닮았다고 해서 용두산공원이라 부른다. 부산의 랜드마크인 용두산공원의 부산타워에 오르면 부산이 한눈에 보이며 밤에는 야경으로 아름답다.

Ⓐ 부산광역시 중구 용두산길 37-55 Ⓞ 24시간(부산타워 10:00~22:00/연중무휴 Ⓒ 대인 12,000원, 소인 9,000원 Ⓣ 051-860-7820

추천 코스 바다가 주는 편안함(부산)

1 COURSE

▶ **송도해상케이블카(송도베이스테이션)**

암남동주민센터에서 버스 30번 승차 → 태종대, 태종대온천 하차 → 도보 이동(약 37분)

2 COURSE

▶ **태종대**

태종대주차장차고지에서 버스 30, 8, 101번 승차 → 동삼삼거리 하차 → 도보 이동(약 10분)

3 COURSE

▶ **피아크카페&베이커리**

주소 부산광역시 서구 송도해변로 171(하부)

가는 법 부산역에서 버스 26번 승차 → 암남동주민센터 하차 → 도보 이동(약 10분)

운영시간 1~6월, 9~12월 09:00~21:00/ 7~8월 09:00~22:00

입장료 크리스털크루즈 왕복 (대인) 22,000원 (소인)16,000원/에어크루즈 왕복 (대인)17,000원 (소인)12,000원/케이블카 자유이용권(무제한 탑승) 대인 30,000원, 소인 25,000원/스피디크루즈(대기 없이 탑승 가능) 에어크루즈 40,000원, 크리스탈크루즈 50,000원

전화번호 051-247-9900

홈페이지 busanaircruise.co.kr

etc 케이블카 이용 시 평일 1시간, 주말 2시간 무료

2월 5주 소개(062쪽 참고)

주소 부산광역시 영도구 전망로 24

운영시간 3~10월 04:00~24:00, 11~2월 05:00~24:00/연중무휴

전화번호 051-405-8745

etc 주차 요금 2,000원

7월 27주 소개(225쪽 참고)

주소 부산광역시 영도구 해양로 195번길 180

운영시간 10:00~23:00

전화번호 051-404-9200

홈페이지 instagram.com/p.ark_official

대표메뉴 아메리카노 6,000원, 카페라테 7,000원, 코코넛라테 8,000원

etc 주차 무료(5시간 경과 시 초과 요금 발생)

1월 1주 소개(034쪽 참고)

7월 둘째 주

정원에서 즐기는 차 한잔

28 week

SPOT 1

백천저수지 옆 분위기 좋은

갤러리&카페 라안

주소 경상남도 사천시 백천길 331 · **가는 법** 사천시외버스터미널 지상정류장에서 버스 223번 승차 → 지산정류장 하차 → 버스 145번 환승 → 백천종점 하차 → 도보 이동(약 3분) · **운영시간** 평일 10:00~19:00, 주말 10:00~19:30/연중무휴 · **전화번호** 055-834-4001 · **대표메뉴** 아메리카노 4,500원, 아인슈페너 5,500원, 카페라테 5,500원 · etc 주차 무료

산과 백천저수지가 있는 분위기 좋은 카페다. 카페 옆에 백천사가 있어 불교갤러리와 같이 운영되고 있으며 여타 다른 카페와 달리 외관을 민트색 계열로 칠해 저수지처럼 시원함을 강조했다. 내부 좌석도 넓고 창이 커 창가쪽 저수지가 보이는 테이블은 시원스럽게 느껴지기도 한다. 내부 인테리어와 특이한 조명으로 따뜻한 느낌을 줄 뿐만 아니라 저수지와 산이 보이는 야외 좌석은 한층 운치를 돋운다. 울창한 나무는 그늘을 만들어 주니 여름에도 덥지 않고 가을이면 단풍으로 아름답다.

음료와 함께 먹을 수 있는 마카롱, 카스테라, 케이크 등 디저트가 있고 커피는 적당한 산미와 고소함이 섞여 딱 내가 좋아하는 맛이다. 가끔 지치고 힘들 때 찾아가 위안받고 싶은 카페다.

주변 볼거리·먹거리

백천사 와룡산 기슭에 있는 사찰로 신라 문무왕 때 의선대사가 창건한 사찰로 임진왜란 때는 승군의 주둔지였다. 약사와불전에는 길이 13m, 높이 4m의 목조와불이 있으며 와불의 몸속에 법당이 있다. 소원을 들어주는 산신할머니돌로 유명하다.

Ⓐ 경상남도 사천시 백천길 326-2 Ⓞ 08:30~17:20/연중무휴 Ⓣ 055-834-4010 Ⓔ 주차 무료

SPOT 2

아름다운 힐링 카페

정원이야기

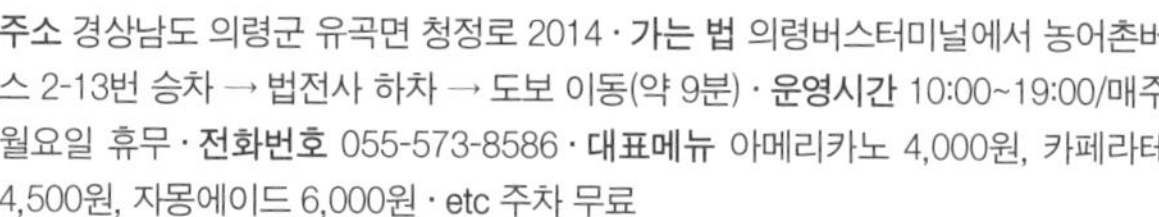

주소 경상남도 의령군 유곡면 청정로 2014 · **가는 법** 의령버스터미널에서 농어촌버스 2-13번 승차 → 법전사 하차 → 도보 이동(약 9분) · **운영시간** 10:00~19:00/매주 월요일 휴무 · **전화번호** 055-573-8586 · **대표메뉴** 아메리카노 4,000원, 카페라테 4,500원, 자몽에이드 6,000원 · etc 주차 무료

카페로 들어가는 출입문은 그냥 인테리어를 위한 것인지도 모르겠다. 나무 담장으로 둘러싸여 있어 굳이 출입문을 통해 들어가지 않고도 카페로의 출입이 가능하지만 출입문조차 그럴싸하게 만들어 문을 통해 보이는 정원을 한층 홍미롭게 한다. 은은한 바람이 불 때마다 곳곳에 걸려 있는 풍경이 소리를 내고 게으른 낮잠을 자던 강아지들이 풍경 소리에 놀라 눈을 뜰 때마다 웃음이 절로 나온다. 어디서든 느껴보지 못한 편안하고 평화로운 분위기를 마음껏 누려본다.

오래된 풍금과 선풍기 등이 실내에 가득 채워져 있으며 7080

음악 소리가 은은하게 들려오니 그야말로 레트로 감성이다. 카페는 사장님 부부가 운영하고 있는데 20년 전 나무를 좋아하는 사장님이 취미로 조경을 시작하면서 정원으로 가꾸게 되었고 자연과 더불어 공유하고 싶어 카페로 개조했다 한다. 카페 앞으로는 유곡천이 흐르고 초록빛을 가득 머금은 산과 기암절벽은 배경이 되니 자연과 하나가 되는 기분이다. 정원에는 흔들의자가 있고 곳곳에 테이블을 놓아 자유롭게 앉을 수 있도록 꾸몄다. 깔아놓은 매트를 따라 걸으면 조각상과 암석, 그리고 붕어가 헤엄치는 작은 연못도 만날 수 있다.

주변 볼거리·먹거리

호암이병철생가 삼성그룹 호암 이병철 생가가 있는 곳이다. 이 집은 곡식을 쌓아 놓은 듯 노적봉 형상을 하고 있고 주변 산의 기가 산자락 끝 생가터에 혈이 되어 맺혀 그 지세가 융성하고 특히 남강이 느릿하게 생가를 돌아 흘러 명당 중에 명당이라고 한다.

Ⓐ 경상남도 의령군 정곡면 호암길 22-4 Ⓞ 10:00~17:00/매주 월요일 휴관 Ⓣ 055-573-0723 Ⓔ 주차 무료

SPOT 3

해산물로 우려낸 진한 국물맛

배말칼국수 김밥

주소 경상남도 사천시 군영숲길 73 1층 · **가는 법** 사천시외버스터미널(삼천포행)에서 시외진주-사천직행 승차 → 삼천포터미널 하차 → 버스 104, 105번 환승 → 대방사거리 하차 → 도보 이동(약 7분) · **운영시간** 10:00~19:30(15:00~16:30 브레이크타임)/매주 월요일 휴무 · **전화번호** 055-832-7070 · **대표메뉴** 배말칼국수 9,000원, 꼬막비빔국수 9,000원, 배말톳김밥 4,500원, 배말땡초김밥 4,000원 · etc 주차 무료

점심이나 저녁시간에 가면 대기를 해야 하는 아담한 식당으로 사천케이블카가 보이는 곳에 위치한 배말칼국수와 톳김밥 맛집이다. 양식이 되지 않아 일일이 손과 칼로 채취해야 하는 자연산 따개비와 톳만 사용하고 있으며 배말칼국수와 김밥에는 배말과 보말 등 각종 해산물로 우려낸 육수를 활용해 음식 자체가 녹색을 띠고 있다. '남해 바다의 선물 배말칼국수 그리고 톳김밥', 식당 내부에 적힌 문구가 식욕을 자극한다. 톳이 들어간 톳김밥은 비릿한 냄새가 전혀 나지 않고 오독거리는 식감은 씹을수록 맛을 더한다. 배말땡초김밥은 말 그대로 땡초의 매운맛이 강했지만 알싸하면서도 깔끔해 오히려 계속 생각나게 한다. 하루에 100그릇만 판매한다는 칼국수는 배말(따개비)과 보말(참고동)을 넣어 해산물로 국물맛을 내고 배말을 아낌없이 갈아 넣었기에 국물까지 다 먹어야 제대로 먹는 것이라 한다. 육수 자체만으로도 보양식으로 걸쭉하면서 깊은 맛이 느껴진다.

TIP

- 배말은 맑은 바다의 갯바위에서 자라기 때문에 일일이 사람 손으로 채취해야 한다. 전복보다 훨씬 뛰어난 맛과 영양가가 풍부하다.
- 톳은 무기질과 철분이 풍부한 해초류로 칼로리는 낮고 식이섬유소가 풍부해 소화가 잘된다.

주변 볼거리·먹거리

사천바다케이블카

Ⓐ 경상남도 사천시 사천대로 18 Ⓞ 월~목요일 09:30~18:00, 금요일 09:30~20:00, 토요일 09:00~20:00, 일요일 09:00~18:00/매월 첫째, 셋째 주 월요일 휴무 Ⓒ 일반캐빈(왕복) 일반 15,000원, 소인 12,000원, (편도)일반 9,000원, 소인 6,000원/크리스탈캐빈(왕복) 대인 20,000원, 소인 17,000원, (편도)일반 12,000원, 소인 9,000원 Ⓣ 055-831-7300 Ⓗ cablecar.scfmc.or.kr Ⓔ 주차 무료

2월 5주 소개(064쪽 참고)

노산공원 사천시내 중심부인 서금동에 위치한 도시공원으로 바다가 보이는 언덕 위에 잘 다듬어진 잔디밭과 바닷가 산책로가 조성되어 있다. 노산공원 팔각정 전망대에서는 와룡산과 각산 삼천포항, 한려수도의 크고 작은 섬들을 조망할 수 있다. 조형물이 설치된 바다 주변도 산책이 가능하며 등대길과 방파제까지 걸어갈 수 있다.

Ⓐ 경상남도 사천시 서금동 110-16 Ⓞ 24시간/연중무휴 Ⓣ 055-830-4597 Ⓔ 주차 무료

추천 코스 하늘과 바다가 어우러진 곳(사천)

1 COURSE
금문정류장에서 버스 141번 승차 → 삼천포터미널 하차 → 버스 105번 환승 → 삼천포대교공원 하차 → 도보 이동(약 3분)

무지갯빛해안도로

2 COURSE
삼천포대교공원에서 버스 105번 승차 → 광포정류장 하차 → 도보 이동(약 8분)

사천면옥

3 COURSE

씨맨스카페

주소	경상남도 사천시 용현면 금문리 212-3
가는 법	사천시외버스터미널 소림사에서 버스 223번 승차 → 복지관 하차 → 버스 140번 환승 → 금문 하차 → 도보 이동(약 13분)
운영시간	24시간/연중무휴
입장료	무료
전화번호	055-831-2728
홈페이지	toursacheon.net
etc	주차 무료

사천에 가장 아름다운 길로 손꼽히는 무지갯빛 해안도로는 용현면 송지리부터 대포동 일원으로 바다가 펼쳐지는 3km 드라이브 코스지만 차를 두고 걸어도 좋은 곳이다.

주소	경상남도 사천시 사천대로 26 2층
운영시간	11:00~21:00/매월 첫째, 셋째 주 월요일 휴무
전화번호	055-834-4100
대표메뉴	사천물냉면 11,000원, 비빔냉면 12,000원, 섞어냉면 12,000원, 육회비빔밥 12,000원
etc	주차 가능, 전 메뉴 포장 가능

식당 내부는 깔끔하고 사천대교와 케이블카가 지나는 모습도 볼 수 있어 창가쪽은 항상 만석이다. 육전이 고명으로 올라오는 사천면옥은 국물맛이 깔끔하고 담백하며, 소고기가 푸짐하게 들어간 소고기국밥은 얼큰해서 시원한 맛이 느껴진다.

주소	경상남도 사천시 해안관광로 381-5
운영시간	11:00~21:00/태풍이나 파도가 심한 날 휴무
전화번호	055-832-8285
대표메뉴	에스프레소 5,500원, 아메리카노 6,000원, 카페라테 6,500원, 씨맨스커피 7,500원
etc	음료를 구입해야 주차 무료

카페가 있는 실안해변은 일몰로 유명한 곳이며 해 질 녘 하늘과 바다를 붉게 물들이는 환상적인 일몰과 조명은 여기가 해외인 듯한 착각을 불러일으키기도 한다.

7월 셋째 주

모노레일 타고 힐링하기

29 week

SPOT 1

숲속 체험을 통해 배우는 산림휴양공간

구미에코랜드

주소 경상북도 구미시 산동읍 인덕1길 195 · **가는 법** 구미종합터미널에서 좌석버스 111, 일반 10, 11, 162번 승차 → 구미IC네거리 하차 → 버스 80-1번 환승 → 의우총입구건너 하차 → 택시 또는 도보 이동(도보 이동 시 약 30분) · **운영시간** 09:00~18:00(산림문화관)/매주 월요일, 1월 1일, 명절 당일 휴무 · **입장료** 무료 · **전화번호** 054-480-5887 · **홈페이지** gumi.go.kr/ecoland · **etc** 주차 무료

산동면 인덕리에 위치한 구미에코랜드는 산림문화관, 생태탐방모노레일, 산동참생태숲, 자생식물단지, 신림복합체험단지와 문수산림욕장 등의 휴양시설을 겸비한 공간으로 아이들과 함께 할 수 있는 곳이다. 산림문화관은 3개의 층으로 1층과 2층은 산림생태전시와 체험장, 영상관과 카페, 어린이북카페로 구성되어 있고 생태탐방모노레일은 3층에서 탑승할 수 있다.

야외 탐방로인 참생태숲은 자생식물단지, 목공예체험장, 산동참생태숲과 숲속쉼터까지 걸어서 2시간 30분 정도 소요되는데 걷는 동안 나무와 숲, 꽃을 볼 수 있어 시간이 짧게 느껴진다.

주변 볼거리·먹거리

구미에코랜드생태탐방모노레일 산 정상까지 30분 정도 걸리며 힘들지 않게 정상에 오를 수 있다. 모노레일은 배차간격이 5분이지만 때에 따라 출발 간격이 달라질 수 있다. 총 8명 탑승으로 한정되어 있고 정원이 다 차지 않아도 출발 시간이 되면 바로 출발한다. 완만한 코스로 이어지다가 급경사 지역에서는 롤러코스터를 타는 듯한 스릴도 느낄 수 있다. 승강장이 있어 내렸다가 다음 모노레일로 갈아탈 수 있다.

Ⓐ 경상북도 구미시 산동읍 인덕1길 195 Ⓞ 하절기(3~10월) 09:00~17:00, 동절기(11~2월) 09:00~16:00 Ⓒ 일반 6,000원, 경로·청소년·어린이 4,000원 Ⓣ 054-480-5899 Ⓗ gumi.go.kr/ecoland Ⓔ 예약 필수

에코랜드 전망대로 오르는 길은 완만하고 숲과 연결되어 있으며, 계절별로 다양한 꽃이 피는 생태숲에는 나무조각 작품들로 꾸며놓아 숲에서 노는 즐거움을 느끼게 한다.

SPOT 2

백두대간을 한눈에 볼 수 있는

거제 관광모노레일

주소 경상남도 거제시 계룡로 61 포로수용소유적공원 내 · **가는 법** 고현버스터미널에서 버스 100, 110, 130번 승차 → 포로수용소 하차 → 도보 이동(약 1분) · **운영시간** 하절기(3~10월) 09:00~17:00, 동절기(11~2월) 09:00~16:00/매월 둘째, 넷째 주 월요일, 설날 및 추석 당일 휴무 · **입장료** 일반 (왕복)15,000원, (편도)10,000원/소인 (왕복)9,000원, (편도) 7,000원 · **전화번호** 055-638-0638 · **홈페이지** tour.geoje.go.kr · **etc** 주차 요금 승용차 2,000원

포로수용소유적공원 내 평화파크 하늘광장에서는 거제관광모노레일을 탑승할 수 있다. 모노레일을 탑승하면 계룡산 정상과 한려해상의 수려한 경관, 포로수용소의 잔존 유적지를 볼 수 있다. 왕복 3.6km로 관광형 모노레일로는 국내에서 최장의 길이이며 상부로 올라가면서 소원돌탑길과 계룡산 기슭을 따라 자라는 해송군락지를 볼 수 있다. 또한 경상도가 37도인 지점에서는 떨어질 듯한 짜릿한 경험도 하게 된다.

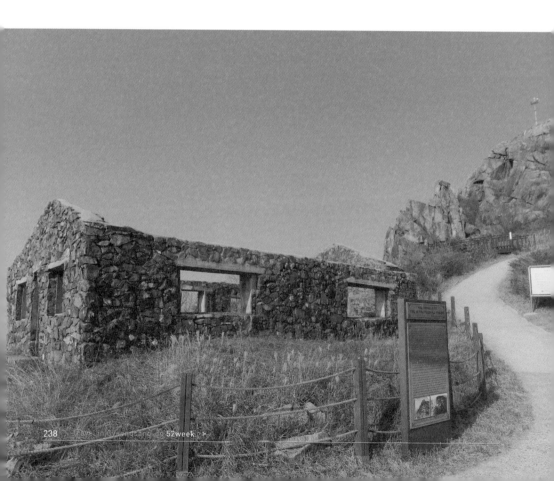

상당부에 있는 계룡산은 닭이 알을 품고 있는 형상으로 산정상은 닭의 머리를, 꼬리는 용의 형상을 하고 있어 계룡산이라 부르며, 의상대사가 수도했다는 절터가 있다. 날씨가 좋을 때면 거가대교를 비롯해 산과 바다가 어우러진 아름다운 천혜의 풍광을 볼 수 있다.

주변 볼거리·먹거리

포로수용소유적공원
한국전쟁 당시 인민군과 중공군을 비롯해 42만여 명이 수용되었던 곳으로 지금은 유적관과 전시관 등을 통해 전쟁의 참상을 알리고자 공원으로 조성해 놓았다. 포로들이 기거했던 막사와 그들의 생활 모습을 엿볼 수 있으며 한국전쟁 당시 사용되었던 탱크와 무기 등도 전시해 두었다.

Ⓐ 경상남도 거제시 계룡로 61 Ⓞ 09:00~18:00/매주 화요일 휴무 Ⓒ 어른 7,000원, 청소년 5,000원, 어린이 3,000원/모노레일(왕복) 일반 15,000원, 소인 9,000원, (편도) 일반 10,000원 소인 7,000원 Ⓣ 055-639-0625 Ⓔ 주차 승용차 2,000원

SPOT 3

피톤치드 가득한 숲속 힐링

대봉산 휴양밸리

주소 경상남도 함양군 병곡면 병곡지곡로 331 · **가는 법** 함양시외버스터미널에서 농어촌버스 함양지리산고속-대광행 승차 → 마평 하차 → 도보 이동(약 26분) 및 택시 이용 추천 · **운영시간** 08:00~16:00/매주 화요일, 설, 추석 명절 당일 휴무 · **전화번호** 055-960-6510 · **홈페이지** hygn.go.kr · **etc** 주차 무료

이곳은 봉황이 알을 품고 있는 형상으로 큰 인물이 난다 하여 대봉산이라 불렀다. 하지만 일제강점기 때 벼슬하는 사람이 나오는 것을 막기 위해 산 이름을 괘관산(벼슬을 마친 선비가 갓을 벗어 걸어둔 산)으로 낮춰 불렀지만 2009년 3월 중앙지명위원회 승인 고시를 거쳐 원래 이름인 대봉산으로 다시 부르게 되었다. 지리산을 비롯해 함양의 수려한 명산 중에서도 보석처럼 빛나는 산으로 마치 봉황이 세상을 끌어안은 듯한 산세를 가진 영산에 피톤치드 가득한 숲속 힐링 공간인 대봉산휴양밸리가 있다.

선비문화의 본고장인 함양에서도 공기 좋고 경치 좋기로 소

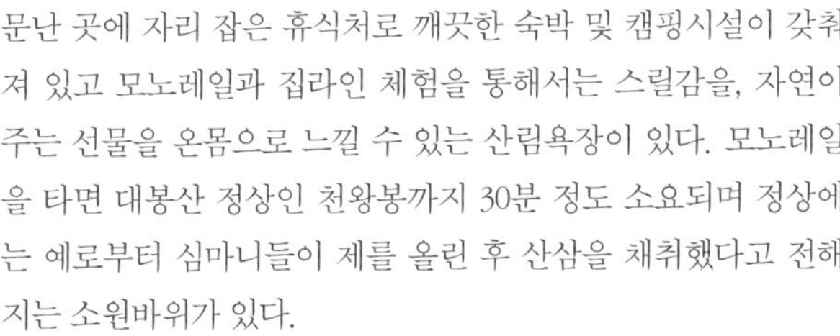

문난 곳에 자리 잡은 휴식처로 깨끗한 숙박 및 캠핑시설이 갖춰져 있고 모노레일과 집라인 체험을 통해서는 스릴감을, 자연이 주는 선물을 온몸으로 느낄 수 있는 산림욕장이 있다. 모노레일을 타면 대봉산 정상인 천왕봉까지 30분 정도 소요되며 정상에는 예로부터 심마니들이 제를 올린 후 산삼을 채취했다고 전해지는 소원바위가 있다.

주변 볼거리·먹거리

대봉산휴양밸리 스카이랜드모노레일 국내 최초 산악관광 모노레일로 전국에서 가장 긴 3.93km로 대봉산 하부 승강장부터 대봉산 정상까지 소요시간은 30분이다. 탑승 인원은 8명으로 오전 9시 30분부터 7분 간격으로 운행된다. 레일이 한 개밖에 없어 모노레일이 좌우로 움직일 때마다 스릴감을 느낄 수 있다.

Ⓐ 경상남도 함양군 병곡면 병곡지곡로 333 ⓞ 09:30~16:30/매주 화요일, 설 연휴, 추석 연휴, 정기안전점검일 매월 마지막 주 화~수요일 휴무 Ⓒ 어른 15,000원, 청소년 12,000원, 어린이 10,000원 Ⓣ 055-963-2025 Ⓗ hygn.go.kr

SPOT 4

파스타와 리조또가 맛있는

빠리맨션

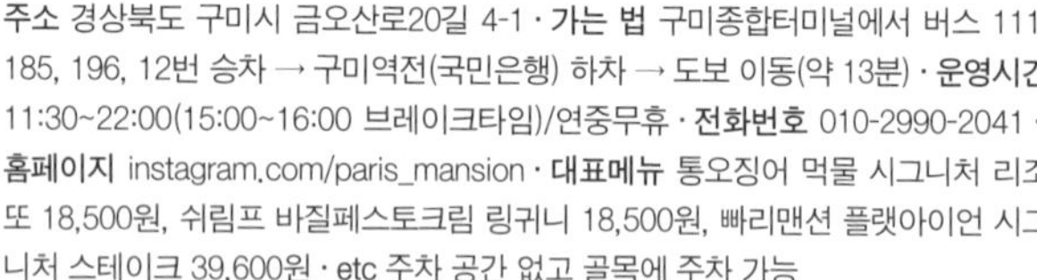

주소 경상북도 구미시 금오산로20길 4-1 · **가는 법** 구미종합터미널에서 버스 111, 185, 196, 12번 승차 → 구미역전(국민은행) 하차 → 도보 이동(약 13분) · **운영시간** 11:30~22:00(15:00~16:00 브레이크타임)/연중무휴 · **전화번호** 010-2990-2041 · **홈페이지** instagram.com/paris_mansion · **대표메뉴** 통오징어 먹물 시그니처 리조또 18,500원, 쉬림프 바질페스토크림 링귀니 18,500원, 빠리맨션 플랫아이언 시그니처 스테이크 39,600원 · **etc** 주차 공간 없고 골목에 주차 가능

파스타와 오징어 먹물 리조또가 맛있는 집으로 1983년도 건축된 가정집을 프랑스의 레트로 분위기를 결합해 식당으로 리뉴얼했다. 프랑스 친구에게 초대받아 방문한 듯 익숙하면서도 편안한 분위기의 아날로그한 공간 속에서 사랑하는 사람과 함께 감수성을 회복하고 아름다운 추억을 만드는 장소가 되길 바란다는 주인장의 마음이 그대로 전해진다.

오징어먹물이 들어간 통오징어 먹물 시그니처 리조또는 어떤 맛인지 방문할 때부터 궁금했다. 먹물을 입힌 밥의 비주얼에 다소 거부감이 생길 수도 있으나 그래도 무언가 특별한 느낌이다. 빨간 소스는 매콤해서 오징어의 비릿한 냄새가 전혀 느껴지지 않고 안쪽에는 달달한 크림치즈가 들어가 있어 매콤함과 달달함의 오묘한 조화가 새롭다. 맛있는 식사 후에 돌아갈 때는 식당에서 서비스로 주는 마카롱도 잊지 말자.

주변 볼거리·먹거리

금오산올레길 금오산의 매력은 금오지에서 시작된다는 말이 있을 정도로 산중턱에 자리 잡은 아름다운 산중호수다. 수변을 따라 수양버들을 비롯하여 각종 나무들이 길게 가지를 늘어뜨리고 저수지 주변으로는 산책로가 잘 조성되어 있다. 밤이면 조명이 저수지를 화려하게 수놓아 더욱 아름답다.

Ⓐ 경상북도 구미시 남통동 금오산로 164 Ⓞ 10:00~22:00/연중무휴 Ⓣ 054-480-4601 Ⓔ 주차 요금 무료(금오산주차장 이용 시 1,500원)

추천 코스 소백산맥 줄기를 품은 곳(구미)

1 COURSE 금오산

금오산입구에서 도보 이동(약 15분)

2 COURSE 채미정

금오산정류장에서 버스 27, 27-1, 27-2번 승차 → 경북교육청도서관 하차 → 도보 이동(약 4분)

3 COURSE 빠리맨션

주소 경상북도 구미시 남통동 288-2
가는 법 구미종합터미널에서 버스 11, 53, 184, 10, 26-1번 승차 → 금오산사거리 하차 → 버스 27, 27-1, 27-2번 환승 → 금오산 하차 → 도보 이동
입장료 무료
전화번호 054-480-4601
etc 주차 소형차 기준 1,500원

기암괴석으로 풍광을 이루며 거인이 누워 있는 듯한 와불상과 탐방객들이 차곡차곡 쌓아놓은 돌탑까지 천혜의 비경을 간직한 명산 중에 한 곳으로 발을 디딜 때마다 뒤돌아볼 정도로 그냥 지나치기 아쉬운 풍광들이 즐비하다.

주소 경상북도 구미시 금오산로 366
전화번호 054-480-4601
입장료 무료
etc 주차 소형차 기준 1,500원

금오산에서 시작되어 금오지까지 흐르는 계류에 걸린 석교 건너편에 자리 잡은 정자로 고려시대 학자 야은 길재의 충절과 학문을 추모하기 위해 조선시대 영조 44년에 건립되었다. 길재는 고려가 망하고 조선 왕조가 들어서면서 두 왕을 섬길 수 없다 하여 벼슬을 버리고 선산으로 내려와 여생을 보냈다.

주소 경상북도 구미시 금오산로20길 4-1
운영시간 11:30~22:00(15:00~17:00 브레이크타임)/연중무휴
전화번호 010-2990-2041
홈페이지 instagram.com/paris_mansion
대표메뉴 통오징어 먹물 시그니처 리조또 18,500원, 쉬림프 바질페스토 크림 링귀니 18,500원, 빠리맨션 플랫아이언 시그니처 스테이크 39,600원
etc 주차 공간 없고 골목에 주차 가능

7월 29주 소개(242쪽 참고)

7월 넷째 주

강과 산을 잇는 출렁다리

30 week

SPOT 1

강줄기 따라 Y자형
의령구름다리

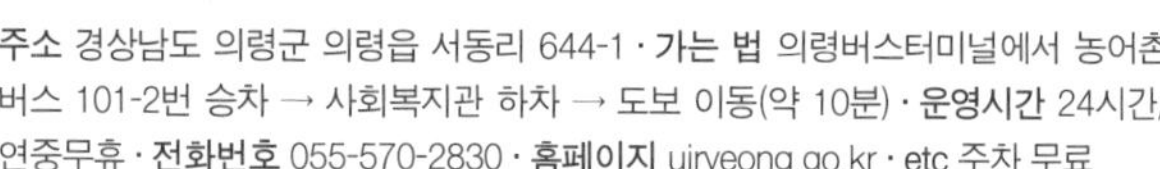

주소 경상남도 의령군 의령읍 서동리 644-1 · **가는 법** 의령버스터미널에서 농어촌 버스 101-2번 승차 → 사회복지관 하차 → 도보 이동(약 10분) · **운영시간** 24시간/연중무휴 · **전화번호** 055-570-2830 · **홈페이지** uiryeong.go.kr · **etc** 주차 무료

자굴산에서 발원하여 흐르는 의령천과 벽화산에서 발원하여 흐르는 남산천이 합류되는 삼각지로 그곳에 의령구름다리가 있다. 이 구름다리는 의령 서동 생활공원과 남산, 그리고 덕곡서원에서 건너도 중앙에서 만나게 되어 있는 Y자 모양으로 다리 바닥이 철망으로 되어 있어 발아래 강이 보이니 긴장감과 스릴을 느낄 수 있다. 구름다리 아래 의령천에서는 오리배도 타고 캠핑 의자에 앉아 망중한을 즐기는 사람들도 있으니 여름철이면 피서를 즐기러 오는 사람들로 붐비는 곳이다.

의령은 임진왜란 최초의 의병장인 홍의장군 곽재우의 고장으로 구름다리의 주탑 18개의 흰색 고리는 충익사 의병탑을 형상

화해 곽재우 장군과 17장령을 상징하는 것으로 알려져 있다. 구름다리 주변에는 구룡이 노닐다 갔다는 구룡마을이 있고 솥바위 반경 8km에는 부자가 난다는 전설 때문인지 삼성 이병철 회장과 효성 구인회 회장의 생가가 있다. 구름다리는 인근 수변공원과 인공폭포, 그리고 남산둘레길로 연결되어 둘레길을 걷거나 등산로를 따라 남산 정상까지 오를 수 있다. 최근에는 다리에 조명시설을 설치해 밤이면 화려한 빛을 볼 수 있다.

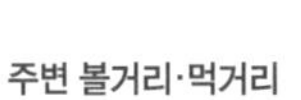

주변 볼거리·먹거리

정암루&솥바위 곽재우 장군이 정암전투에서 승리한 기념으로 세운 누각으로 남강이 흐르는 언덕 위에 자리하고 있다. 정암루 바로 아래의 정암나루 자리는 임진왜란 때 곽재우 장군이 의병들을 이끌고 왜군을 크게 물리친 정암전투 현장이다. 정암루 아래에는 가마솥을 닮은 바위가 보이는데 그 바위가 바로 솥바위다. 물 위에 드러난 모양새가 솥 모양을 닮았다고 해서 솥바위로 부르며 바위를 중심으로 반경 20리 안에 백성을 먹여 살릴 만한 큰 부자가 나온다는 이야기도 전해진다.

Ⓐ 경상남도 의령군 의령읍 남강로 686 Ⓞ 24시간/연중무휴 Ⓣ 055-570-2510 Ⓔ 주차 무료

SPOT 2

국내 최초 교각 없는

우두산 Y자형출렁다리

주소 경상남도 거창군 가조면 의상봉길 834 · **가는 법** 거창버스터미널에서 농어촌버스 28번 승차 → 용당소회관 하차 → 택시 이용(약 7분)/주말에는 승용차 진입 불가로 가조면사무소 앞 임시주차장에 주차 후 출렁다리까지 가는 셔틀버스 이용 · **운영시간** 3~10월 09:00~17:50, 11~2월 09:00~16:50/매주 월요일 휴무 · **입장료** 일반 3,000원, 만 7세 이상 만 65세 미만 무료(거창사랑상품권 2,000원 환불) · **전화번호** 055-940-7930 · **홈페이지** foresttrip.go.kr · **etc** 주차 30분 500원, 10분 초과 시 200원, 1일 5,000원

우두산은 별유산, 의상봉이라고도 불리는데 산의 생김새가 소머리를 닮았다고 하여 우두산이라 부른다. 산세가 수려하여 덕유산과 기백산만큼 봉우리가 많으며 의상봉과 장군봉 등 총 9개의 봉우리가 산을 이룬다. 천혜의 자연경관과 청정산림을 자랑하는 곳에 항노화힐링랜드를 조성했으며, 그곳에 우리나라 최초로 교각이 없는 Y자형 출렁다리가 새롭게 생겨났다.

출렁다리까지는 총 579계단을 올라야 만날 수 있는데, 막상 Y자형 출렁다리를 마주하게 되면 웅장하고 위용 넘치는 모습에

놀라고 만다. 출렁다리 3개가 만나는 지점에 서 있으면 장군봉과 발아래 덮시골 폭포가 절경을 이루며 우두산의 600m 지점에 설치되어 있어 보기만 해도 아찔하다. 막힌 곳 없이 사방이 뚫린 협곡은 시원하게 느껴지고 병풍처럼 드리워진 산줄기는 장관을 이룬다. 우리나라 최초의 Y자형 출렁다리이니만큼 한 번쯤 도전해볼 만하다.

주변 볼거리·먹거리

항노화힐링랜드 해발 1,046m 우두산 자락에 위치해 있으며 천혜의 산림환경을 활용해 힐링과 치유를 주제로 조성되었다. 항노화힐링랜드에는 Y자형 출렁다리와 함께 누구나 안전하고 편안하게 걸을 수 있는 무장애데크로드를 설치해 노약자나 어린아이들도 나무 향기와 풀냄새를 맡으며 힐링의 시간을 보낼 수 있다. 숲해설과 산림치유 프로그램도 진행하고 있을 뿐만 아니라 숲속의집과 산림휴양관인 숙박시설도 갖춰져 있다.

Ⓐ 경상남도 거창군 가조면 의상봉길 834 Ⓒ 숲해설 무료/산림치유센터 어른 5,000원, 청소년·어린이 3,000원 Ⓣ 055-940-7930

SPOT 3 

오랜 전통의 정직한 맛

화정소바

주소 경상남도 의령군 의령읍 의병로18길 9-3 · **가는 법** 의령버스터미널에서 농어촌버스 1-90, 2-10, 2-11, 2-14번 승차 → 의령시장 하차 → 도보 이동(약 2분) · **운영시간** 10:00~20:00/연중무휴 · **전화번호** 055-572-1122 · **대표메뉴** 온소바 8,000원, 비빔소바 8,000원, 냉소바 8,000원 · etc 의령시장 주차 무료

대를 이어가는 정직한 맛, 메밀국수 한 그릇에 40년을 쏟은 집이 바로 의령시장 안에 위치한 화정소바다. 음식에 들어가는 모든 채소들은 직접 재배해 사용하고 반죽, 숙성, 제면 모두 자가제면을, 육수는 당일에만 만들고 있다.

소바라는 음식은 메밀가루로 만든 국수를 뜨거운 국물이나 차가운 간장에 무, 파, 고추냉이를 넣고 찍어 먹는 한국의 요리로, 조선인 원진이 일본에 제면기술을 전수하면서 일본인들도 메밀을 면으로 만들어 먹기 시작했다고 한다. 함흥냉면, 춘천막국수 등 각 지역의 음식들이 따로 있듯 의령은 소바가 지역의 별미로 꼽힌다. 온소바보다는 양념의 맛을 느끼고 싶어 비빔소바를 주문했다. 새콤 달콤 매콤의 삼박자가 교묘하게 어우러져 집나간 입맛도 돌아오게 하는 맛이다. 많이 맵지 않고 칼칼하며 고명으로 올라간 소고기는 푸짐해 넉넉한 시골인심이 느껴진다.

화정소바의 시작은 1978년 장터 배고픈 어르신들에게 무료로 소바와 국수를 내어드리면서 시작되었고 주변의 권유에 1979년 개업해 지금에 이르렀다고 한다. 대한민국 메밀국수명인과 의령군 최초의 백년가게로 전통의 맛을 잃지 않고 이어가기 위해 체인점은 내지 않는다는 사장님의 생각이 음식 맛을 좌우한다는 걸 느끼게 한다.

주변 볼거리·먹거리

의령농가밥상 아침을 먹기 위해 식당을 찾다 우연히 들어간 곳이 의령군의 자연밥상 대표 맛집이다. 자굴산 꾸지뽕을 활용해 밥상을 차리고 직접 지은 농산물과 집에서 만든 전통 된장, 고추장을 사용한다. 재료를 아끼지 않아 우렁이청국장을 주문했더니 우렁이를 듬뿍 넣어준다. 자글자글 끓인 청국장과 우렁이를 호박잎에 싸서 먹으면 더욱 맛있다.

Ⓐ 경상남도 의령군 의령읍 의병로14길 19-5 Ⓞ 토~일요일 06:30~17:00 Ⓣ 0507-1481-7890 Ⓜ 제철농가밥상 23,000원, 뚝배기된장 10,000원, 우렁이청국장 12,000원 Ⓔ 길가에 주차

추천 코스 강줄기 따라 충절의 고장(의령)

1 COURSE
▶ 의령구름다리

성남마을에서 농어촌버스 4-20, 4-21, 888번 승차 → 의령전통시장 하차 → 도보 이동(약 3분)

2 COURSE
▶ 화정소바

의령전통시장에서 농어촌버스 2-11, 2-37번 승차 → 장내 하차 → 도보 이동(약 2분)

3 COURSE
▶ 그린프로그

주소	경상남도 의령군 의령읍 서동리 644-1
가는 법	의령버스터미널에서 농어촌버스 101-2번 승차 → 사회복지관 하차 → 도보 이동(약 10분)
운영시간	24시간/연중무휴
전화번호	055-570-2830
홈페이지	uiryeong.go.kr
etc	주차 무료

7월 30주 소개(244쪽 참고)

주소	경상남도 의령군 의령읍 의병로 18길 9-3
운영시간	10:00~20:00/연중무휴
전화번호	055-572-1122
대표메뉴	온소바 8,000원, 비빔소바 8,000원, 냉소바 8,000원
etc	의령시장 주차 무료

7월 30주 소개(248쪽 참고)

주소	경상남도 의령군 정곡면 법정로 971
운영시간	10:00~21:00/매주 월요일 휴무
전화번호	055-572-9710
대표메뉴	아메리카노 4,500원, 카페라테 5,000원, 바닐라라테 5,500원
etc	주차 무료

몇 년 전 방문할 때만 해도 없었던 곳에 생긴 카페 그린프로그는 고 이병철 회장 생가 옆에 위치해 있다. 빨간색 공중전화 박스가 감성을 돋게 하고 캠핑의자에 앉아 장작불 불멍을 하면 좋을 분위기다. 자작나무가 자리한 뒷마당은 바쁘더라도 잠시 쉬어가게 한다.

7월 다섯째 주

바다 위를 걷는 짜릿함

31 week

SPOT 1

아찔하고 스릴 있는

등기산 스카이워크

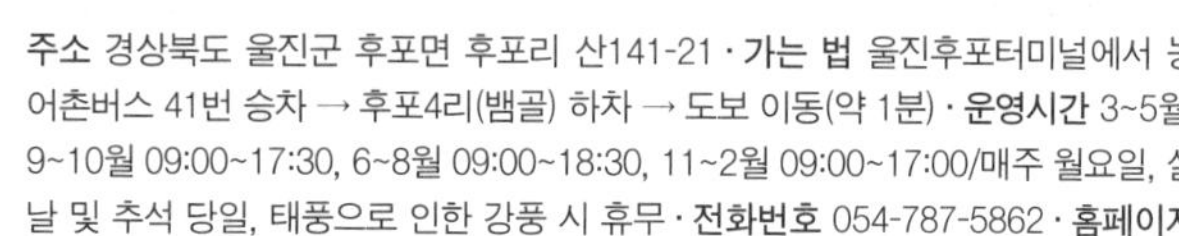

주소 경상북도 울진군 후포면 후포리 산141-21 · **가는 법** 울진후포터미널에서 농어촌버스 41번 승차 → 후포4리(뱀골) 하차 → 도보 이동(약 1분) · **운영시간** 3~5월, 9~10월 09:00~17:30, 6~8월 09:00~18:30, 11~2월 09:00~17:00/매주 월요일, 설날 및 추석 당일, 태풍으로 인한 강풍 시 휴무 · **전화번호** 054-787-5862 · **홈페이지** www.uljin.go.kr/tour/index.uljin · **etc** 주차 무료

바닷가 주변은 날씨에 따라 다른 느낌을 받을 때가 있다. 유난히 하늘은 선명한데 불어오는 바람에 구름이 몰려오고 다시 밀려 나가니 하늘이 유혹이라도 하는 듯 매력적이다. 이러다가 비가 오거나 강풍이 불면 스카이워크로 가는 길이 폐쇄되는 건 아닌지 심장이 쫄깃해진다. 후포 등기산스카이워크 출입 시에는 덧신으로 갈아신어야 한다. 유리 위로 걸을 때 흠집이 생기는 것을 방지하기 위함이기도 하지만 푸른 바다를 깨끗하게 볼 수 있는 방법이니 지킬 건 지키도록 하자. 얇은 기둥 몇 개가 지탱하

고 있으니 바람이 조금만 불어도 다리가 흔들리는 것 같아 스릴 있고 짜릿하다. 탁 트인 동해와 파도소리, 에메랄드빛 바다는 부대끼며 살아온 날들을 보상이라도 해 주는 듯하고 하늘도 유독 아름답다.

주변 볼거리·먹거리

후포근린공원 스카이워크 뒤편으로 등기산에서는 세계 각국의 등대를 볼 수 있다. 조형물과 등대를 배경으로 사진을 찍는 곳마다 포토존이 되고 봄이면 벚꽃으로 아름답다. 1968년 처음 불을 밝혔던 후포등대와 인천 팔미도등대, 이집트 파로스등대, 프랑스와 독일등대까지 다양한 모양의 등대를 전시해놓아 바다와 함께 등대감상도 재미를 준다.

Ⓐ 경상북도 울진군 후포면 등기산길 40 Ⓞ 24시간/연중무휴 Ⓔ 주차 무료

SPOT 2

바다를 한눈에

이가리닻 전망대

주소 경상북도 포항시 북구 청하면 이가리 산67-3 · **가는 법** 포항역(흥해행)에서 버스 121, 5000번 승차 → 성곡리 하차 → 버스 580번 환승 → 이가리닻전망대 하차 → 도보 이동(약 1분) · **운영시간** 09:00~18:00, 6~8월 09:00~20:00/강풍, 풍랑, 해일 등 기상특보 시 출입금지 · **전화번호** 054-270-3204 · **홈페이지** pohang.go.kr/phtour/index.do · **etc** 주차 무료

포항의 끄트머리에 위치한 이가리닻전망대는 배의 닻 모양으로 그 끝은 독도를 향하고 있다. 바다 위에 산책로가 있어 바다 위를 걷는 느낌도 들지만 전망대 끝으로는 바람이 불면 휘청거리니 만만하게 봐서는 안 된다. 서해나 남해에서는 흔하게 볼 수 있는 섬조차도 동해에서는 볼 수 없으니 탁 트인 바다가 맞다. 삼면이 바다라 어느 곳에서나 바다를 접하지만 동해와는 견줄 만한 곳이 없으니 세상 어디에도 없는 천혜의 비경이 아름답기만 하다.

이가리닻전망대 옆에는 이가리해수욕장이 자리하고 있다. 여름철이면 피서객들이 캠핑을 하고 그 주변으로 빽빽하게 자리 잡은 해송숲은 바라만 봐도 시원함이 느껴진다. 강렬한 7월의 햇살도 그늘이 되어 다 막아주니 말이다. 우리나라 고유의 영토인 독도를 향하고 있는 전망대에서 독도까지는 직선거리로 약 251km로 국민의 독도 수호 염원을 담았다고 한다.

옛날 도 씨와 김 씨 두 가문이 합쳐진 곳이라고 해서 이곳 지명을 이가리라 불렀으며 바다와 기암절벽이 어우러져 아름답기로 유명하다. 거북을 닮은 거북바위와 조선시대 진경산수화의 대가인 겸재 정선이 청하현감으로 이곳에 2년간 머물고 있을 때 자주 찾아와 그림을 그렸다고 전해지는 조경대의 빼어난 모습도 볼 수 있다.

주변 볼거리·먹거리

월포해수욕장 달이 비치는 맑은 바다라는 뜻을 가진 월포해수욕장은 이름처럼 달이 수면에 비칠 정도로 맑고 깨끗하다. 고기가 풍부해 월포방파제와 갯바위에서 낚시를 하거나 캠핑 차박의 성지로 알려져 많은 사람이 찾고 있다. 백사장은 자갈과 모래로 이루어져 있으며 바닷물은 수심이 얕고 깨끗해 가족 피서지로도 적합한 곳이다. 아침이면 일출의 명소로도 유명하다.

Ⓐ 경상북도 포항시 북구 청하면 해안로 2394번길 Ⓞ 24시간/연중무휴 Ⓣ 054-232-9770 Ⓔ 주차 무료

SPOT 3

죽변항에 숨어있는 맛집

죽변우성식당

주소 경상북도 울진군 죽변면 죽변항길 69 · **가는 법** 울진시외버스터미널(월변방면)에서 농어촌버스 27, 30, 48, 52번 승차 → 죽변 하차 → 도보 이동(약 3분) · **운영시간** 07:00~15:00/매주 월요일 휴무 · **전화번호** 054-783-8849 · **대표메뉴** 물곰국 17,000원, 가자미찌개 12,000원, 도루묵찌개 12,000원, · etc 주차 무료

경상도에서는 곰치라고 부르는 생선을 강원도에서는 흐물흐물한 살집과 둔한 생김새 때문에 물텀벙 또는 물곰이라고 부른다. 탕으로 끓이면 담백하고 깔끔한 맛을 내기 때문에 음주 후 속풀이로 많이 먹고 있는 생선으로 타우린이 많아 간 기능을 강화하는 데 효과가 있다고 한다. 술 마신 후 해장에는 곰치국이 딱이다.

곰치국은 처음 접하면 흐물흐물한 살 때문에 물컹거려서 먹기를 꺼려하지만 한번 맛 들이면 깊은 맛까지 느낄 수 있다. 곰치국을 처음 접하게 될 때 실패 없는 현지인들이 인정하는 맛집이 죽변항에 위치한 죽변우성식당이다. 곰치국을 끓일 때 들어가는 김치맛과 곰치 본연의 맛이 조화를 이루니 해장하러 갔다가 술을 더 마시고 온다는 말까지 있을 정도다. 그래도 곰치국에 자신이 없으면 가자미찌개를 추천한다. 싱싱한 가자미는 살이 뼈에 붙지 않고 깨끗하게 발라지며 쫄깃한 살이 달콤하고 맛있다. 매운 맛이 강하지 않아 찌개 국물에 밥을 비벼 먹으면 색다른 맛을 느낄 수 있다.

주변 볼거리·먹거리

죽변항 1995년 12월 국가 어항으로 지정된 죽변항은 울진 등대가 서 있는 아름다운 항구다. 대나무가 많은 바닷가 또는 대숲 끄트머리 마을이라 하여 죽빈이라고도 불렸으며 오징어와 고등어, 대게 등이 많이 잡힌다. 죽변항 주변으로 크고 작은 해수욕장이 있는데 동해의 파란 물과 깨끗한 모래가 매력적인 곳이다.

Ⓐ 경상북도 울진군 죽변면 죽변항길 124 Ⓞ 24시간/연중무휴 Ⓣ 054-782-1501(울진군청 문화관광과) Ⓔ 주차 무료

추천 코스 살기 좋은 아름다운 곳(울진)

1 COURSE
불영사

불영사에서 버스 18, 31, 88번 승차 → 울진농협앞 하차 → 버스 85, 96번 환승 → 죽변4리 하차 → 도보 이동(약 3분)

2 COURSE
죽변해안스카이레일

죽변4리에서 버스 26번 승차 → 후정 하차 → 도보 이동(약 7분)

3 COURSE
르카페말리

주소 경상북도 울진군 금강송면 불영사길 48
가는 법 울진시외버스터미널(월변방면)에서 농어촌버스 31, 38, 39, 77번 승차 → 불영사 하차 → 도보 이동(약 22분)
운영시간 08:00~17:00/연중무휴
전화번호 054-783-5004
etc 주차 무료

천축산의 서쪽 바위가 불영지에 드리운 모습이 부처 같다고 해서 '부처가 비치다'라는 뜻의 불영사라는 이름이 붙여진 비구니 사찰이다. 아홉 마리의 사악한 용이 살고 있는 연못에 수분으로 용을 쫓고 절을 지었다는 전설이 있다.

주소 경상북도 울진군 죽변면 죽변중앙로 235-129
운영시간 평일 09:30~18:00, 주말 및 공휴일 09:00~18:30
이용요금 1, 2인(왕복) 21,000원, 3인(왕복) 28,000원, 4인(왕복) 35,000원
전화번호 054-783-8881
홈페이지 uljin.go.kr/skyrail/main.tc
etc 2시간 주차 무료

1월 4주 소개(051쪽 참고)

주소 경상북도 울진군 죽변면 죽변중앙로 32
운영시간 월~토요일 10:00~22:00, 일요일 10:00~18:00/연중무휴
전화번호 054-781-5292
홈페이지 instagram.com/lecafemarli
대표메뉴 아메리카노 4,500원, 카페라테 5,000원, 레인보우케이크 6,000원
etc 주차 무료

1월 4주 소개(050쪽 참고)

7월의 거제
바닷길 따라 아름다움을 찾아 떠나는 여행

7월의 거제도는 가는 곳마다 탐스러운 수국이 피어 반긴다. 우리나라에서 두 번째로 큰 섬으로 한때는 유배지였고 한국전쟁 때는 포로수용소가 있던 역사적으로는 암담한 곳이지만 지금은 휴양도시로 봄이면 동백, 여름이면 수국이 피어 아름답다. 넓게 펼쳐져 있는 바다를 끼고 해안도로가 발달되어 있어 바닷길 따라 숨은 비경도 많다. 초여름의 거제도는 어떤 모습일지 궁금하다.

2박 3일 코스 한눈에 보기

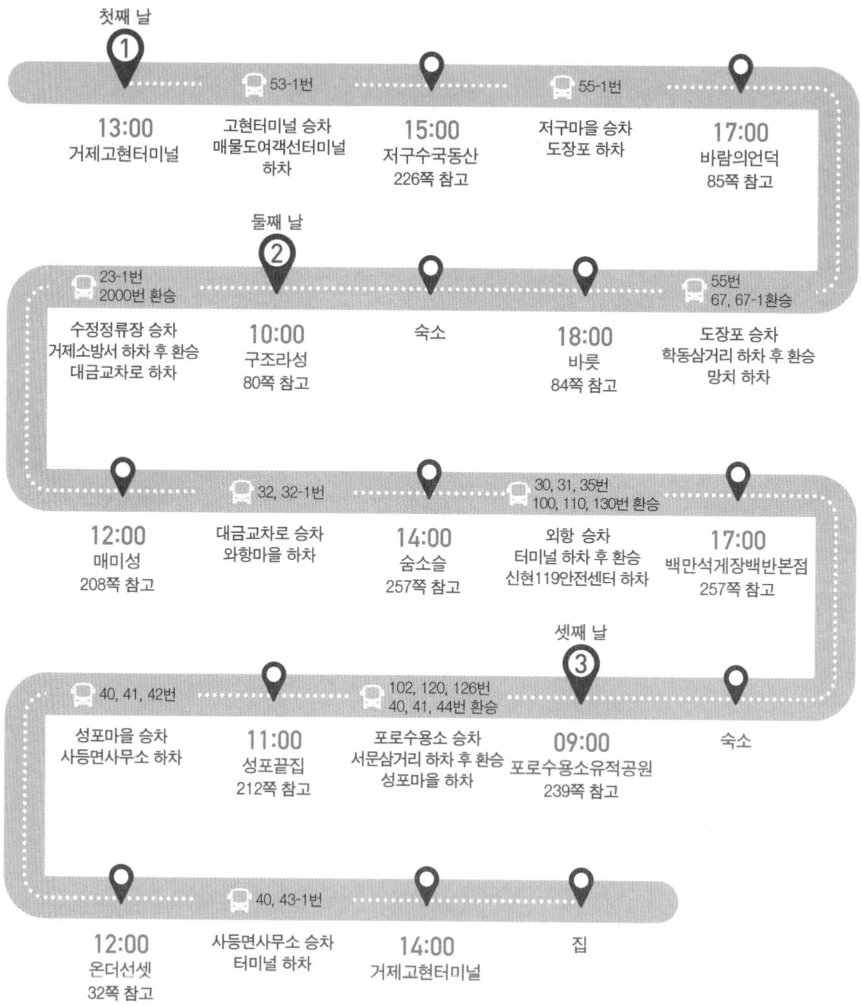

지구수국동산

바람의언덕

숨소슬(맹종죽테마파크) 거제도 맹종죽은 1926년 신용우 씨가 일본 산업시찰 후 성동마을 자신의 집에 심은 것이 처음이라고 한다. 맹종죽테마공원에서는 담양의 죽녹원 못지않게 크고 넓은 대나무숲을 만날 수있으며 1.4km에 이르는 맹종죽 산책로는 산소발생량이 많아 스트레스를 없애주고 심신을 순화시켜주며 마음을 편안하게 해 준다.

Ⓐ 경상남도 거제시 하청면 거제북로 700 Ⓞ 하절기(3~10월) 09:00~18:00, 동절기(11~2월) 09:00~17:30 Ⓒ 일반 4,000원, 청소년 3,000원, 어린이 2,000원/체험비 별도 Ⓣ 055-637-0067 Ⓗ maengjongjuk.co.kr Ⓔ 주차 무료

포로수용소유적공원 7월 29주 소개(239쪽 참고)

Ⓐ 경상남도 거제시 계룡로 61 Ⓞ 09:00~18:00/매주 화요일 휴무 Ⓒ 포로수용소유적공원 어른 7,000원, 청소년 5,000원, 어린이 3,000원/모노레일(왕복) 일반 15,000원, 소인 8,000원, (편도) 일반 10,000원, 소인 7,000원 Ⓣ 055-639-0625/055-638-0638(모노레일) Ⓗ gmdc.co.kr Ⓔ 주차 요금 승용차 2,000원

백만석게장백반본점 거제도 향토 음식 중 많은 사람이 추천하는 성게, 멍게비빔밥으로 유명한 식당이 백만석이다. 성게, 멍게비빔밥을 주문하면 담백한 지리탕이 뚝배기에 끓여 나온다. 비빔밥에는 양념이 되어 있으니 고추장이나 간장을 따로 넣지 않고 김과 채소만 넣고 비벼 먹으면 된다. 갓 잡아 살아있는 성게를 양념한 후 숙성했기에 비리지 않고 고소하며 지리탕과 곁들여 먹으면 더욱 맛있다.

Ⓐ 경상남도 거제시 계룡로 47 Ⓞ 09:30~20:00 Ⓣ 055-638-3300 Ⓜ 멍게고추장비빔밥 15,000원, 멍게비빔밥 14,000원, 성게비빔밥 22,000원

바릇

구조라성

숨소슬(맹종죽테마파크)

백만석게장백반본점

포로수용소유적공원

온더선셋

세상의 모든 것을 녹여버릴 듯 뜨거운 햇빛이 쏟아진다. 연신 에너지를 뿜어내던 태양도 지친 듯 한바탕 소나기를 쏟아낸다. 갑작스러운 소나기가 뜨겁게 달궈진 대지에 시원한 떨림을 주고 바삐 사라지면 또다시 햇볕이 쏟아진다. 이제는 본격적으로 여름을 즐길 때. 더 뜨거운 곳으로, 혹은 더 서늘한 곳으로 떠날 준비를 한다.

8월의 경상도

태양을 즐길 시간

8월 첫째 주

계곡에서 힐링하기

32week

SPOT 1

정자와 계곡이 어우러진 곳

화림동계곡

주소 경상남도 함양군 안의면 월림리 1472 · **가는 법** 함양시외버스터미널에서 농어촌버스 함양지리산고속-안의행 승차 → 안의버스터미널 하차 → 농어촌버스 안의-거기, 안의-노상행 환승 → 농월 하차 → 도보 이동(약 4분) · **운영시간** 24시간/연중무휴 · **전화번호** 055-960-5756 · **홈페이지** hygn.go.kr · etc 주차 무료

안동에 버금가는 선비의 고장으로 일컫는 함양은 사대부들의 학문과 문화가 만발했고 이를 이야기하듯 화림동계곡에 정자를 세워 함양 유림의 선비문화를 고스란히 간직하고 있다. 지혜로운 사람은 물을 좋아하고 어진 사람은 산을 좋아한다는 말이 있듯이 물 좋고 공기 좋고 산새가 어우러진 곳에는 어김없이 선비문화가 아로새겨져 있다.

화림동계곡은 골이 넓고 물의 흐름이 완만하며 청량하고 풍부한 물줄기가 아름다운 경관을 자랑하는데, 선비의 고장답게 정자와 누각 100여 개가 세워져 있다. 벗과 함께 술 한 잔 기울이며 학문을 논하거나 과거를 보러 떠나는 영남 유생들이 덕유산 육십령을 넘기 전에 지나야 했던 길목에는 예쁜 정자나 누각을 세워 먼 길 가기 전 잠시 쉬어갈 수 있는 휴식처가 되어 준다. 남강이 흐르는 봉천마을 앞 하천 가운데 굴곡이 심한 기암절벽 암반 위에 세워진 거연정, 천 평이 넘는 너럭바위에 세워져 400여 년 역사를 간직한 유서 깊은 정자 농월정, 남강천 담소 중 하나인 옥녀담에 있으며 화림동의 많은 정자 중 가장 크고 화려한 동호정, 그리고 군자정과 광풍루까지 이들 모두 화림동을 대표하는 정자들이다. 농월정-동호정-군자정-거연정을 이은 6km 선비문화탐방로는 선비들이 거닐던 숲과 계곡, 정자의 자태를 걸으면서 보고 느낄 수 있다.

주변 볼거리·먹거리

보름달 화림동계곡 농월정이 있는 곳에 위치한 카페 보름달은 200년 이상 된 버드나무 그늘 아래 차 한 잔의 여유가 있는 곳이다. 직접 채취한 칡으로 만든 칡차와 녹차가 맛있는 집으로 도심을 떠나 계곡이 보이는 아름다운 자연경관에 빠지게 한다.

Ⓐ 경상남도 함양군 안의면 농월정길 5 Ⓞ 10:00~22:00, 7~8월 09:00~23:00/연중무휴 Ⓣ 0507-1351-4254 Ⓜ 칡차 4,000원, 지리산 세작차 7,000원, 아메리카노 4,000원 Ⓔ 주차 무료

SPOT 2

청량함에 반하다

대원사계곡

주소 경상남도 산청군 삼장면 평촌리 455 · **가는 법** 산청시외버스터미널에서 자동차 이용(약 32분) · **운영시간** 24시간/연중무휴 · **전화번호** 055-970-6000 · etc 대원사 앞 주차 무료

8월의 여름 날 무더위 속에서도 오싹함을 느끼게 했던 대원사계곡은 탁족으로 유명한 곳으로 지리산 자락에 위치해 있다. 숨조차 쉴 수 없을 정도로 더위가 모든 숨구멍을 막고 답답하게 만들어도 대원사계곡에 가만히 서 있기만 하면 더위가 저 멀리 도망갈 정도로 시원하다.

나무들로 울창한 계곡에는 누가 처음부터 쌓았는지 알 수 없는 돌담과 계곡을 타고 흐르는 물소리가 청량하게 들리고 그 한기에 오싹해지기까지 한다. 대원사계곡 둘레길로 통하는 길은 숲이 울창해 걸으면 기분이 좋아지고 방장산교를 지나 계곡에 발 담그고 놀라치면 물고기들이 발가락 사이로 헤엄치며 노는

모습이 보인다. 옛날에는 지리산을 방장산이라 불렀다는데 방장은 크기를 가늠할 수 없는 공간을 의미하며 넓고 깊은 산이라는 뜻이 담겨 있다.

대원사계곡은 옛 선조들이 유람길에 발을 담가 쉬어가는 탁족처로 유명했고 동그랗게 패인 돌개구멍은 스님들이 음식을 보관하기도 했다고 한다. 용이 100년간 살다가 승천했다는 용소와 가야국 마지막 구형왕이 이곳으로 와서 소와 말의 먹이를 주었다는 소막골, 그리고 왕이 넘었다는 왕산과 망을 보았다는 망덕재, 군량미를 저장했던 도장굴 등 대원사계곡을 따라 전해지는 이야기를 듣는 재미도 꽤 쏠쏠하다.

주변 볼거리·먹거리

대원사 대원사계곡 옆에 위치한 비구니 사찰로 지리산 천왕봉 동쪽 아래에 진흥왕 9년 연기조사가 창건했다. 그때는 평원사라 했다가 구봉 스님에 의해 대원사로 불리기 시작했다. 1948년 여순반란사건으로 당시 진압군에 의해 전각들이 전소되어 터만 남았는데 만허당 법일 스님이 들어오면서 비구니 스님들이 공부하는 도량이 되었다. 여름철 배롱꽃이 필 때 찾으면 아름다운 곳이다.

Ⓐ 경상남도 산청군 삼장면 대원사길 455 Ⓣ 055-972-8068 Ⓔ 주차 무료

SPOT 3

편안하고 이색적인 공간

하미앙 레스토랑

주소 경상남도 함양군 함양읍 삼봉로 442-34 · **가는 법** 함양시외버스터미널에서 농어촌버스 추성행 승차 → 양동 하차→ 도보 이동(약 8분) · **운영시간** 09:00~18:00/연중무휴 · **전화번호** 055-964-2500 · **홈페이지** instagram.com/hamyang_wine · **대표메뉴** 와인치즈돈가스 18,000원, 와인돈가스 16,000원, 고르곤졸라피자 24,000원 · etc 주차 무료

유럽풍 산머루 테마공원인 하미앙은 경상남도의 아름다운 민간공원으로 등재된 곳이다. 와인을 사기 위해 잠깐 들렀다가 먹게 된 돈가스가 맛있어서 알게 된 돈가스 맛집이기도 하다. 수제 와인 돈가스는 지리산 흑돼지를 사용해 두툼하게 튀겨 씹을수록 냄새나 느끼한 맛은 없고 고소함만 더욱 깊어진다. 돈가스 소스는 직접 숙성시킨 머루와인으로 만들어 새콤달콤했다.

돈가스를 파는 레스토랑과 카페를 같이 운영하는 이곳은 지리산과 덕유산의 자연경관이 카페 정원과 어우러지고 정원에 설치된 천국의 계단은 이국적인 풍경을 자아낸다. 야외 테이블에 앉아서 바라보면 초록색 넓은 잔디는 아이들이 뛰어놀기에도 좋겠고 유럽풍의 작은 분수가 있어서 시원스럽게 느껴진다.

주변 볼거리·먹거리

하미앙와인밸리 지리산 줄기 따라 해발 500m 고지에 위치한 아름다운 민간 정원으로 산머루 향기와 자연 속의 테마농원으로 와인 만들기, 와인 족욕, 비누 만들기와 와인 시음까지 다양한 체험을 할 수 있다. 함양을 부드럽게 프랑스풍으로 풀어 하미앙이라 부르게 되었으며 농촌관광힐링의 명소로 알려져 있다. 산머루는 산야에서 자생하는 산과일로 맛이 좋은 와인을 숙성하는 오크통도 구경할 수 있다.

Ⓐ 경상남도 함양군 함양읍 삼봉로 442-14 Ⓞ 09:00~18:00/연중무휴 Ⓒ 와인족욕 7,000원 Ⓣ 055-964-2500 Ⓔ 주차 무료

추천 코스 아름다운 숲과 계곡(함양)

1 COURSE
화림동계곡

🚌 농월에서 안의-거기, 안의-노상, 안의-상남, 안의-서상, 안의-옥산행 승차 → 안의버스터미널 하차 → 🚶 도보 이동(약 6분)

2 COURSE
옛날금호식당

🚌 안의에서 농어촌버스 안의-함양지리산고속, 안의-함양시외버스터미널행 승차 → 함양중학교 하차 → 🚶 도보 이동(약 22분)

3 COURSE
상림공원

주소 경상남도 함양군 안의면 월림리 1472
가는 법 함양시외버스터미널에서 농어촌버스 함양지리산고속-안의행 승차 → 안의버스터미널 하차 → 농어촌버스 안의-거기, 안의-노상행 승차 → 농월 하차 → 도보 이동(약 4분)
운영시간 24시간/연중무휴
전화번호 055-960-5756
홈페이지 hygn.go.kr
etc 주차 무료

8월 32주 소개(260쪽 참고)

주소 경상남도 함양군 안의면 광풍로 107
운영시간 11:00~16:00/매주 월요일 휴무
전화번호 055-964-8041
대표메뉴 안의갈비탕 16,000원, 안의갈비찜(大) 85,000원, (小) 65,000원
etc 별도의 주차장이 없어 골목에 주차

3대째 이어오고 있는 옛날금호식당은 1960년대부터 시작해 지금까지 62년 동안 영업하고 있는 식당이다. 100% 한우암소갈비만 사용해 소고기의 누린내가 전혀 나지 않고 국물맛도 시원하고 담백하다. 다른 메뉴 없이 갈비탕과 갈비찜만 먹을 수 있다.

주소 경상남도 함양군 함양읍 교산리 1073-1
운영시간 24시간/연중무휴
전화번호 055-960-5756
입장료 무료
etc 주차 무료

봄이면 새싹을, 여름이면 푸릇한 녹음을, 가을이면 오색찬란한 단풍을. 그리고 겨울이면 흰눈으로 덮인 설경을 선사하며 사람들에게 휴식처가 되어주는 천년의 숲이다. 신라 진성여왕 때 함양태수였던 최치원 선생이 마을과 농경지를 보호하기 위해 조성했던 인공림으로 위천강이 자주 범람하자 둑을 쌓고 나무를 심어 물줄기를 돌려 홍수피해를 막았던 곳이다.

8월 둘째 주

사찰에서 찾은 여유

33week

SPOT 1

연못이 아름다운 절

수선사

주소 경상남도 산청군 산청읍 웅석봉로 154번길 102-23 · **가는 법** 산청시외버스터미널에서 농어촌버스 5번 승차 → 지성 하차 → 도보 이동(약 30분) · **운영시간** 24시간/연중무휴 · **전화번호** 055-973-1096 · **홈페이지** susunsa.modoo.at · **etc** 주차 무료

연꽃이 필 때면 한 번쯤 가고 싶었던 수선사는 연못이 아름다운 곳이다. 연못에 피어있는 연꽃과 연잎을 가까이 볼 수 있도록 목책다리를 설치해 사찰이 아닌 정원을 걷고 있는 기분이 든다. 연꽃의 의미를 지닌 도량처럼 청결하고 고귀한 느낌이 수선사의 첫인상이다.

사찰을 많이 다녀봤지만 앞마당부터 사찰 전체에 잔디가 깔려있는 건 처음이다. 수선사는 지리산 동남쪽 마지막 봉우리인 웅석봉 기슭에 위치해 있다. 창건된 지는 그리 오래되지 않았으며 주변으로 소나무와 잣나무, 그리고 사찰 뒤쪽에 대나무가 자라고 있는 작은 절이다. 수선사는 절 앞으로는 정수산이, 옆으로는 황매산이 보이고 뒷산 능선 너머 지리산 정상인 천왕봉이 있다. 극락보전 옆으로는 약수가 있고 약수 물길 따라 흐르는 물줄기가 앙증스럽기까지 하다. 30년도 채 안 된 절이지만 한국관광공사가 꼽는 경남 비대면 관광지 3선에 포함될 정도로 아름다운 곳이다.

주변 볼거리·먹거리

커피와꽃자리 수선사 연못이 보이는 카페로 수선사 사찰 안에 위치해 있다. 실내는 그리 넓지 않지만 야외 테이블이 분위기를 느끼기에 더 좋다. 직접 팥을 삶아 만든 팥빙수와 수제대추차가 맛있고 수익금 일부는 소년소녀 가장에게 사용된다고 한다.

Ⓐ 경상남도 산청군 산청읍 웅석봉로 154번길 102-23 Ⓓ 09:00~17:30 Ⓣ 055-973-1096 Ⓜ 팥빙수 7,000원, 수제대추차 7,000원, 들깨차 7,000원, 생강차 7,000원 Ⓔ 주차 무료

SPOT 2

아홉 마리의 용이 승천하다

관룡사

주소 경상남도 창녕군 창녕읍 화왕산관룡사길 171 · **가는 법** 창녕시외버스터미널에서 농어촌버스 6, 6-1번 승차 → 옥천 하차 → 택시 또는 도보 이동(약 28분) · **운영시간** 연중무휴 · **전화번호** 055-521-1747 · etc 주차 무료

관룡산에 위치한 관룡사는 신라시대에 지어진 고찰이다. 신라 진평왕 5년(583년) 증법국사가 초창하였다는 설과 신라에 불교가 공인되기 200여 년 전인 신라 흘해왕 40년(349년)에 약사전이 건립되었다는 설이 있으니 최소한 1500여 년 전에 건립된 천년 고찰이라는 것을 입증해 주고 있다. 신라시대 8대 사찰 중 한 곳으로 원효대사가 제자 1,000여 명을 데리고 화엄경을 설화한 도량이었으며 국가에서 지정한 4점의 보물을 보유하고 있는 귀중한 곳이기도 하다.

관룡사라는 이름은 원효대사가 제자 송파와 함께 100일 기도를 마치던 날 화왕산 정상 월영삼지에서 아홉 마리의 용이 승천하는 광경을 보았다 하여 관룡사라 이름 지었고 그뒤 산을 구룡

산이라 하였다고 한다. 관룡사는 일주문이 따로 없으며 일주문 대신 층층이 쌓아 올려놓은 돌문을 통과해야 한다. 높게 솟아 있는 다른 절의 일주문에 비해 관룡사의 일주문은 낮게 숙일 줄 아는 겸손을 배우게 한다. 보물 제146호로 지정된 약사여래불을 모시고 있는 약사전은 관룡사에서 가장 오래된 건물로 임진왜란 때 불에 타지 않고 남아 있는 전각이다. 작고 아담한 사찰로 녹록함과 고즈넉함이 묻어 있는 곳이다.

주변 볼거리·먹거리

용선대 관룡사 뒤편으로 산길을 따라 10여 분만 올라가면 만날 수 있는 용선대는 한 가지 소원은 반드시 들어준다는 기도처로 석조석가여래좌상이 있다. 보물 제295호로 지정되어 있으며 기다란 눈과 짧고 넓적한 코, 입가에 미소를 띤 온화한 표정으로 바라보고 있는 것만으로도 세상 모든 근심 걱정이 씻은 듯 사라질 듯한 얼굴이다.

Ⓐ 경상남도 창녕군 창녕읍 옥천리 산318 Ⓞ 24시간/연중무휴 Ⓣ 055-530-1471 Ⓔ 주차 무료

옥천계곡 창녕의 대표적인 계곡으로 화왕산에서 시작하여 계성으로 흘러 낙동강과 만나는 옥천계곡은 산 정상 해발 757m에서 골짜기마다 흘러내린 물길로 계곡이 형성되었다. 화왕산 숲에서 불어오는 청량한 바람과 시원한 계곡물로 여름철이면 피서객들이 많이 모인다.

Ⓐ 경상남도 창녕군 창녕읍 옥천리 산219-3 Ⓞ 24시간/연중무휴 Ⓣ 055-530-1661 Ⓔ 주차 무료

SPOT 3

빛나는 유산과 자연을 품은

해인사

주소 경상남도 합천군 가야면 해인사길 122 · **가는 법** 해인사시외버스터미널(농어촌버스 808) → 해인사 하차 → 도보 이용(약 29분) 또는 택시로 이동 · **운영시간** 08:30~18:00/연중무휴 · **입장료** 무료 · **전화번호** 055-934-3000 · **홈페이지** haeinsa.or.kr · **etc** 주차 요금 승용차 4,000원

해인사까지 잘 다듬어진 길을 자동차로 편히 갈 수 있지만 천천히 걸어보자. 흐르는 물소리, 산새 소리 그리고 소나무 사이로 스치는 바람 소리, 해인사로 가는 길은 8월의 정겨운 소리로 가득하다. '합천 8경'에 속하며 통도사, 송광사와 더불어 한국의 3대 사찰로 불리는 해인사가 자리 잡은 가야산은 우리나라 불교 전통의 성지로 예로부터 이름난 명산이자 영산이다. 가야는 '최상의'라는 뜻으로 석가모니가 성도한 붓다가야 근처에 있는 가야산에서 따온 이름이라는 설도 있고, 인근에 가야국이 있었던 데서 유래했다는 이야기도 전해진다. 중국 남조시대 지공스님이 불법이 번창할 것이라고 예언했는데, 300년이 지난 뒤 신라

애장왕 3년 의상대사와 법손인 순응과 이정이 해인사를 창건했다. 천년 고찰 해인사에는 세계문화유산으로 등재된 고려시대의 팔만대장경이 보존되어 있다.

해인사에는 1200년이 넘은 나무 한 그루가 있었다. 지금은 고사목이 되어 흔적만 남아 있지만 해인사의 역사와 함께 천년을 이어오다 1945년 수명을 다했다. 그 나무는 신라시대 40년 애장왕 때 왕후의 병을 순응과 이정이 기도로 낫게 하자 은덕을 기리고자 일주문 쪽에 심었다고 한다.

팔만대장경 고려 고종 23년(1236)부터 38년(1251)에 걸쳐 완성한 대장경으로 경판의 수가 8만 1,258장에 이른다고 해서 팔만대장경이라 불린다. 대장경은 불경을 집대성한 것으로 부처의 힘을 빌려 외적을 물리치기 위해 만들었다. 목판 대장경이 700년이 넘도록 썩지 않고 보존된 데는 특별한 비법이 있다. 벽면 위아래 창살문을 내어 통풍이 잘되게 하고, 바닥과 공간을 띄워 해충의 피해를 줄였으며, 숯과 횟가루, 소금, 모래를 섞은 흙바닥으로 습기가 차는 것을 막았다고 한다.

주변 볼거리·먹거리

대장경테마파크 천년의 역사를 가진 팔만대장경을 기념하기 위해 지어진 전시관이다. 대장경 전시실에는 팔만대장경을 영구 보관하기 위해 만든 동판대장경이 전시되어 있다. 팔만대장경이 해인사로 옮겨진 후 현재까지 800년의 긴 세월 동안 훼손 없이 보존되고 있는 비밀을 보여주는 대장경 보존과학실도 있다. 특히 대장경 빛소리관에서는 팔만대장경을 소재로 '천년의 마음'이라는 환상적인 영상이 초대형 스크린을 통해 펼쳐진다.

Ⓐ 경상남도 합천군 가야면 가야산로 1160 Ⓞ 3~10월 09:00~18:00, 11~2월 09:00~17:00/매주 월요일, 1월 1일 휴무 Ⓒ 어른 5,000원, 청소년 3,000원, 어린이 2,500원 Ⓣ 055-930-4801 Ⓔ 주차 무료

SPOT 4

건강을 먹는다

산청약초식당

주소 경상남도 산청군 금서면 친환경로 2623 · **가는 법** 산청시외버스터미널에서 농어촌버스 8-1, 8-4, 9, 9-1번 승차 → 산청약초시장 하차 → 도보이동(약 2분)/산청시외버스터미널 → 도보 이동(약 14분) · **운영시간** 11:00~20:30 · **전화번호** 055-972-7009 · **홈페이지** 055-972-7009.kti114.net · **대표메뉴** 정식 12,000원, 비빔밥 정식 14,000원 · etc 주차 무료

한방으로 유명한 산청은 약초를 재배하는 고장으로 산청약초식당에서는 약초를 음식 재료로 활용한다. 푸짐한 상차림과 직접 담근 청국장과 고추장, 된장은 집에서는 느낄 수 없는 시골의 맛이다. 그야말로 맛과 영양을 모두 잡았다고 할 수 있겠다. 넉넉한 상차림에 비해 가격도 저렴하니 부담 없고 재료를 아끼지 않았기에 음식도 맛깔스러워 정성을 다해서 대접받는 기분이다. 기본으로 나오는 돼지불고기는 부드럽고 맵거나 짜지 않으니 상추에 싸서 먹으면 더욱 맛있다. 계절에 맞는 나물이 반찬으로 나오는데 짜지 않고 삼삼하다. 경상도 음식은 짜다는 고정관념을 깨게 만든다. 비빔밥이 먹고 싶으면 함께 나온 나물과 고추장, 참기름을 넣어 비벼 먹으면 된다. 음식을 가져올 때마다 나물과 효능을 친절하게 설명해 주니 먹으면서 나물 한 가지쯤은 배우고 갈 수 있다.

산청약초식당 앞에는 은어가 많이 서식한다는 남강 상류 지역으로 경호강이 흐른다. 눈으로는 경치에 반하고 입으로는 맛에 반하게 한다.

주변 볼거리·먹거리

동의보감촌 왕산과 필봉산 기슭에 위치한 동의보감촌은 전국 최초의 건강체험 관광지로 한의학 박물관을 비롯하여 한방기체험장, 한방자연휴양림, 산청약초관과 약초목욕장 등 다양한 볼거리가 있는 한방테마파크다. 우주 삼라만상을 구성하는 5가지 요소인 나무, 불, 흙, 광물, 물을 주제로 꾸며져 있으며 곰과 호랑이를 주제로 만들어진 조형물도 있다.

Ⓐ 경상남도 산청군 금서면 동의보감로 555번길 61 Ⓞ 09:00~18:00/매주 월요일 휴무 Ⓒ 어른 2,000원, 청소년 1,500원, 어린이 1,000원 Ⓣ 055-970-7216 Ⓔ 주차 무료

추천 코스 지리산 깊은 청정골(산청)

1 COURSE
정취암

🚌 둔철생태체험숲에서 버스 13-4번 승차 → 둔철마을 하차 → 버스 13-5번 환승 → 산청시외버스터미널 하차 → 🚕 택시 이동(약 8분)

2 COURSE
수선사

🚗 자동차 이용(약 9분)

3 COURSE
예담원

주소 경상남도 산청군 신등면 둔철산로 675-87
가는 법 산청버스터미널에서 버스 13-4번 승차 → 둔철생태체험숲 하차 → 도보 이동(약 15분)
운영시간 08:00~일몰 시
입장료 무료
전화번호 055-972-3339
etc 주차 무료

시간이 멈춘 듯 게으름이 묻어났던 정취암은 작지만 아름다운 사찰로 대성산 기암절벽 사이에 위치해 있다. 신라 신문왕 때 동해에서 두 줄기 서광이 비추니 하나는 금강산, 다른 하나는 대성산을 비췄다고 한다. 의상대사가 그중 하나의 빛줄기를 따라 정취사를 창건했다.

주소 경상남도 산청군 산청읍 웅석봉로 154번길 102-23
운영시간 24시간/연중무휴
전화번호 055-973-1096
홈페이지 susunsa.modoo.at
etc 주차 무료

8월 33주 소개(266쪽 참고)

주소 경상남도 산청군 단성면 지리산대로 2897번길 10-4
운영시간 11:30~18:00
전화번호 055-972-5888
대표메뉴 매화정식 20,000원, 산채비빔밥 10,000원
etc 공용주차장 이용

한국에서 가장 아름다운 마을 남사예담촌 초입에 자리 잡은 한정식집이다. 한옥마을에 걸맞게 아름다운 마을에서 기대에 어긋나지 않는 한 상을 누릴 수 있는 곳으로 직접 캔 산나물과 직접 담은 젓갈, 고추장으로 맛을 내어 깔끔하고 감칠맛이 있어 먹고 나면 건강해지는 기분이다.

8월 셋째 주

연꽃 향기 가득한 곳에서

34week

SPOT 1

연꽃 피는 계절에 가야 할 곳

연꽃테마파크

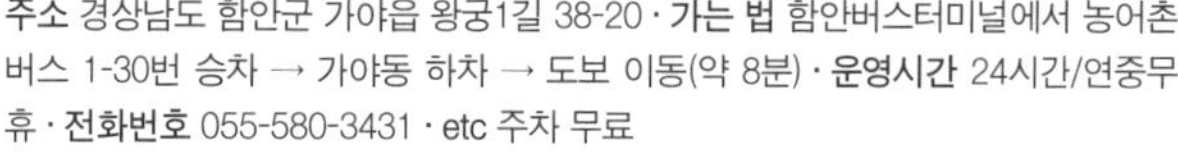
주소 경상남도 함안군 가야읍 왕궁1길 38-20 · **가는 법** 함안버스터미널에서 농어촌버스 1-30번 승차 → 가야동 하차 → 도보 이동(약 8분) · **운영시간** 24시간/연중무휴 · **전화번호** 055-580-3431 · **etc** 주차 무료

2009년 함안 성산산성에서 발굴된 고려시대 연씨가 2010년 700여 년 만에 꽃을 피워 전국적으로 관심을 모았던 그 아라홍련이 아름다운 연꽃을 피우고 있다. 700년 전의 꽃인 아라홍련을 심어 연꽃테마파크를 조성했으며 매년 연꽃이 피는 계절이면 여지없이 꽃을 피우고 있다. 아라홍련은 하단은 백색을 중단은 분홍색, 끝은 홍색으로 연꽃 길이가 길고 색깔이 엷어 연못에 피는 연꽃 중 단연 으뜸이다. 연꽃테마파크에는 아라홍련을 비롯해 법수홍련, 가람백년, 가시연 등 구별하기는 조금 힘들지만 각각의 묘한 매력을 품은 연꽃들이 다양하게 피고 있다. 그늘이 없어 더울 때는 시원한 안개 수증기가 수시로 뿜어져 나오고 정

자에서 쉴 수 있을 뿐만 아니라 징검다리와 포토존이 있어 연꽃을 배경으로 인생 사진도 남길 수 있다. 연꽃 사이로 놓여있는 징검다리에서는 연꽃을 가까이서 볼 수 있고 전망대 정자 위에서는 초록색 연잎과 분홍색과 흰색 연꽃들이 조화를 이루어 멋스러운 풍경을 만날 수 있다. 연꽃은 관상용으로, 연근과 연잎은 차로 마시거나 연잎에 싸서 밥을 지어 영양밥으로 만들어 먹을 수도 있다. 특히 연꽃잎차는 세계 3대 미녀인 양귀비가 애음한 다이어트차로도 유명하다.

주변 볼거리·먹거리

카페뜬 정원이 아름다운 카페 뜬은 넓은 잔디밭과 카페 입구에 자리한 소나무와 각종 나무들이 싱그럽다. 카페는 1층과 2층 루프톱으로 이루어진 정원이 넓은 대형카페로 문을 연 지는 얼마 되지 않았지만 주말이면 자리가 없을 정도다. 최상급 재료를 사용해 직접 구운 빵은 당일 생산과 당일 판매를 원칙으로 하고 있다. 앞으로는 잔디밭이, 뒤로는 논과 밭이 보이는 시골 풍경은 카페 뜬에서만 볼 수 있는 풍경들이다.

Ⓐ 경상남도 함안군 법수면 부남1길 24-15 Ⓞ 10:30~21:00/매주 화요일 휴무 Ⓣ 0507-1376-0215 Ⓗ instagram.com/cafe_ddeun Ⓜ 뜬아인슈페너 7,000원, 뜬말차 7,500원, 아메리카노 5,500원, 카페라테 6,000원 Ⓔ 주차 무료

SPOT 2

아름답고 희귀한 꽃과 숲의 만남

경상남도 수목원

주소 경상남도 진주시 이반성면 수목원로 386 · **가는 법** 진주시외버스터미널에서 버스 281번 승차 → 경상남도수목원 하차 → 도보 이동(약 10분) · **운영시간** 하절기(3~10월) 09:00~18:00, 동절기(11~2월) 09:00~17:00/매주 월요일, 1월 1일, 설날 휴무 · **입장료** 어른 1,500원, 군인 · 청소년 1,000원, 어린이 500원 · **전화번호** 055-254-3811 · **홈페이지** gyeongnam.go.kr/tree/index.gyeong · **etc** 주차 무료

8월이면 가봐야 할 곳 중 한 곳이 수목원이다. 지역마다 크기에 상관없이 하나쯤 수목원이 있고 여름날 그곳의 숲과 나무가 만들어준 그늘에 앉아 있으면 숲에서 부는 바람이 꽤나 시원하다는 걸 느낄 수 있다. 경상남도 진주에는 꽤 큰 규모의 수목원이 있는데 그곳이 진주시 이반성면에 위치한 경상남도수목원이다. 침엽수원, 잔디원, 민속식물원, 열대식물원 등 다양한 국내외 식물들이 전시되어 있으며, 숲해설과 유아 숲체험을 할 수 있으며 2008년 5월에 문을 연 생태놀이공간인 숲속놀이터와 메타

세쿼이아 가로수길은 아이들과 함께해도 좋을 듯하다. 더위를 피할 수 있는 작은 정자가 있는 곳엔 연못이 있어 수생식물이 자라는 모습도 볼 수 있다. 수목원 안에 위치한 산림박물관에서는 산림과 임업에 관한 역사적 자료를 수집·전시하고 있어 다양한 산림테마 전시를 관람할 수도 있다.

주변 볼거리·먹거리

공간이음 한옥을 카페로 개조한 공간이음은 모래밭이 있어서 아이들이 놀기에도 좋은 곳이다. 한옥의 아름다운 선과 현대식으로 꾸며놓은 공간이 서로 조화를 이룬다. 한옥 카페답게 내부는 작은 교자상이 놓인 좌식과 입식이 있어 편한 곳을 선택해 앉으면 된다. 햇빛 가득한 마루에 앉으면 초록 잔디밭이 눈에 들어온다. 핸드드립 원두를 선택할 수 있고 음료와 함께 먹을 수 있는 빵과 쿠키도 판매하고 있다.

Ⓐ 경상남도 진주시 사봉면 동부로1769번길 27 Ⓞ 10:00~18:00/매주 월요일 휴무 Ⓣ 055-795-2579 Ⓗ instagram.com/space_eeum_artwork Ⓜ 아메리카노 5,500원, 카페라테 6,000원 Ⓔ 카페 뒤 주차 무료

SPOT **3**

가끔 생각나는 시골의 맛

문득그리움

주소 경상남도 함안군 산인면 산인로 164 · **가는 법** 함안시외버스터미널에서 버스 1-32, 777-20, 777-21번 승차 → 수동마을 하차 → 도보 이동(약 7분) · **운영시간** 11:00~21:00/매주 일요일 휴무 · **전화번호** 055-583-1666 · **대표메뉴** 그리움비빔밥 8,000원, 버섯덮밥 10,000원, 대추차 · 복분자 · 오미자 · 솔잎차 각 6,000원, 요염차 · 국화차 · 녹차 · 매실차 각 5,000원

주인장이 소녀 감성을 지녔는지 실내가 아기자기하게 꾸며져 있는 찻집 겸 식당이다. 낮게 깔린 조명과 낡은 전축 그리고 직접 만든 인형이며 밭에서 따 온 늙은 호박, 작은 소품들로 꾸며진 실내를 구경하는 재미에 시간 가는 줄 모른다. 차를 한잔 마시고 싶어 들어간 곳에서 마침 점심 때라 그리움비빔밥을 주문했다. 깔끔하게 내온 각종 나물과 직접 담은 된장에 버무린 아삭고추에 연신 손이 가고 오래 묵은 김치가 비빔밥의 맛을 돋운다. 직접 만든 대추차와 유자차는 진하고 깊은 맛이 느껴진다. 우연히 들어간 문득그리움에서 맛본 비빔밥과 차 한잔은 건강이자 웰빙이다.

주변 볼거리·먹거리

고려동유적지 가을 추수가 끝난 시골 마을은 조금 이른 겨울 준비를 한다. 돌담 너머 굴뚝으로 모락모락 연기가 피어오르는 것을 보니 아직도 아궁이에 불을 지피는가 보다. 고려 후기 성균관 진사였던 이오 선생이 고려가 망하자 충절을 지키기 위해 이곳에 담을 쌓고 터를 잡았다. 담장 바깥은 조선 땅이고, 담장 안은 고려 유민의 거주지라 하여 고려동이라 불렀다. 600년 가까이 조상 대대로 이어져 온 고려동에는 재령 이씨 후손 30여 호가 살고 있다.

Ⓐ 경상남도 함안군 산인면 모곡2길 5 Ⓞ 늦은 시간 방문을 자제 Ⓒ 무료 Ⓣ 055-580-2301

추천 코스 연꽃이 피는 마을(함안)

1 COURSE

가야동에서 버스 1-30번 승차 → 홍성빌딩앞 하차 → 터미널입구에서 버스 3번 환승 → 괴항 하차 → 도보 이동(약 3분)

2 COURSE

괴항에서 버스 1-75, 1-76, 72-4, 72-5번 승차 → 가야읍사무소 하차 → 버스 1, 1-70번 환승 → 백산 하차 → 도보 이동(약 3분)

3 COURSE

▶ 연꽃테마파크

주소 경상남도 함안군 가야읍 왕궁1길 38-20
가는 법 함안버스터미널에서 농어촌버스 1-30번 승차 → 가야동 하차 → 도보 이동(약 8분)
운영시간 24시간/연중무휴
전화번호 055-580-3431
etc 주차 무료

8월 34주 소개(274쪽 참고)

▶ 무진정

주소 경상남도 함안군 함안면 괴산4길 25
운영시간 24시간/연중무휴
입장료 무료
전화번호 055-580-2551
etc 주차 무료

4월 16주 소개(142쪽 참고)

▶ 커피와소나무

주소 경상남도 함안군 가야읍 광정로 145
운영시간 10:00~19:00/연중무휴
전화번호 0507-1441-5858
대표메뉴 아메리카노 5,000원, 카페라테 6,000원
etc 주차 무료

경남 100대 정원에 선정된 정원카페로 수목원에 온 듯 힐링하는 기분이다. 이름처럼 카페 정원에는 소나무가 많을 뿐만 아니라 잔디와 맷돌로 꾸며진 바닥이 고급스럽다. 여름에는 팥빙수가 맛있고 11시 30분부터 오후 2시까지는 돈가스 주문도 가능하다.

8월 넷째 주

더위를 피하는 방법

35week

SPOT 1

한국의 지베르니

낙강물길공원

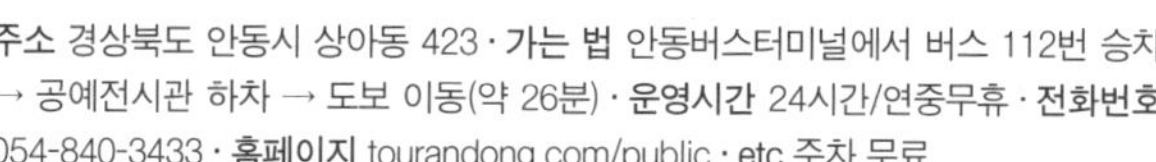

주소 경상북도 안동시 상아동 423 · **가는 법** 안동버스터미널에서 버스 112번 승차 → 공예전시관 하차 → 도보 이동(약 26분) · **운영시간** 24시간/연중무휴 · **전화번호** 054-840-3433 · **홈페이지** tourandong.com/public · **etc** 주차 무료

한국의 지베르니, 안동의 비밀의 숲이라 불리는 낙강물길공원은 안동댐 수력발전소 입구 쪽에 위치해 있으며 숲길과 잔디밭, 연못이 어우러진 공원이다. 작은 연못 사이로 메타세쿼이아와 전나무가 터널 숲을 이루고 연못의 돌다리는 사진을 찍기 위해 많은 사람이 기다리는 포토존이다. 돌다리를 건너면 오솔길로 연결되고 사부작사부작 걷기에 좋은 오롯이 나를 위해 만들어놓은 듯한 이국적인 느낌이다. 평상도 있고 나무도 있어서 피크닉하는 사람들도 종종 눈에 띈다. 시간이 넉넉하다면 잔디밭에 돗자리를 깔고 오랫동안 머물러 있어도 심심하지 않을 것 같다. 잔디밭에는 햇빛을 피할 수 있도록 파라솔을 설치해 두었으

며 폭포에서 떨어지는 물줄기가 시원하다. 연신 물을 뿜어대는 작은 분수가 있는 연못에는 수련과 수생식물이 자라고 있어 운치를 더해 주고 숲과 나무가 있어 막막한 도심 속 힐링의 시간을 만들어 준다.

주변 볼거리·먹거리

안동댐(안동댐인증센터) 1976년에 완공된 안동댐은 낙동강 하류의 홍수조절과 농업, 공업용수 및 생활용수를 목적으로 건설된 다목적댐으로 안동댐 위를 걸을 수 있다. 안동댐 정상에서는 낙동강 물줄기 따라 수려한 자연경관과 선착장이 보이고 댐 주변은 낚시터로도 유명하다.

Ⓐ 경상북도 안동시 석주로 202 Ⓞ 3~10월 10:00~18:00, 11~2월 10:00~17:00/매주 월요일 휴무 Ⓣ 054-850-4267 Ⓔ 주차 무료

세계물포럼기념센터 제7차 세계물포럼 개최를 기념하기 위해 조성된 공원으로 야외에 설치된 조형물과 수천루, 수천각, 생명의 못, 기념정원 등 야외에서 체험할 수 있는 공간이 있다. 하늘과 물이 만나는 장소를 뜻하는 곳에 위치한 전시공간 수천당은 건강하고 풍요한 물의 미래를 기원하는 소망이 담겨 있다고 한다.

Ⓐ 경상북도 안동시 석주로 383 Ⓞ 10:00~17:00/매주 일~월요일 휴무 Ⓣ 054-821-4220 Ⓔ 주차 무료

SPOT 2

녹색 쉼표 하나로 힐링이 되는

반곡지

주소 경상북도 경산시 남산면 반곡리 246 · **가는 법** 경산시외버스터미널 경산시청 별관에서 버스 399번 승차 → 반곡리 입구 하차 → 도보 이동(약 4분) · **운영시간** 24시간/연중무휴 · **입장료** 무료 · **전화번호** 053-810-5363 · etc 주차 무료

이맘때면 나무들은 진하지도 흐리지도 않고 딱 적당한 초록색을 띤다. 수양버들 군락지로 300년을 훌쩍 넘긴 왕버드나무가 연못에 반영된 모습이 아름다워 반곡지를 제2의 주산지라고도 부른다. 2011년 문화체육관광부에서 선정한 '사진 찍기 좋은 녹색 명소' 중 하나이자 드라마 〈구르미 그린 달빛〉 촬영지로 소개되어 봄이면 많은 사람들이 찾는다.

해가 높은 날이면 반곡지 왕버드나무는 쉴 공간을 마련해 준다. 수백 년 동안 굳건히 버텨온 나무가 녹색 터널 아래 그늘을 만들고 맑은 공기를 내뿜는다. 연못에 나무와 하늘이 비치니 그 옛날 묵객들처럼 저절로 시를 읊조리게 된다.

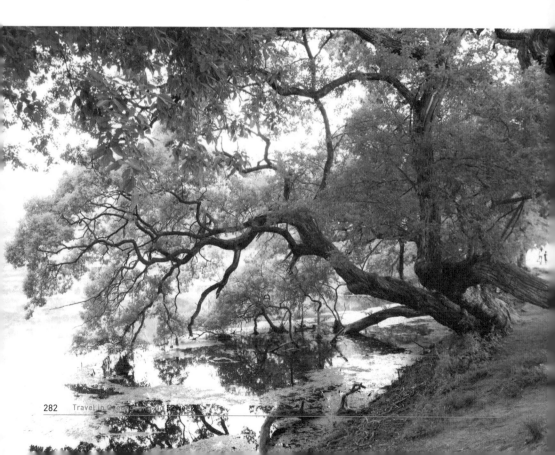

반곡지 위로 드리운 나뭇가지들은 어느 것 하나 인공적이지 않고 자연스럽다. 경산에는 크고 작은 저수지가 많다. 조선시대에 농사를 짓기 위해 인공적으로 만든 곳도 있고 자연적으로 생겨난 곳도 있으니 경산을 저수지의 도시라 부를만도 하다. 봄이면 복사꽃, 여름이면 왕버드나무, 가을이면 단풍, 겨울에는 하얀 눈이 덮이는 반곡지는 사계절 아름다운 풍경을 빚어낸다.

주변 볼거리·먹거리

두낫디스터브 반곡지가 보이는 곳에 위치한 대형카페로 연못처럼 꾸며놓은 1층을 비롯해 아기자기하게 꾸며놓은 곳이 많다. 카페 옆 야외 정원은 반려동물 입장이 가능하다. 벽에 붙여놓은 포스터에서 사진을 찍어도 좋을 듯하다.

Ⓐ 경상북도 경산시 남산면 반지길 190 Ⓞ 10:00~20:30/연중무휴 Ⓣ 0507-1417-0366 Ⓜ 아메리카노 5,500원, 카페라테 6,000원 Ⓔ 주차장 협소로 반곡지 주차장 이용

윌로우반곡247 두낫디스터브 반곡지 카페 바로 옆에 있는 카페로 깔끔한 외관과 반려동물 동반이 가능한 야외 테이블이 있다. 음료와 간단히 먹을 수 있는 빵과 쿠키가 있고 창을 통해 반곡지를 볼 수 있다. 과일이 듬뿍 담긴 컵빙수와 레인보우케이크가 맛있는 카페다.

Ⓐ 경상북도 경산시 남산면 반지길 192 Ⓞ 11:00~19:00, 토~일요일 11:00~20:00 Ⓣ 010-6525-1507 Ⓜ 아메리카노 4,800원, 카페라테 5,300원, 아인슈페너 5,300원 Ⓔ 주차장 협소로 반곡지 주차장 이용

SPOT 3

한옥 카페에서 먹는 파스타

풍전 브런치카페

주소 경상북도 안동시 풍산읍 안교1길9 · **가는 법** 안동버스터미널에서 버스 210, 211번, 급행2, 풍산2번 승차 → 풍산농협 하차 → 도보 이동(약 3분) · **운영시간** 10:30~21:00/매주 월요일 휴무 · **전화번호** 054-858-4036 · **대표메뉴** 풍전파스타 13,000원, 풍전프렌치브런치 15,000원, 에그베네딕트 훈제연어 14,000원 · etc 주차 무료

안동에 가면 이례적으로 헛제삿밥이나 안동찜닭을 주로 먹곤 했는데 색다른 음식이 먹고 싶어 방문한 곳이다. 한옥을 개조한 브런치 카페로 파스타가 맛있는 집으로 입소문이 나 있다. 한옥이라 그런지 들어가는 입구 문지방부터 세월의 흔적이 느껴진다. 부엌으로 보이는 곳엔 대형 가마솥이 있고 화장실 들어가는 문까지도 특이하다. 이곳은 100년 된 전통 한옥에서 안동의 로컬푸드를 담아 신선한 먹거리를 제공하는 슬로 라이프, 슬로 푸드 공간으로 눈과 입이 호강하는 기분이다. 마당 한쪽에 마련되어 있는 장독대가 운치를 더하고 이곳에서 맛본 파스타는 느끼하지 않고 깔끔 담백해서 좋았다. 약간 매운맛이긴 하지만 안동에서 유명한 참마로 만든 크림이라 고소한 맛도 나고 소스까지 먹게 하는 미묘한 맛이다.

주변 볼거리·먹거리

체화정 조선 후기 학자 이민적이 1761년에 지은 정자로 정자 이름에 드러난 체화는 상체지화(常棣之華)의 줄인 말로 형제간의 우애와 화목을 의미하는데, 《시경(詩經)》에서 그 의미를 따왔다고 한다. 이민적은 큰형 이민정과 함께 이곳에서 지내면서 형제간의 우애를 다졌다고 전해진다. 체화정 앞에는 네모난 연못이 있고 연못 가운데는 3개의 둥근 섬을 조성했다. 이는 '하늘은 둥글고 땅은 네모나다'는 뜻을 담고 있으며 3개의 섬은 신선이 산다는 삼신산을 상징한다.

Ⓐ 경상북도 안동시 풍산읍 풍산태사로 1123-10 Ⓞ 24시간/연중무휴 Ⓣ 054-840-5225 Ⓔ 주차 무료

추천 코스 배롱꽃이 피는 계절(안동)

1 COURSE
하회마을

하회마을에서 버스 210번 승차 → 병산서원 하차 → 도보 이동(약 9분)

2 COURSE
병산서원

병산서원에서 버스 210번 승차 → 풍산우체국 하차 → 도보 이동(약 2분)

3 COURSE
풍전브런치카페

주소 경상북도 안동시 풍천면 하회종가길 2-1
가는 법 안동터미널에서 버스 210, 급행2번 승차 → 하회마을 하차 → 하회마을까지 셔틀버스 이용
운영시간 하절기 09:00~18:00, 동절기 09:00~17:00
입장료 성인 5,000원, 청소년 2,500원, 어린이 1,500원
전화번호 054-853-0103
홈페이지 hahoe.or.kr
etc 주차 가능

우리나라의 대표적인 관광지로 유네스코 세계문화유산에 등재된 곳이다. 풍산 류씨의 집성촌으로 우리나라의 전통생활문화와 고건축 양식을 잘 보여주는 문화유산이 잘 보존되어 있다.

주소 경상북도 안동시 풍천면 병산길 386
운영시간 하절기 09:00~18:00, 동절기 09:00~17:00/연중무휴
입장료 무료
전화번호 054-858-5929
홈페이지 byeongsan.ne
etc 주차 무료

낙동강이 감도는 벼랑을 마주보는 자리에 위치한 병산서원은 선조 8년 서애 류성룡이 풍산읍에 있던 풍산서원을 옮겨 온 것이다. 조선말 대원군의 서원 철폐령에서도 남은 47개 서원 중 한 곳으로 8월 하순 백일홍이 개화할 때면 더욱 아름답다.

주소 경상북도 안동시 풍산읍 안교1길9
운영시간 10:30~21:00/매주 월요일 휴무
전화번호 054-858-4036
대표메뉴 풍전파스타 13,000원, 풍전프렌치브런치 15,000원, 에그베네딕트 훈제연어 14,000원
etc 주차 무료

8월 35주 소개(284쪽 참고)

8월의 안동 한국의 아름다움을 찾아 떠나는 여행

역사의 향기와 전통이 살아 숨 쉬는 안동은 세계문화유산으로 지정된 하회마을을 비롯해 한국의 아름다움을 고스란히 간직한 곳이다. 우리의 문화유산과 더불어 다양한 체험과 축제를 즐길 수 있는 안동은 그 어느 곳보다 풍요롭고 푸근한 여행을 선사한다.

2박 3일 코스 한눈에 보기

9월의 경상도

계절의 기로에 서서

9월 첫째 주

정원 카페에서 쉬어가기

36 week

SPOT 1

정원이 있는 카페

명주정원

주소 경상북도 상주시 함창읍 새잼이길 7 · **가는 법** 상주종합버스터미널에서 버스 100번 승차 → 함창버스정류장 하차 → 버스 45, 48, 130, 40번 환승 → 교촌2리 하차 → 도보 이동(약 6분) · **운영시간** 10:00~22:00/연중무휴 · **전화번호** 054-541-0843 · **홈페이지** instagram.com/myeongju_garden · **대표메뉴** 아메리카노 4,500원, 카페라테 5,000원, 명주라테 6,500원, 여름라테 6,800원 · etc 주차 무료

스페셜티 원두와 베이커리를 매일 구워내는 베이커리 카페이자 문화공간으로 꾸며진 명주정원은 벽에 채워진 책으로 인해 북카페 느낌을 주기도 하지만 다양한 문화예술행사도 개최되는 곳이다. 실내 공간은 넓고 특색있어 좋은데 무엇보다 찜질방 가마솥처럼 되어 있는 공간은 특이하면서도 재미있다. 안에 있으면 살얼음 동동 띄운 식혜나 미숫가루를 마셔야 할 것은 생각이 드는데 알고 보니 찜질방을 개조해 꾸민 것이라 한다. 베이커리와 케이크를 만드는 공간이 따로 있어 매일 신선한 빵을 음료와

먹을 수 있고 구석구석 예쁘게 꾸며놓은 공간이 많아 구경하는 재미가 있다. 징검다리와 잔디, 대나무로 꾸며져 있는 야외는 힐링 공간으로 바람이 불 때마다 대나무를 스치는 소리가 정겨운 정원이다.

주변 볼거리·먹거리

쿠치나13Y 파스타가 맛있는 이곳은 옛날에는 두부집이었다고 한다. 부부가 운영하는 식당으로 사장님이 직접 주방과 서빙을 담당하고 파스타와 피자 레시피도 전수해 주고 있는 맛집이다.

Ⓐ 경상북도 상주시 합창읍 새잼이길 21-7 Ⓞ 11:30~20:50(15:00~17:00 브레이크타임)/연중무휴 Ⓣ 054-541-8114 Ⓜ 빠네토마토 파스타 16,900원 Ⓔ 주차 무료

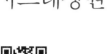

SPOT 2

식물원과 정원이 아름다운 카페

사느레정원

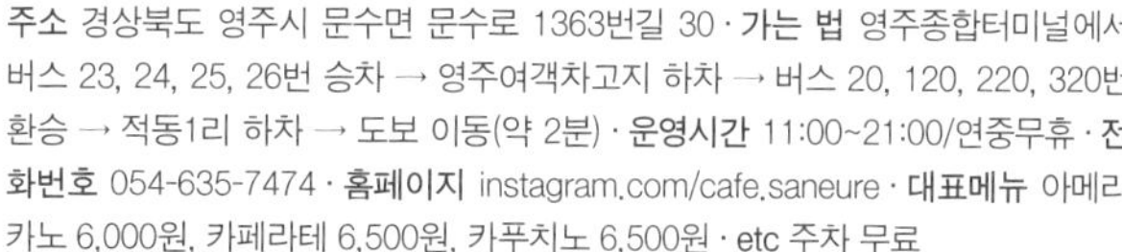

주소 경상북도 영주시 문수면 문수로 1363번길 30 · **가는 법** 영주종합터미널에서 버스 23, 24, 25, 26번 승차 → 영주여객차고지 하차 → 버스 20, 120, 220, 320번 환승 → 적동1리 하차 → 도보 이동(약 2분) · **운영시간** 11:00~21:00/연중무휴 · **전화번호** 054-635-7474 · **홈페이지** instagram.com/cafe.saneure · **대표메뉴** 아메리카노 6,000원, 카페라테 6,500원, 카푸치노 6,500원 · **etc** 주차 무료

사느레정원은 들어가는 입구부터가 힐링이다. 길게 늘어선 가로수길은 초록 터널을 만들어 주고 잔디밭에 놓인 토끼며 사슴은 금방이라도 뛰어다닐 듯한 느낌의 풍요로운 정원을 가진 식물원 카페다. 이름이 특이해 뜻을 물어보니 적동리마을 중앙으로 오래전부터 사천이 흐르고 있었고 사천(泗川)의 이름을 따 유래한 사내라는 지명이 사느레로 자연스럽게 변형하여 이 지역을 부르는 이름이 되었다고 한다.

베이커리 종류는 적당하고 커피는 고품질의 원두만 사용하니 마셔보지 않을 수가 없다. 주문하는 곳은 한옥 느낌으로 안에도 자리가 있지만 무엇보다 식물원에 있는 자리가 근사하고 좋을 것

같아 주문 후 식물원 안으로 들어서는 순간 감탄사가 절로 나온다. 식물원에서 커피라니 상상도 못할 분위기라 사뭇 놀라곤 한다. 여행지에서만 힐링의 시간을 느낄 수 있다고 생각했는데 카페에서 느끼는 여유로움과 편안함은 몸과 마음을 노곤하게 한다. 진한 커피향이 식물원의 풀냄새와 조화를 이루어 마음을 편안하게 해 준다.

주변 볼거리·먹거리

무섬마을 영주시 수도리의 아름다운 무섬마을은 담장이나 마을 어귀부터 지천에 핀 꽃들이 먼저 반기는 곳이다. 영주에서 흘러내리는 영주천과 예천에서 흘러내리는 내성천이 서로 만나 무섬마을을 휘돌아 흐르고, 강을 따라 넓게 펼쳐진 은빛 백사장은 햇빛을 받아 반짝반짝 빛난다. 낙동강 지류인 물길이 마을을 3분의 2 정도 감싸고 있어 멀리서 보면 마치 '물 위에 떠 있는 섬' 같다 하여 물섬이라 불리던 것이 무섬으로 바뀌었다.

Ⓐ 경상북도 영주시 문수면 무섬로234번길 41(무섬마을전통한옥체험수련관) Ⓞ 24시간/연중무휴 Ⓣ 054-636-4700 Ⓔ 주차 무료

SPOT **3**

육회와 물회의 만남

명실상감한우

주소 경상북도 상주시 영남제일로 1119-9 · **가는 법** 상주종합버스터미널에서 버스 400, 410, 420, 421, 422, 430, 440, 441번 승차 → 외답농공단지 하차 → 도보 이동 · **운영시간** 11:20~21:00/설, 추석 연휴 휴무 · **전화번호** 054-531-9911 · **대표메뉴** 상감한우탕 15,000원, 육회물회 13,000원, 육회비빔밥 12,000원

각 지역마다 특색에 맞게 키운 한우 브랜드가 하나씩 있게 마련인데, 상주에는 특산물인 감을 먹여 키운 명실상감한우가 유명하다. 무기질과 비타민이 풍부한 감이지만 껍질은 토양을 산성으로 만들어 함부로 버릴 수 없자 껍질을 말려 소에게 먹여보니 육질이 연하고 좋았다고 한다. 이처럼 특별하게 키운 한우로 특별한 음식을 맛볼 수 있는데, 바로 한우물회다. 생선회나 각종 해산물 대신 한우 육회를 사용한 물회인 것이다. 생선회든 육회든 물에 닿으면 비린 맛이 강해지기 마련인데 그만큼 신선하기 때문에 가능한 일이다. 쫄깃쫄깃한 한우의 육즙이 매콤달콤한 육수와 잘 어울린다. 이곳의 또 다른 별미는 한우탕이다. 뚝배기가 넘칠 정도로 가득 담은 갈비는 가위로 잘라 먹어야 할 만큼 큼직하다. 육질이 촉촉하면서도 부드럽고 뽀얀 국물은 담백하고 깔끔해서 하루에 200그릇만 판매하는 한우탕을 먹기 위해 긴 줄을 서는 진풍경이 펼쳐진다.

TIP
식당 옆에 있는 정육점에서 비교적 저렴한 가격에 한우를 구입할 수 있다.

주변 볼거리·먹거리

곶감테마공원 상주 송골마을에는 가운데가 갈라져 11자 모양으로 자라는 감나무가 있다. 일명 '하늘 아래 첫 감나무'로 750년의 수령에도 감이 5천 개나 열린다. 이 감나무 주변으로 곶감공원이 조성되어 '호랑이와 곶감' 조형물, 곶감터널 등 다양한 볼거리와 즐길 거리가 마련되어 있다.

Ⓐ 경상북도 상주시 외남면 소은1길 59-12 Ⓞ 09:00~18:00/매주 월요일, 1월 1일, 설, 추석 휴관 Ⓒ 무료 Ⓣ 054-537-6316 Ⓔ 주차 무료

추천 코스 하늘이 선물한 풍경(상주)

1 COURSE

경천대국민관광지

상주자전거박물관에서 버스 970번 승차 → 도남동 하차 → 도보 이동(약 11분)

2 COURSE

경천섬공원

도남동에서 버스 970번 승차 → 상주초등학교 하차 → 리치마트에서 버스 130번 환승 → 구항4리 하차 → 도보 이동(약 11분)

3 COURSE

포레스트65

주소 경상북도 상주시 사벌국면 경천로 852
가는 법 상주종합버스터미널에서 버스 222번 승차 → 경천대 하차 → 도보 이동(약 7분)
운영시간 24시간/연중무휴
입장료 무료
전화번호 054-536-7040
etc 주차 무료

낙동강에서 경치가 가장 아름다운 곳으로 산책로와 낙동강을 바라볼 수 있는 전망대가 있다. 소현세자와 봉림대군이 청에 볼모로 잡혀갔을 때 주치의로 동행한 채특기가 낙동강에 터를 닦고 세운 전망대로 탁 트이고 경이롭게 보여 자천대로 지었다가 후에 경천대로 변경하였다.

주소 경상북도 상주시 중동면 오상리 968-1
운영시간 24시간/연중무휴
전화번호 054-537-7127
etc 주차 무료

낙동강 상주보 상류에 위치해 있으며 봄에는 유채꽃을, 가을에는 코스모스와 메밀을 심어 관광객을 맞이하는 생태공원이다. 도보로 이동할 수 있는 경천섬 둘레길과 낙동강 위에 테크길을 통해 수상탐방로를 걸어도 좋다. 특히 이곳은 해 질 무렵이면 황금빛 노을이 아름답기로 유명하다. 자전거를 타는 사람들도 많지만 천천히 느린 걸음으로 걸어도 좋겠다.

주소 경상북도 상주시 함창읍 당교로 58-5
운영시간 11:00~23:00/연중무휴
전화번호 070-4413-6565
대표메뉴 아메리카노 4,000원, 카페라테 5,500원, 바닐라라테 6,000원
etc 주차 무료

정원 카페인 명주정원에서 멀지 않은 곳에 위치한 카페 포레스트65는 도로 옆에 위치해 있지만 한적하고 조용한 카페다. 빨간 벽돌에 커다란 시계와 작은 정원 그리고 천사 동상은 이국적인 분위기를 자아낸다. 마카롱, 브라운치즈크로플, 소금빵 등 차와 함께 먹을 수 있는 디저트도 있으며 카페가 조용해서 명상하거나 혼자 있기에도 좋다.

9월 둘째 주

숲이 주는 고마움

37 week

SPOT 1

작지만 아름다운 숲

장산숲

주소 경상남도 고성군 마암면 장산리 230-2 · **가는 법** 고성여객자동차터미널에서 농어촌버스 777, 753, 756번 승차 → 장산 하차 → 도보 이동(약 2분) · **운영시간** 24시간/연중무휴 · **전화번호** 055-670-2444 · **etc** 주차 무료

나지막한 산과 크고 작은 저수지를 지나면 아주 작지만 아름다운 숲 장산숲을 만날 수 있다. 사람이 살고 있을까 싶은 생각이 들 정도로 인적이 드물었던, 그래서 더욱 조용하고 한적한 고성의 시골길은 한번 다녀오면 계속 머물고 싶은 곳이다. 키 높은 소나무가 있고 밤인지 낮인지 분간할 수 없을 정도로 숲이 우거질 것이라는 숲에 대한 생각은 장산숲을 만나고부터 바뀌었다. 아늑하고 포근한 느낌, 그리고 바람이 불면 작은 파문을 일으키던 작은 연못은 신성스럽게 느껴지기도 한다. 2009년 제10회 아름다운 숲 전국대회에서 아름다운 공존상을 수상한 곳이기에 더 지키고 싶단 생각을 하게 된다.

장산숲은 약 600년 전 조선 태조 때 호은 허기 선생이 마을의 풍수지리적 결함을 보충하기 위해 조성한 비보숲으로 숲을 조성하고 연못을 만들었을 때는 지금보다 훨씬 컸다고 한다. 소나무는 없었지만 느티나무와 서어나무, 이팝나무까지 우리나라 남부지방에서 자라는 크고 작은 나무 250여 그루가 자라고 있다. 조선 성종 때는 퇴계 선생의 제자였던 허천수 선생이 이 숲에 정자를 짓고 연못을 만들어 낚시와 산놀이를 즐겼으며 연못 중앙에는 조그만 섬이 있어 숲을 더욱 아름답게 한다.

주변 볼거리·먹거리

송학동고분군 소가야의 터전으로 알려진 고성에는 당시의 흔적이 많이 남아 있다. 그중 송학동 고분군은 6세기에 축조된 소가야 왕릉으로 추정되며 석실 내부 전면이 붉은색으로 채색된 고분으로는 국내 최초라고 알려져 있다. 나지막한 산봉우리처럼 솟아있는 고분들 사이로 조성된 산책길을 따라 계절을 만끽하며 걷기에 더없이 좋다.

Ⓐ 경상남도 고성군 고성읍 송학리 470번지 일원 Ⓞ 24시간/연중무휴 Ⓣ 055-670-2224 Ⓔ 주차 무료

SPOT 2

자연스로운 유럽식 정원

섬이정원

주소 경상남도 남해군 남면 남면로 1534-110 · **가는 법** 남해공용터미널에서 농어촌버스 404, 405, 408번 승차 → 유구 하차 → 도보 이동(약 23분) · **운영시간** 09:00~18:00/연중무휴 · **입장료** 일반 5,000원, 청소년 3,000원, 경로 4,000원, 어린이 2,000원 · **전화번호** 010-2255-3577 · **홈페이지** seomigarden.com · **etc** 주차 무료

광활하게 펼쳐진 남해와 자연 속 공기를 마시며 걸을 수 있는 섬이정원은 유럽식 정원으로 아름다운 한려해상공원을 볼 수 있는 곳이다. 돌담과 연못을 만들고 다랭이논의 높낮이를 이용해 나무와 꽃을 심어 9개의 테마로 비밀의 정원을 꾸며놓았다. 섬이정원으로 가는 길은 가파르고 좁아 마주 오는 차가 있으면 어떻게 피하나 조마조마하지만 막상 도착하면 활짝 펼쳐지는 풍경에 마음이 평안해진다. 경상남도 민간정원 1호로 등록된 섬이정원은 개인 정원으로 2007년부터 다랭이논을 정원으로 조성

한 후 일반인에게 개방하고 있다. 5천 평 규모로 아치형 다리 건너 만나게 되는 계류정원을 시작으로 하늘연못정원, 봄정원, 돌담정원까지 크고 작은 정원은 다양한 매력을 보여준다.

섬이정원에 있는 꽃들의 이름에 대해서는 굳이 알려고 하지 않아도 된다. 걷다 보면 자연스럽게 알게 될 테니 말이다. 높은 전망대에 오르면 여지없이 바다가 보이고 섬이정원 주변으로는 고동산이 병풍처럼 감싸 안고 있다. 2020년에는 경상남도에서 선정한 비대면 힐링관광 18선에 포함되기도 했다. 섬이정원에서 가장 인기 있는 포토존은 하늘연못정원이다. 한려해상과 아름다운 남해가 배경이 되고 연못에 비친 하늘과 구름도 한몫 한다.

주변 볼거리·먹거리

남해당커피 에그 와플이 맛있는 남해당 커피는 몽돌해변인 구미동해변 바로 앞에 있는 오션뷰 카페다. 일몰시간에 맞춰가면 근사한 노을을 볼 수 있으며 가정집을 카페로 개조했다. 야외에 놓인 캠핑의자는 바다와 잘 어울리고 차 한 잔 들고 바닷가를 산책해도 좋겠다.

Ⓐ 경상남도 남해군 남면 남서대로 1249번길 43 Ⓞ 11:00~18:00/연중무휴 Ⓣ 0507-1434-7015 Ⓗ instagram.com/nam hae_dang Ⓜ 에스프레소 4,000원, 아메리카노 4,000원, 바닐라라테 5,000원 Ⓔ 주차 무료

SPOT 3

소, 돼지, 해물 샤브 맛집

이서방화로

주소 경상남도 고성군 고성읍 신월로 9 1층 · **가는 법** 고성여객자동차터미널에서 농어촌버스 111번 승차 → 신부 하차 → 도보 이동(약 4분)/버스가 자주 다니지 않아 택시 이용 추천(약 5km) · **운영시간** 11:30~22:00/매주 화요일 휴무 · **전화번호** 055-673-2692 · **대표메뉴** 등심+샤브 3종 세트 130,000원, 돈+샤브 3종 세트 78,000원, 육회 23,000원 · etc 주차 무료

고기와 해물의 환상적인 만남으로 해물은 신선하고 고기는 싱싱해서 샤브의 국물맛을 더욱 담백하게 해 준다. 고성 바다 위에 떠있는 해지개다리가 보이는 곳에 위치한 이서방화로는 언뜻 보면 카페처럼 보이지만 해물 샤브 맛집으로 맛과 영양 면에서도 만족스러운 곳이다. 고기도 먹고 싶고 바닷가에 왔으니 해물도 먹고 싶어서 주문한 등심+샤브 3종 세트는 3단 트레이 가득 고기와 신선한 해물로 채워져 보기만 해도 군침이 돈다. 1단은 고기, 2단은 조개와 전복 등 각종 해산물, 그리고 아래쪽은 야채가 있어서 나중에 샤브샤브 먹을 때 함께 넣어 먹으니 국물이 더욱 시원하고 깔끔하다. 세트 메뉴에 같이 따라 나오는 육회는 보통 달걀노른자가 올려지는데 이곳은 노란 치즈가 있어서 오묘한 맛을 느끼게 해준다. 고기만 먹으면 느끼할 수도 있겠지만 조개와 샤브샤브의 깔끔한 국물로 마무리를 하니 전혀 느끼하지 않고 푸짐한 한 끼를 대접받은 기분이다.

주변 볼거리·먹거리

해지개다리&해지개 해안둘레길 거대한 호수 같은 바다 절경에 해 지는 모습이 너무나 아름다워 그립거나 사랑하는 사람이 절로 생각난다는 의미로 해지개다리라 부르는 이곳은 해 질 무렵에 걷게 되면 노을의 아름다운 풍경을 볼 수 있다. 만조 시에는 물 위를 걷는 듯하고 일몰 시간에 맞춰 조명이 들어와 불빛으로 화려한 바다를 볼 수 있다.

Ⓐ 경상남도 고성군 고성읍 신월리 657-3 Ⓞ 06:00~23:00/경관조명 점등시간 일몰 후~23:00 Ⓣ 055-670-2234 Ⓔ 주변 도로에 주차

추천 코스 1억 년 전의 발자국을 따라서(고성)

1 COURSE 상족암군립공원

제전에서 농어촌버스 212번 승차 → 학우사 하차 → 버스 111-1, 111번 환승 → 신부 하차 → 도보 이동(약 18분)

2 COURSE 해지개해안둘레길

율대사거리에서 농어촌버스 989, 989-1번 승차 → 당동 하차 → 도보 이동(약 4분)

3 COURSE 고옥정

주소	경상남도 고성군 하이면 덕명5길 42-23
가는 법	고성여객자동차터미널에서 버스 111-2번 승차 → 제전 하차 → 도보 이동(약 6분)
운영시간	24시간/연중무휴
입장료	무료
전화번호	055-670-4461
etc	주차 무료

남해안 한려수도가 한눈에 보이고 넓은 암반과 기암절벽으로 아름다운 상족암은 자연경관의 극치를 이룬 곳으로 중생대 백악기 때 살았던 공룡들의 선명한 발자국을 가까이서 볼 수 있다.

주소	경상남도 고성군 고성읍 신월리 657-3
운영시간	06:00~23:00/경관조명 점등시간 일몰 후~23:00
전화번호	055-670-2234
etc	주변 도로에 주차

9월 37주 소개(300쪽 참고)

주소	경상남도 고성군 거류면 당동5길 54-7
운영시간	11:00~22:00/매주 월요일 휴무
전화번호	0507-1387-8218
대표메뉴	아메리카노 4,800원, 카페라테 5,800원, 크림커피 6,300원, 오트라테 6,800원
etc	주차 가능

지금은 카페로 리모델링했지만 예전에는 횟집이었다고 한다. 오래된 주거공간이 지닌 기억을 담기 위해 시간의 흔적을 지닌 기와와 벽을 지켰고 건물의 뼈대를 드러내고 커다란 통창을 통해 남해를 보며 힐링할 수 있는 공간이다.

9월 셋째 주

새롭게 변신한 이색카페를 찾아서

38 week

SPOT 1

목욕탕이 카페로 변신한 온수탕카페

주소 경상북도 영천시 교창길 17 · **가는 법** 영천역 영천공설시장에서 버스 111-1, 112, 220번 승차 → 숭렬공원 하차 → 도보 이동(약 3분) · **운영시간** 11:00~21:00/매주 화요일 휴무 · **전화번호** 0507-1399-0167 · **대표메뉴** 냉율무2+크룽지1 15,000원, 아메리카노2+크룽지1 12,000원, 에이드2+구운계란3 12,000원, 아메리카노 4,000원, 냉율무 5,500원 · **etc** 주차 골목길 또는 공용주차장

이색카페 온수탕은 1974년부터 2019년까지 운영해오던 영천에서 가장 오래된 제1호 목욕탕 온수탕이 도시재생사업으로 새롭게 카페로 개조된 곳이다. 투박한 목욕탕 건물 외관은 이가 빠진 듯 떨어진 타일 흔적과 허물 벗듯 벗겨진 페인트, 곧 무너질 듯 잔금이 간 벽면이 오랜 세월을 이야기하지만 내부는 새롭게 리모델링해 깨끗하다. 여탕이었던 1층 큰 탕은 허물지 않고 그대로 두어 욕탕 안에 들어가 있는 듯 편안해지고, 남탕이었다는 2층으로 올라가면 벽면에 뜯지 않고 그대로 둔 샤워기와 낡

은 기둥이 세월의 흔적을 고스란히 느끼게 한다. 시대가 변하면서 자꾸 없어지곤 했던 옛날 그 시절의 물건과 건물들이 가끔씩 그리울 때가 있듯 옛날 온수탕을 그리워하는 사람들이 많을 것이라 생각해본다. 목욕탕이 사라져 아쉬움은 있지만 건물을 허물지 않아 이젠 카페에서 차 한잔 마시며 어릴 적 온수탕에 얽힌 기억들을 흑백사진 속에 넣어두고 곱씹으며 추억을 소환해본다. 기성세대에게는 향수와 추억을, 요즘 세대에게는 한번도 접해보지 못한 호기심을 느끼게 할 듯하다.

주변 볼거리·먹거리

삼송꾼만두 영천뿐만 아니라 전국적으로 소문난 삼송꾼만두는 만두 달인이 만드는 30년 전통의 왕만두로 12가지 야채를 넣어 느끼함은 없고 영양이 가득하다. 타 만둣집은 주로 찐만두를 판매하지만 삼송꾼만두는 구운 것 같은 튀김만두를 주력으로 하고 있으며 만두의 모든 작업을 직접 손으로 하기에 모든 정성을 손맛에 쏟고 있다. 영천시 따숨가게로 인정받았으며 2021년에는 백년가게에 선정되었다.

Ⓐ 경상북도 영천시 중앙동1길 12 Ⓞ 09:00~19:00/매월 둘째, 넷째 주 화요일 휴무 Ⓣ 054-333-8806 Ⓜ 꾼만두 1인분(6개) 7,000원 Ⓔ 가게 앞 주차 가능

SPOT 2

양조장이 카페로 변신한

양조장카페

주소 경상북도 김천시 남면 옥산길 12 · **가는 법** 김천공용버스터미널에서 버스 12-5, 14, 112-5번 승차 → 옥산 하차 → 도보 이동(약 4분) · **운영시간** 10:30~22:00/연중무휴 · **전화번호** 054-433-1188 · **홈페이지** instagram.com/cafe__brewery_ · **대표메뉴** 아메리카노 4,500원, 카페라테 5,000원, 바닐라라테 5,500원 · **etc** 주차 무료

김천혁신도시에 위치한 양조장카페는 오랜 세월 양조장이었던 건물을 카페로 개조해 운영하고 있다. 건물은 3채로 마당을 중앙에 두고 ㄷ자 모양으로 구성되어 있으며 각 건물마다 다양한 테마로 꾸며져 고전적인 느낌이 고스란히 묻어 있다. 옛 건물의 모습을 그대로 두고 그곳에 포토존을 만들어 볼거리가 다양하니 어디서 찍어도 인생 사진이라 할 수 있겠다.

본관은 옛날 양조장 사무실에 조금 변화만 주었을 뿐 옛 모습 그대로 재현했으며, 벽면에 태극기며 정각이 되면 울릴 것 같은 괘종시계와 학교 다닐 때 사용했던 낡은 타자기, 갈색 소파까지 꽤나 고풍스럽다.

양조장카페는 사무실에서 쓰던 오래된 물건도 많았지만 집에서 쓰던 물건들도 많았다. 모두 어디서 가져온 것인지 옛 물건을 볼 때마다 그때 그 시절이 생각나는 건 주인장의 의도였을지도 모르겠다. 카페로 개조하기 전에는 양조장이라서 규모가 컸고 천장이며 벽이며 건물로 연결되는 통로를 지날 때마다 술냄새가 느껴지는 듯하다. 큰 창을 통해 햇빛이 가득 들어오는 날은 게으른 오후를 보내고 싶을 정도로 따뜻하다.

주변 볼거리·먹거리

저자거리

Ⓐ 경상북도 김천시 연화지2길 19-4 Ⓞ 12:00~20:00(14:00~17:00 브레이크타임, 재료 소진 시 마감)/매주 일요일 휴무 Ⓣ 054-437-2979 Ⓜ 석쇠불고기(1인분) 6,000원, 고등어(大) 9,000원 Ⓔ 주차 가능

12월 50주 소개(395쪽 참고)

S P O T 3

구수한 맛에 영양까지

포항할매집

주소 경상북도 영천시 시장4길 52 · **가는 법** 영천버스터미널에서 버스 55, 555, 555-7번 승차 → 영철공설시장 하차 → 도보 이동(약 3분) · **운영시간** 07:00~20:00/매월 1일, 15일 휴무 · **전화번호** 054-334-4531 · **대표메뉴** 소머리곰탕 9,000원, 특곰탕 11,000원, 한우소머리곰탕 10,000원 · etc 시장 주차장 이용

영천공설시장 안 곰탕골목에는 몇십 년이 넘은 곰탕집이 많아 곰탕골목을 지날 때마다 고소한 사골육수향이 들어오라고 유혹한다. 이 골목에 자리한 포항할매집은 3대째 영업하고 있는 집이다. 3대를 이어 왔으니 60년은 족히 된 집으로 백년가게와 한국인이 사랑하는 오래된 한식당에서 선정되었다.

소머리곰탕과 수육 그리고 곰탕국수가 별미며 한우를 푹 삶아 우려낸 곰탕은 구수하면서도 영양이 풍부해 여름 삼복더위도 견딜 수 있는 영양식이다. 국물이 진하고 고기의 양이 많기로 유명한 이곳은 고객에게 보약을 달여 드린다는 생각으로 정성을 기울인다고 한다. 가게 앞에 있는 커다란 가마솥에서는 연신 곰탕이 끓고 있었다. 밑반찬은 고작 물김치처럼 생긴 석박지와 동치미, 고추와 된장이 전부이지만 오히려 자극적이지 않으니 곰탕의 깊은 맛을 더 잘 느낄 수 있다. 여름에는 보양식으로, 찬바람 불면 몸을 따뜻하게 하는 영양식으로 좋은 음식이다.

주변 볼거리·먹거리

영천공설시장 규모가 큰 만큼 볼거리, 먹거리, 즐길 거리가 가득한 영천공설시장은 인심이 묻어나는 곳이다. 경북의 5일장 중 가장 크며 장날은 2일과 7일이다. 싱싱한 해물과 신선한 야채가 가득하고 저렴한 가격으로 푸짐하게 구입할 수 있을 뿐만 아니라 시장 안의 별빛영화관에서는 영화도 상영되고 있다.

Ⓐ 경상북도 영천시 시장4길 38 Ⓞ 07:00~21:00/연중무휴 Ⓣ 054-331-1772 Ⓔ 주차장 이용

추천 코스 별이 쏟아지는 마을(영천)

1 COURSE
보현산천수누림길

자동차 이용(약 70분)

2 COURSE
은해사

은해사종점에서 버스 220, 251번 승차 → 영천터미널 하차 → 도보 이동(약 2분)

3 COURSE
편대장영화식당

주소	경상북도 영천시 화북면 정각길 478
가는 법	영천버스터미널에서 자동차 이용(약 50분)
운영시간	해 질 무렵 입산 통제 및 야간 출입금지(관측에 지장)
입장료	무료
전화번호	054-330-1000
etc	주차 무료

사방이 산으로 둘러싸여 산을 좋아하는 사람들이 많이 찾는 보현산에는 걸으면 천수를 누린다는 천수누림길이 있다. 천수누림길은 보현산 정상 시루봉과 천문대까지 울창한 숲길을 산책로로 조성하여 풀냄새와 나무냄새로 숨통이 트인다. 계절마다 야생화를 볼 수 있으며 별모양 전망대가 있다.

주소	경상북도 영천시 청통면 청통로 951
운영시간	하절기 08:00~18:00, 동절기 08:00~17:00
전화번호	054-335-3318
입장료	무료
etc	주차 가능

팔공산 기슭에 있는 사찰로 신라시대 때 승려 혜철국사가 창건했으며 대구 동화사와 더불어 팔공산을 대표하는 사찰이다. 고려와 조선시대를 거치며 여러 차례 중창했으며 은빛 바다가 춤추는 극락정토 같다 하여 은해사라 불렀다. 안개가 끼거나 구름이 피어날 때면 그 광경이 은빛 바다가 물결치는 것처럼 보여 은해사라고도 한다. 향곡, 운봉, 성철 스님처럼 한국을 빛낸 여러 고승을 배출하기도 했다.

주소	경상북도 영천시 강변로 50-15 1층
운영시간	10:30~20:30/연중무휴
전화번호	054-334-2655
대표메뉴	육회 23,000원, 육회비빔밥 19,000원, 한우불고기 15,000원, 소고기찌개 9,000원
etc	주차 가능

백년가게로 선정된 영화식당은 1962년에 문을 열었으니 60년이 되었다. 처음에는 소금구이로 시작했는데 단골손님이 원하면 가끔 선보였던 육회가 지금의 명성을 가져다주었다. 그날 들어온 소고기를 부위별로 일일이 손질해 하루 동안 숙성해 내놓으니 맛이 없을 수 없다.

9월 넷째 주

전망 좋은 사찰을 찾아

39 week

SPOT 1

우리나라 3대 기도처

보리암

주소 경상남도 남해군 상주군 보리암로 665 · **가는 법** 남해공용터미널에서 농어촌 버스 501, 504번 승차 → 신보탄 하차 → 택시 또는 도보 이동(약 22분) · **운영시간** 03:30~21:00/연중무휴 · **입장료** 성인 1,000원 · **전화번호** 055-862-6500 · **홈페이지** boriam.or.kr · **etc** 주차 요금(승용차 기준) 5,000원

신라 신문왕 3년(683년)에 원효대사가 세웠다는 사찰 보리암은 한려수도가 보이는 기도도량처로 우리나라 3대 기도처 중 한 곳이다. 이성계가 이 사찰에서 백일기도를 하고 조선을 개국하게 되자 영세불망의 영산이라 하여 보광산이라 불리던 이름을 온 산을 비단으로 두른다는 뜻의 금산으로 바꿔 부르게 되었다고 한다.

보리암은 고대로부터 유래가 깊어 고대의 가락국 김수로왕도 보리암에서 기도하고 대업을 이루었다고 한다. 보리암전 3층 석탑과 보리암에서 가장 기가 강한 곳으로 알려진 해수관세음보

살상은 보리암을 대표하는 문화재이며 보광전과 산신각, 그리고 간성각은 한려수도를 배경으로 사진 찍기 좋은 명소이기도 하다. 기암절벽과 남해의 수많은 섬들을 볼 수 있어 양양 낙산사의 홍련암, 강화 석모도의 보문사와 함께 우리나라 3대 관음기도처로 알려져 있으며, 보리암은 특히나 주변 경관이 뛰어난 사찰로 꼽힌다.

발아래 펼쳐진 남해 한려해상과 보리암은 가히 환상적이다. 우리나라 최초의 해상국립공원으로 지정되었으며 거제 지심도부터 여수 오동도까지 수많은 유무인도로 이루어진 아름다운 해안경관과 더불어 천혜의 자연환경을 지니고 있는 사찰이다.

주변 볼거리·먹거리

금산산장 바다를 보면서 먹는 컵라면 맛집으로 유명한 금산산장은 보리암에서 200m 정도 산길을 올라가면 만날 수 있다. 산장에서 바라보는 전경은 세상 어디에도 없을 정도로 빼어나다.

Ⓐ 경상남도 남해군 상주면 보리암로 691 Ⓞ 07:00~18:00 Ⓣ 055-862-6060 Ⓗ instagram.com/geumsansanjang Ⓜ 컵라면 3,000원, 구운계란 1,000원, 해물파전 10,000원

SPOT 2

의상대사의 이야기가 있는 사찰

문수암

주소 경상남도 고성군 상리면 무선2길 808 · **가는 법** 고성여객자동차터미널에서 농어촌버스 111-2, 111번 승차 → 절골마을 하차 → 택시 또는 도보 이동(약 2시간 30분) · **운영시간** 24시간/연중무휴 · **전화번호** 055-672-8078 · etc 주차 무료

문수암에서 바라보는 한려수도는 날이 좋으면 선명하게 볼 수 있는 수평선과 바다 위에 그림처럼 펼쳐져 있는 수많은 섬으로 인해 우리나라에서 가장 전망 좋은 사찰이라고 표현해도 과언이 아닐 정도다. 막상 도착했을 때는 해무와 안개로 장관을 볼 수 없어 아쉬움이 남았던 곳이기도 하다. 아무런 정보도 없이 오직 내비게이션에만 의존해 찾아간 문수암은 산길을 몇 번이나 굽이굽이 돌아 올라왔는지 나중에 도착해서는 멀미가 날 정도로 산꼭대기에 위치해 있다.

문수암은 고성 무이산 중턱에 있으며 성덕왕 5년(706년)에 의상이 창건한 사찰이다. 지금의 암자는 태풍 사라호로 인해 건물

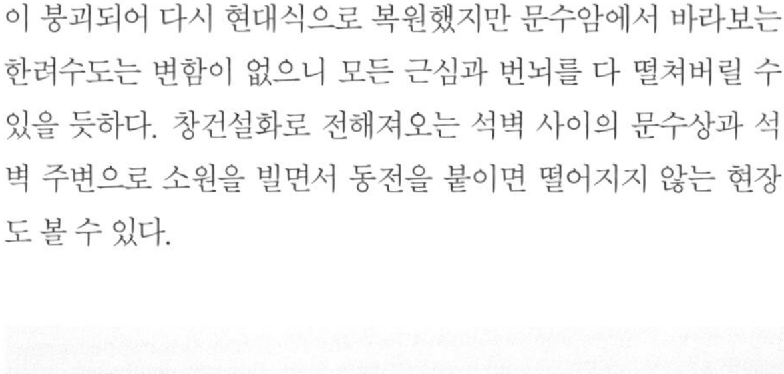

이 붕괴되어 다시 현대식으로 복원했지만 문수암에서 바라보는 한려수도는 변함이 없으니 모든 근심과 번뇌를 다 떨쳐버릴 수 있을 듯하다. 창건설화로 전해져오는 석벽 사이의 문수상과 석벽 주변으로 소원을 빌면서 동전을 붙이면 떨어지지 않는 현장도 볼 수 있다.

주변 볼거리·먹거리

상리연꽃공원 2006년 쓸모없는 늪지대에 수련을 심어 조성한 연꽃공원이다. 연못 중앙에는 연못을 가로지르는 돌징검다리를 놓아 연못에 떠 있는 수련과 연꽃을 가까이서 볼 수 있다.

Ⓐ 경상남도 고성군 상리면 척번정리 125-3 ⓞ 24시간/연중무휴 Ⓣ 055-670-4433 Ⓔ 주차 무료

SPOT 3

독일마을에서 전통 독일요리를

쿤스트라운지

주소 경상남도 남해군 삼동면 독일로 34 · **가는 법** 남해공용터미널에서 농어촌버스 601, 603번 승차 → 물건마을 하차 → 도보 이동(약 5분) · **운영시간** 일~목요일 10:00~21:00, 금~토요일 10:00~22:00 · **전화번호** 070-4111-4058 · **대표메뉴** 수제슈니첼 17,000원, 슈바인학센 36,000원, 튀링어 브랏부어스트 14,500원, 포르게타 28,000원 · etc 주차 무료

독일마을 입구에 위치해 있으며 남해 방풍림과 바다가 보인다. 1층과 2층 그리고 야외로 구분되어 있는 슈니첼 맛집으로 슈니첼뿐만 아니라 평소 먹기 힘든 독일 음식을 맛볼 수 있으며 수제 독일 맥주와 커피도 마실 수 있다. 독일마을 자체도 독일에 온 듯한 느낌인데 쿤스트라운지는 건물 자체도 크고 외관이며 간판까지 이국적이다. 물론 내부도 넓고 시원하게 뚫려있어 답답함이 없으니 만족스럽다.

돼지다리살을 오븐에 구워 겉은 바삭하고 속은 촉촉한 겉바속촉이 이런 것이란 걸 느끼게 해 주는 독일식 족발 요리 슈바인학센은 독일 맥주와 함께해도 맛있다. 보통 돈가스라고 하는 수제 슈니첼은 국내산 돼지고기를 여러 번 두드려 얇게 펴서 바삭하게 튀겨 소스에 찍어 먹어도 되지만 그냥 먹어도 돼지고기의 쫀쫀함을 느낄 수 있다. 이곳에서는 그동안 접하기 어려웠던 정통 독일요리를 맛볼 수 있다. 독일요리뿐 아니라 브런치와 커피 그리고 수제 맥주까지 다양하게 즐길 수 있다.

주변 볼거리·먹거리

독일마을 1960년대 당시 독일에 간호사와 광부로 파견되었던 독일 거주 교포들이 우리나라에 재정착할 수 있도록 남해군에서 개발한 곳으로 남해와 방풍림이 보이는 언덕 위에 위치해 있다. 이곳의 주황색 지붕과 이국적인 집은 독일마을과 어울린다. 독일마을 부근에는 독일 음식을 맛볼 수 있는 식당과 카페가 있고 수제 독일 맥주도 맛볼 수 있다.

Ⓐ 경상남도 남해군 삼동면 물건리 1154 Ⓞ 연중무휴/늦은 시간에는 방문 자제 Ⓣ 055-867-8897 Ⓗ 남해독일마을.com Ⓔ 주차 무료

추천 코스 이국적인 풍경을 만나다(남해)

1 COURSE
다랭이마을

다랭이마을에서 버스 403번 승차 → 이동 하차 → 버스 601, 603번 환승 → 물건마을 하차 → 도보 이동(약 12분)

2 COURSE
독일마을

독일마을에서 도보 이동(약 10분)

3 COURSE
쿤스트라운지

주소	경상남도 남해군 남면 남면로 679번길 21
가는 법	남해공용터미널에서 버스 408번 승차 → 다랭이마을 하차 → 도보 이동(약 4분)
운영시간	시간제한은 없지만 주민이 거주하는 곳이니 늦은 시간 출입 자제
전화번호	055-862-3427
홈페이지	darangyi.modoo.at
etc	주차 가능

CNN에서 선정한 한국에서 꼭 가봐야 할 곳 3위에 오른 남해 다랭이마을은 가는 곳마다 푸른하늘과 바다가 펼쳐진다. 비탈진 산을 깎아 계단식으로 만든 좁고 긴 논을 다랭이라고 부르면서 다랭이마을이라는 이름이 붙여졌다. 이곳 주민들은 오로지 논농사와 밭농사를 업으로 여기며 생활한다. 남해의 아름다운 풍경과 꼬불꼬불 해안도로 밑으로 펼쳐진 다랭이마을과 지붕 위에 피어있는 꽃은 수채화를 보는 듯 아름답다.

주소	경상남도 남해군 삼동면 물건리 1154
운영시간	연중무휴/늦은 시간에는 방문 자제
전화번호	055-867-8897
홈페이지	남해독일마을.com
etc	주차 무료

9월 39주 소개(312쪽 참고)

주소	경상남도 남해군 삼동면 독일로 34
운영시간	일~목요일 10:00~21:00, 금~토요일 10:00~22:00
전화번호	070-4111-4058
대표메뉴	수제슈니첼 17,000원, 슈바인학센 36,000원, 튀링어 브랏부어스트 14,500원, 포르게타 28,000원
etc	주차 무료

9월 39주 소개(312쪽 참고)

9월의 사천
해와 달과 별이 반기는 행복한 여행

불어오는 가을바람에 넋을 잃을 때가 있다. 습기를 가득 머금은 바람은 어느새 상쾌한 바람으로 다가오니 이제는 가을을 맞을 준비를 해야겠다. 가을이면 유독 파란 하늘과 바다, 그리고 파란 바람이 일 것 같은 고장 사천으로 떠나보자. 그리고 해 질 무렵 바다로 나가보자. 먼 하늘부터 빨갛게 물드는 노을은 얼굴까지도 물들인다.

2박 3일 코스 한눈에 보기

비토섬

삼천포용궁수산시장

무지개빛해안도로

별간지붕

송포1357

사천바다케이블카

대방진굴항

남일대해수욕장

비토섬 1992년 비토연륙교가 생겨서 육지와 연결되어 있지만 때 묻지 않은 청정지역으로 섬이 주는 풍경은 고스란히 남아 있다. 비토섬은 별주부전의 전설이 있는 섬으로 비토해양낚시터를 비롯해 비토국민여가캠핑장도 갖춰져 있을 뿐만 아니라 봄이면 벚꽃길이 아름답기로 유명하다. 이곳에서는 바다와 작은 어촌마을이 펼쳐지는 해안길을 따라 드라이브를 해보는 것도 좋다.

Ⓐ 경상남도 사천시 서포면 비토안길 104-16 Ⓞ 24시간/연중무휴 Ⓒ 무료 Ⓣ 055-831-2114

삼천포용궁수산시장 전국에서 손꼽히는 50여 년의 역사를 지닌 어시장으로 갓 잡은 싱싱한 해산물과 선어류, 활어류, 패류 그리고 건어물을 한곳에서 구입할 수 있다. 청정해역인 사천바다는 바다 유속이 빨라 어패류의 육질이 좋으며 쫄깃하며 맛이 일품이다.

Ⓐ 경상남도 사천시 어시장길 64 Ⓞ 05:00~ 22:00 Ⓣ 055-835-2229

남일대해수욕장 신라시대의 학자 최치원이 남쪽에서 가장 빼어난 절경이라는 뜻으로 붙인 남일대는 경남지역에서 손꼽히는 일급 해수욕장이다. 해안가 산책길을 걸어가면 코끼리가 바닷물을 마시고 있는 듯한 모습의 코끼리바위를 볼 수 있다. 깨끗한 바닷물과 부드러운 모래 그리고 울창한 숲까지 고루 갖추고 있으며 집라인을 타고 하늘에서 바다를 내려다보는 체험도 할 수 있다.

Ⓐ 경상남도 사천시 모례2길 11-19 Ⓣ 055-832-7896

대방진굴항 사천에서만 볼 수 있는 인공항구로 이순신 장군이 거북선을 숨겨놓은 수군기지로 사용했다고 전해지는 곳이다. 항구 쪽에서 보면 전혀 보이지 않아 안쪽 깊숙이 배가 있을 것이라고는 상상할 수 없을 만큼 비밀스러운 항구다. 굴항 언덕에는 이순신 장군 동상이 있으며 600년이 넘은 느티나무와 팽나무가 자라고 있다.

Ⓐ 경상남도 사천시 대방동 251 Ⓣ 055-831-2114 Ⓔ 주차 무료

산과 들의 초록은 어느새 노랗고 빨간 물이 들어간다. 여름을 견딘 곡식과 과일들은 탱글탱글하게 익어 달콤함과 풍요로움을 선물한다. 선선하고 서늘한 가을바람이 온몸으로 파고들고 따가운 햇볕이 그리워진다. 어디를 가든 맑은 하늘과 청량한 바람, 따사로운 햇살이 반기는 10월, 자연이 가장 화려한 빛을 뿜어내는 특별한 계절을 맘껏 누려보자.

입추가 지난 지 언제인데 가을에 자리를 내주기 아쉬운 듯 아직도 한낮의 태양은 마지막 뜨거운 열기를 토해 낸다. 늦더위를 피해 계곡으로, 바다로 여름의 끝자락 여행을 떠나지만 아침 저녁으로 불어오는 바람에 선선한 기운이 감돈다. 바야흐로 걷기 좋은 계절, 땅을 밟는 발바닥으로 가을이 전해진다.

도산서원

선성수상길

군자마을

낙강물길공원

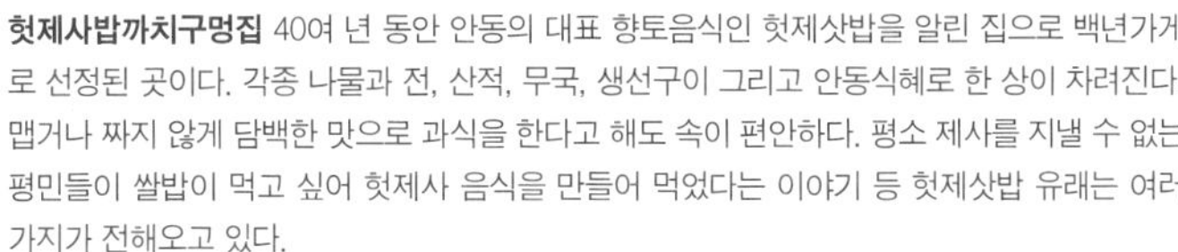
헛제사밥까치구멍집 40여 년 동안 안동의 대표 향토음식인 헛제삿밥을 알린 집으로 백년가게로 선정된 곳이다. 각종 나물과 전, 산적, 무국, 생선구이 그리고 안동식혜로 한 상이 차려진다. 맵거나 짜지 않게 담백한 맛으로 과식을 한다고 해도 속이 편안하다. 평소 제사를 지낼 수 없는 평민들이 쌀밥이 먹고 싶어 헛제사 음식을 만들어 먹었다는 이야기 등 헛제삿밥 유래는 여러 가지가 전해오고 있다.

Ⓐ 경상북도 안동시 석주로 203 Ⓞ 11:00~20:00/매주 월요일 휴무 Ⓣ 054-855-1056 Ⓜ 헛제삿밥 13,000원, 헛제삿밥(안동식혜 포함) 14,000원, 양반상 23,000원

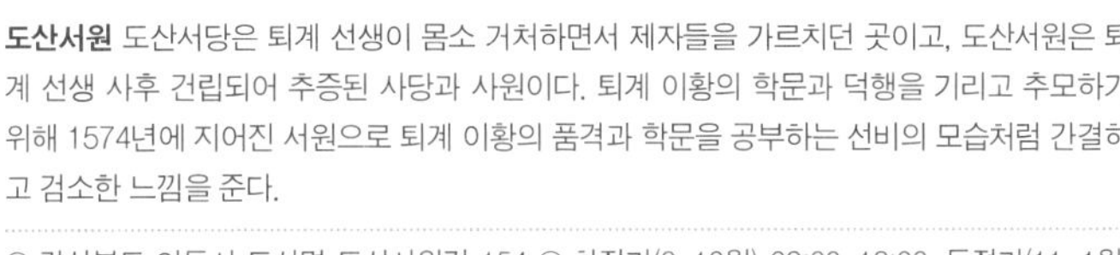
도산서원 도산서당은 퇴계 선생이 몸소 거처하면서 제자들을 가르치던 곳이고, 도산서원은 퇴계 선생 사후 건립되어 추증된 사당과 사원이다. 퇴계 이황의 학문과 덕행을 기리고 추모하기 위해 1574년에 지어진 서원으로 퇴계 이황의 품격과 학문을 공부하는 선비의 모습처럼 간결하고 검소한 느낌을 준다.

Ⓐ 경상북도 안동시 도산면 도산서원길 154 Ⓞ 하절기(2~10월) 09:00~18:00, 동절기(11~1월) 09:000~17:00 Ⓒ 일반 2,000원, 어린이·청소년 1,000원 Ⓣ 054-856-1073 Ⓗ andong.go.kr/dosanseowon/main.do Ⓔ 주차 무료

헛제사밥까치구멍집

선성수상길(선성현문화단지) 안동 예끼마을에 위치한 선성수상길은 물 위에 놓인 1km의 부교길로 우리나라에서 가장 긴 부교길이다. 선성현문화단지와 안동 화반자연휴양림을 연결하며 안동호의 풍경을 느낄 수 있다. 안동호에 물결이 생길 때는 다리가 흔들려 스릴을 느낄 수 있으며 수상길 중간에는 수몰된 예안초등학교를 추억하는 풍금과 의자가 놓여 있다.

Ⓐ 경상북도 안동시 도산면 선성5길 8 Ⓞ 08:00~일몰시(늦은 시간은 위험하니 출입 금지) Ⓒ 무료 Ⓣ 054-843-0010

군자마을 600년 전 광산 김씨 김효로가 정착하면서 형성된 마을이다. 군자 아닌 사람이 없다 해서 군자마을이라 불리게 되었고 실제로도 많은 학자들을 배출한 곳이기도 하다. 후조당, 탁청정처럼 가옥과 정자마다 이름이 있으며 홈페이지를 통해 고택체험도 가능하다.

Ⓐ 경상북도 안동시 와룡면 오천1리 산28-1번지 Ⓒ 무료 Ⓣ 054-852-5414 Ⓗ gunjari.net

봉정사 2018년 유네스코 세계문화유산에 등재된 사찰로 우리나라에서 가장 오래된 목조건물이 있다. 사찰 뒤로는 천등산이 있으며 신라 문무왕 12년에 의상대사의 제자인 능인 스님이 창건했다. 고려 태조와 공민왕도 다녀간 사찰로 수행하던 능인 스님이 종이봉황을 접어 날려 지금의 봉정사 자리에 머무르니 봉황이 머물렀다 하여 봉새 봉(鳳) 자에 머무를 정(停) 자를 따서 봉정사로 이름지었다 한다. 한옥집을 닮아있는 영산암이 유명하다.

Ⓐ 경상북도 안동시 서후면 봉정사길 222 Ⓞ 하절기 07:00~19:00, 동절기 08:00~18:00 Ⓒ 무료 Ⓣ 054-853-4181 Ⓗ bongjeongsa.org Ⓔ 주차 무료

봉정사

10월의 경상도

남쪽의 특별한 가을

10월 첫째 주

여 행 도 휴 식 처 럼

40week

SPOT 1

쉼과 휴식이 있는 식물원 카페

파우제앤숨

주소 경상남도 김해시 대동면 동남로41번길 94 · **가는 법** 김해여객터미널 봉황역에서 대동공영버스 승차 → 신정교 하차 → 도보 이동(약 4분) · **운영시간** 10:30~21:30/매주 월요일 휴무 · **전화번호** 070-4603-6685 · **홈페이지** instagram.com/cafe_pause_sum · **대표메뉴** 에소프레소 5,400원, 아메리카노 5,400원, 카페라테 6,000원 · etc 주차 무료, 노키즈존

'일시적 멈춤'이라는 '파우제'와 '쉼'이라는 뜻을 가진 '숨'의 의미를 담고 있는 카페. 휴식과 즐거움, 자연이 살아있는 곳으로 복잡한 일상을 벗어나 집 앞마당에서 느낄 수 있는 여유로움, 삶의 안정과 여유를 나눌 수 있기를 바라는 마음으로 카페를 오픈했고 오픈한 지 얼마 되지 않았음에도 쉼을 위해 많은 사람이 찾고 있다.

파우제앤숨 카페는 식물원과 함께 운영하고 있는데 수많은 나무와 식물 사이에서 음료를 마실 수 있어 식물에서 뿜어져 나오는 싱그럽고 촉촉한 느낌이 코끝을 자극한다. 안전을 위해 본관 2층과 제2 식물원은 12세 미만 어린이의 출입을 금하는 노키즈존으로 운영하고 있으나 아이들을 위한 공간은 따로 있으니 아이들과 함께 방문해도 좋은 곳이다.

식물원을 지나면 보이는 카페 본관은 이국적인 아치형 창문이 멋스럽게 느껴진다. 카페 본관 앞은 정원으로 꾸몄으며 아기자기 앙증스러운 조형물은 사진 찍기에도 좋다. 음료와 먹을 수 있는 쿠키와 베이커리가 다양한데, 이곳에서 만드는 베이커리는 유기농 밀가루와 100% 원유 생크림을 사용해 굽는다고 한다.

주변 볼거리·먹거리

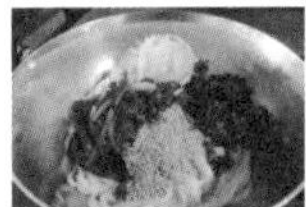

대동할매국수 50여 년 세월을 이어온 깊은 맛의 멸치곰국과 청양초의 궁합으로 세월의 깊이만큼 육수의 깊이도 남다르다는 대동할매국수는 물국수 맛집이다. 육수는 멸치의 비릿한 맛이 느껴지지 않을 정도로 깔끔해 국물이 진해 입안이 꽉찬 느낌이다. 단무지와 김가루, 깨, 그리고 부추 고명에 육수를 따라 먹는 형식으로 멸치국물의 깊은 맛을 느낄 수 있다.

Ⓐ 경상남도 김해시 대동면 동남로45번길 8 Ⓞ 10:30~18:50(15:00~16:00 브레이크타임)/매주 월요일 휴무 Ⓣ 055-335-6439 Ⓜ 국수 보통 5,000원, 곱빼기 6,000원, 비빔국수 6,000원 Ⓔ 주차 무료

SPOT 2

최고의 낙원이라는 카페

엘파라이소365

주소 경상북도 청도군 화양읍 소라2길 36-13 · **가는 법** 청도공용버스정류장에서 청도역군청 방향 농어촌버스 2번 승차 → 소라리 하차 → 도보 이동(약 7분) · **운영시간** 10:00~21:00/연중무휴 · **전화번호** 054-371-0365 · **대표메뉴** 아메리카노 5,800원, 카페라테 6,500원, 아인슈패너 7,000원 · **etc** 주차 무료

최고의 전망을 자랑하는 엘파라이소365 카페는 언덕 위에 위치해 청도 전체를 볼 수 있다. 엘파라이소(El paraiso)는 스페인어로 '지상 최고의 낙원'이라는 뜻으로 카페가 있는 이곳은 정남향의 용이 흐르는 형상으로 강과 함께 청도 전체를 조망할 수 있다.

카페 앞으로는 청도천이 흐르고 전망이 탁 트여 365일 해가 비치는 곳에서 자연과 더불어 건강을 찾고 스트레스를 날려버리라는 의미로 건강한 체온 36.5도를 지키자는 의미에서 엘파라이소365라 이름지었다고 한다. 집을 짓기 위한 주택부지로 매입했다가 풍광에 반해 많은 이들이 풍경을 즐겼으면 하는 바람으로 카페를 오픈했다는데 그 취지에 맞아떨어진 듯하다.

1층은 젊은 세대가 선호하는 공간으로, 2층은 커피와 베이커리를 주문하는 세련된 감각으로, 3층은 강과 산을 감상할 수 있는 공간으로 층마다 색다른 분위기로 꾸몄고 누구나 쉬면서 책을 볼 수 있도록 책도 꽂아 두었다.

주변 볼거리·먹거리

청도가마솥국밥

Ⓐ 경상북도 청도군 청도읍 청화로 235 Ⓞ 11:00~21:00/매주 화요일 휴무 Ⓣ 054-371-0222 Ⓜ 육회비빔밥 15,000원, 육회(大) 50,000원, 뭉티기(大) 50,000원 Ⓔ 주차 무료

2월 6주 소개(073쪽 참고)

SPOT 3

하루의 온기를 담은 솥밥

하루담

주소 경상남도 김해시 봉황대길 42 1층 · **가는 법** 김해터미널에서 도보 이동(약 15분)/봉황역에서 도보 이동(약 10분) · **운영시간** 11:30~21:00/매주 월요일 휴무 · **전화번호** 0507-1488-2580 · **대표메뉴** 곤드레솥밥 13,000원, 고등어솥밥 14,000원, 가지솥밥 13,000원, 전복솥밥 18,000원, 갈비솥밥 18,000원 · etc 인근 공원주차장 또는 골목길 주차

서울에는 경리단길, 경주는 황리단길, 그리고 김해는 요즘 핫한 봉리단길이 있다. 봉황동 골목길을 봉리단길이라고 부르는데, 김해 원도심 재생사업으로 젊은 창업가들이 모이기 시작하면서 봉리단길이 형성되었다가 코로나19로 인해 침체기를 겪었으나 지금은 다시 활발해졌다고 한다. 카페와 식당이 주를 이루고 있지만 옷가게와 소품숍도 있어 구경하기 좋은 곳으로 솥밥으로 맛있는 하루담도 봉리단길에 위치해 있다.

흰색 외벽에 낮은 기와 담장으로 꾸며진 한옥 느낌의 하루담은 봉리단길과 잘 어울린다. 점심시간이나 주말에는 웨이팅을 해야 할 정도로 맛집으로 소문이 났고 곤드레나물, 고등어, 가지, 명란, 갈비 등 솥밥의 종류도 다양하다. 고등어솥밥은 의외로 비리지 않고 담백하며, 갈비솥밥은 달콤 짭조름하고 불향이 느껴진다. 정성이 담긴 5가지 반찬과 된장국이 개인 트레이에 차려지는데 여러 사람이 공용으로 반찬을 먹지 않으니 정갈하고 깔끔하다. 하루의 온기를 가득 담은 솥밥처럼 갓지은 밥 냄새는 식욕을 돋우고 그 맛에 반한 사람들이 다시 찾을 것 같다.

TIP

하루담 솥밥을 맛있게 먹는 법

1. 솥밥의 밥과 토핑을 빈 그릇에 옮겨 담는다.
2. 솥에 뜨거운 물을 부은 후 뚜껑을 닫아 누룽지 숭늉을 만든다.
3. 옮겨 담은 밥은 기호에 맞게 양념장을 넣어 맛있게 비벼먹는다(양념장이 짤 수 있으니 조금만).

주변 볼거리·먹거리

수로왕릉 한반도에서 가장 먼저 철기문화를 받아들인 가락국 금관가야의 시조 김수로왕의 무덤이다. 봉분밖에 없던 것을 조선시대에 왕릉의 모습을 갖추고 능비를 세워 지금에 이르렀다. 임진왜란 당시 왜군에 의해 도굴되었다는 기록이 있으며, 왕릉 뒤쪽 문으로 나가면 숲길 산책로가 정비되어 있다.

Ⓐ 경상남도 김해시 가락로93번길 26 Ⓞ 3월, 10월 08:00~19:00, 4~9월 08:00~20:00, 11~2월 09:00~18:00 Ⓣ 055-332-1904 Ⓔ 갓길 또는 인근 주택가 주차

역사가 흐르는 곳(김해)

1 COURSE

낙동강레일파크에서 버스 60, 60A, 60B번 승차 → 나전공단입구 하차 → 상동공영1번 환승 → 인제대학교 하차 → 셔틀버스 이용

낙동강레일파크

주소 경상남도 김해시 생림면 마사로 473번길 41
가는 법 김해여객터미널 봉황역에서 버스 60, 60B번 승차 → 낙동강레일파크 하차 → 도보 이동(약 10분)
운영시간 하절기(4~10월) 09:30~18:00, 동절기(11~3월) 09:30~17:00/매월 마지막 주 월요일 휴무
입장료 2인승 15,000원, 3인승 19,000원, 4인승 23,000원
전화번호 055-333-8359
홈페이지 ghrp.co.kr
etc 주차 가능

경전선 폐선 철도를 활용해 만든 국내 유일의 철도테마파크로 낙동강을 횡단하며 아름다운 강변을 달리는 레일바이크는 영화 〈신의한수〉 귀수편 촬영지로 알려진 후 많은 관광객이 찾고 있다. 철교 위에 설치된 철교전망대에서는 아름다운 석양을 볼 수 있으며 와인동굴과 열차카페 등 온 가족이 함께 즐길 수 있는 테마공원이다.

2 COURSE

셔틀버스 승차 → 인제대학교 하차 → 버스 1, 1-1번 승차 → 부원역 하차 → 버스 3-1, 3-1A번 환승 → 흥동1통 하차 → 도보 이동(약 5분)

김해가야테마파크

주소 경상남도 김해시 가야테마길 161
운영시간 09:30~18:00
입장료 성인 5,000원, 청소년 4,000원, 어린이 3,000원/체험비는 별도
전화번호 055-340-7900
홈페이지 gaya-park.com
etc 주차 가능(인제대학교 버스정류장에서 가야테마파크까지 셔틀버스 운행)

경상남도와 김해의 대표적인 관광지로 가야시대의 찬란한 문화유산을 놀이, 체험, 전시를 통해 보고 듣고 만지며 배울 수 있는 복합문화공간이다. 문화체육관광부와 한국관광공사가 공동으로 주관하는 2023~2024 한국관광 100선에 선정되었으며 안심관광지로 인정받기도 했다. 여름에는 야간개장, 겨울에는 눈썰매장을 개장해 역사의 현장에서 재미와 추억을 만들 수 있다. 카라반과 캠핑장은 사전예약을 통해 이용 가능하다.

3 COURSE

배가네흥동수제비

주소 경상남도 김해시 흥동로 142
운영시간 10:30~21:00/매월 넷째 주 월요일 휴무
전화번호 053-327-8755
대표메뉴 항아리수제비 8,000원, 해물칼국수 8,000원, 김밥 3,000원
etc 주차 가능

황토벽에 투박한 의자와 테이블은 예스러운 시골 분위기가 느껴진다. 수제비는 자칫 잘못 끓이게 되면 국물맛이 닝닝할 때가 있는데 이곳은 신선한 해산물로 육수를 내기에 시원하며 진하다. 항아리에 담아 따뜻한 온기가 오랫동안 남아 있다.

10월 둘째 주

전망 좋은 카페에서

41 week

SPOT 1

분위기 좋고 전망 좋은

녹스고지

주소 경상북도 영주시 두서길 87번길 38 · **가는 법** 영주역에서 버스 2번 승차 → 영광중학교건너편 하차 → 도보 이동(약 9분) · **운영시간** 10:00~22:00/연중무휴 · **전화번호** 0507-1386-7217 · **홈페이지** instagram.com/nox.gorge_official · **대표메뉴** 아메리카노 5,500원, 카페라테 6,000원, 바닐라라테 6,500원, 아인슈페너 7,000원, 오곡슈페너 6,500원 · **etc** 주차 가능, 케어키즈존

영주역에서 근무하던 직원들의 관사가 있던 곳을 관사골이라 부르는데 관사골 위 언덕에 자리 잡고 있는 카페 녹스고지는 탁 트인 전망으로 영주 시내 일대와 관사골을 내려다볼 수 있다. 녹스고지가 있는 이곳이 영주에서 가장 높은 곳이 아닐까 생각될 정도로 막힘없이 트인 전망이다. 높은 곳에 위치해 푸른 바다를 의미하는 녹스고지는 밤이면 야경도 아름다워 그리스신화에 나오는 밤을 뜻하는 녹스가 생각나기도 한다.

대형스크린을 통해 영상을 볼 수 있는 지하 1층을 포함 총 3개

층으로 되어 있다. 높은 곳에 있는 푸른 바다 수정원과 주문을 할 수 있는 1층, 바다 물결을 모티브로 한 테이블과 같이 모여앉아 공간을 즐기는 2층, 그리고 해 질 무렵이면 아름다운 일몰을 볼 수 있는 3층은 전망대로 꾸며 밤에 오면 진면목을 볼 수 있다고 한다. 녹스고지는 별이 빛나는 아름다운 소도시 영주를 한눈에 내려다볼 수 있는 전망대와 다양한 문화행사를 주최하는 복합문화공간을 겸비해 다양한 볼거리를 제공하는 휴식형 카페다.

주변 볼거리·먹거리

관사골벽화 1940년 중앙선 철도가 개통된 후 영주역이 중간역 역할을 하게 되면서 영주역사에 근무하던 직원들을 위한 관사가 지어지고 저절로 관사골도 생겨났다. 벽에는 아기자기 벽화를 그렸고 역무원들이 생활했던 관사와 조선 명조 때 유의 이석간에 관한 이야기가 전해지는 근대 한옥도 볼 수 있다. 현재는 영주문화특화지역 조성사업으로 문화센터와 카페가 생겨 관심이 집중되고 있다.

Ⓐ 경상북도 영주시 영주동149-53 Ⓞ 24시간/연중무휴 Ⓔ 골목길에 주차

화산대지 영주 관사골에 위치한 이탈리안 레스토랑 화산대지는 얼마 전까지만 해도 카페로 운영되던 곳으로 지금은 화덕에서 직접 구운 피자와 파스타가 맛있는 집이다. 꽃이 수놓은 산 위의 드넓은 땅이라는 뜻을 가진 화산대지는 화산의 분화구를 형상화한 건축물과 사계절 변화를 담은 자연공원이 조화를 이룬다.

Ⓐ 경상북도 영주시 두서길 87번길 43 Ⓞ 11:30~22:00 Ⓣ 0507-1394-7217 Ⓜ 루꼴라대지피자 29,000원, 마르게리타피자 18,000원, 로제파스타 15,000원

SPOT 2

낙동강이 흐르는 그림 같은 풍경

오렌지 꽃향기는 바람에 날리고

주소 경상북도 봉화군 명호면 남애길 438-1 · **가는 법** 봉화공용버스터미널에서 자동차 이용 · **운영시간** 09:00~18:00 · **전화번호** 0507-1315-4086 · **대표메뉴** 간식 음료자판기 이용/1인 금액 5,000원(사장님 상주 시) · **etc** 주차 무료

낙동강이 흐르는 그림 같은 풍경을 계절별로 볼 수 있다면 얼마나 좋을까. 봉화 명호면에 위치한 카페 오렌지꽃향기는바람에날리고의 첫 느낌은 그랬다. 커다란 통창으로 보이는 풍경은 우리나라에 이런 곳이 있었구나 감탄할 정도로 아름답고, 손에 닿을 듯 가까이 보이는 청량산은 가히 환상적이다. 가을이면 사과나무가 지천에 있는 과수원길을 따라 올라야 하기에 초보자는 카페를 찾아가지 말라고 했던 게 이해가 되지만 풍경 또한 일품이라 위안을 삼아본다. 보지 않고는 그 풍경을 논하지 말라고 할 정도로 상상 그 이상으로 자연 그대로를 고스란히 담아 놓았다. 카페 안에 가득했던 만화책은 시간을 좀먹게 하고

외진 곳이라 찾는 사람이 드물 때는 혼자 고독을 즐기기에 더없이 좋은 공간이다. 음료는 자판기를 사용해야 하는 불편함이 있지만 어쩌다 운 좋게 사장님을 만나게 되면 1인당 5,000원으로 꽃차와 시리얼을 맛보게 되는 호사를 누릴 수 있다.

주변 볼거리·먹거리

범바위전망대 고종 때 선비 강영달이 선조 묘소를 바라보며 절을 하다 만난 호랑이를 맨손으로 잡았다는 전설로 인해 범바위로 이름 지어졌으며 전망대 옆에는 호랑이 조형물도 설치되어 있다. 전망대 아래쪽으로는 낙동강이 흐르고 한반도 모형을 닮아 있는 황우산도 조망할 수 있다.

Ⓐ 경상북도 봉화군 명호면 도천리 산343-1
Ⓞ 06:00~늦은 시간에는 입장 불가/연중무휴
Ⓣ 054-679-6351 Ⓔ 주차 가능

SPOT 3

인생 짜장면 짬뽕 달인집

일월식당

주소 경상북도 영주시 부석면 부석로 25-1 · **가는 법** 영주종합터미널에서 버스 27, 127, 227번 승차 → 부석중학교 하차 → 도보 이동(약 1분) · **운영시간** 11:00~19:00(16:00~17:00 브레이크타임)/연중무휴 · **전화번호** 054-633-3162 · **대표메뉴** 짜장면 6,000원, 짬뽕 7,000원, 우동 7,000원 · etc 주차 무료

대한민국 10대 맛의 달인으로 TV 방송 프로그램에도 소개된 일월식당은 이곳에서 45년 넘게 식당을 이어오고 있으며 지금도 수타로 면을 만들어 쫄깃하고 면발이 불지 않는 게 특징이다. 주문하면 바로 면을 뽑는데 면치는 소리에 주방을 보니 커튼 사이로 사장님의 수타면 뽑는 모습이 보인다. 흔하게 볼 수 있는 풍경은 아닌 듯하다.

오징어와 새우, 홍합까지 들어간 짬뽕은 그릇이 넘칠 정도로 푸짐했고 특이하게도 만두와 오뎅이 들어있다. 면발은 쫄깃하고 국물은 맵지 않게 칼칼하고 깔끔하다. 짜장면도 일반 중국집과 다르게 요리하는데 돼지기름과 춘장 그리고 두부를 섞어 튀긴 후 채소와 고기를 볶아 저온에서 숙성한 뒤 마지막으로 녹말을 넣고 끓인다고 한다. 그렇게 숙성하다 보면 느끼한 맛은 없어지고 고소하고 부드러운 맛이 더 느껴진다고 한다. 오랜 경험 끝에 만들어 낸 짬뽕과 짜장은 진한 국물에서 세월을 느낄 수 있다.

주변 볼거리·먹거리

부석사 신라 문무왕 676년 의상대사가 왕명을 받들어 창건한 천년 고찰로 의상과 선묘 아가씨의 애틋한 사랑 이야기가 설화로 전해져오고 있다. 배흘림기둥으로 유명한 부석사 무량수전은 국보 제18호로 지정되어 있고 의상대사가 인도로 가면서 꽂은 지팡이가 나무로 변해 꽃을 피웠다는 조사당이 있다. 무량수전 뒤쪽으로는 뜬바위 부석이 있고 부석사라는 절 이름은 여기에서 비롯되었다.

Ⓐ 경상북도 영주시 부석면 부석사로 345 Ⓞ 24시간/연중무휴 Ⓒ 무료 Ⓣ 054-633-3464 Ⓗ pusoksa.org Ⓔ 주차 무료

소수서원&선비촌 풍기군수 주세붕에 의해 1543년 건립된 소수서원은 우리나라 최초의 사액서원이다. 처음에는 백운동서원으로 불리다 퇴계 이황이 풍기군수로 부임한 후 명종으로부터 무너져가는 교학을 다시 세우라는 의미로 소수서원이라는 현판을 하사받았다. 영화나 사극 촬영지로도 유명한 선비촌은 해우당 고택을 비롯해 기와집 7동과 초가집 5동에 선조들의 옛 생활을 그대로 복원해 둘러보는 재미가 있다.

Ⓐ 경상북도 영주시 순흥면 소백로 2740 Ⓞ 3~5월, 9~10월 09:00~18:00, 6~8월 09:00~19:00, 11~2월 09:00~17:00/연중무휴 Ⓒ 어른 3,000원, 청소년 2,000원, 어린이 1,000원 Ⓣ 054-639-7691 Ⓗ yeongju.go.kr/open_content/sosuseowon/index.do Ⓔ 주차 무료/소수서원과 선비촌을 통합해 해설사와 함께 관람 가능

추천 코스 분위기 좋은 카페에서(영주)

1 COURSE

▶ **사느레정원**

적동1리에서 버스 20, 120번 승차 → 시민교회 하차 → 버스 8, 2번 환승 → 영광중학교 하차 → 도보 이동(약 9분)

2 COURSE

▶ **녹스고지**

영광중학교건너편에서 버스 1, 8-1번 승차 → 장춘당약국 하차 → 도보 이동(약 4분)

3 COURSE

▶ **카페하망주택**

주소 경상북도 영주시 문수면 문수로 1363번길 30
가는 법 영주종합터미널에서 버스 23, 24, 25, 26번 승차 → 영주여객차고지 하차 → 버스 20, 120, 220, 320번 환승 → 적동1리 하차 → 도보 이동(약 2분)
운영시간 11:00~21:00/연중무휴
전화번호 054-635-7474
홈페이지 instagram.com/cafe.saneure
대표메뉴 아메리카노 6,000원, 카페라테 6,500원, 카푸치노 6,500원
etc 주차 무료

9월 36주 소개(292쪽 참고)

주소 경상북도 영주시 두서길 87번길 38
운영시간 10:00~22:00/연중무휴
전화번호 0507-1386-7217
홈페이지 instagram.com/nox.gorge_official
대표메뉴 아메리카노 5,500원, 카페라테 6,000원, 바닐라라테 6,500원, 아인슈페너 7,000원, 오곡슈페너 6,500원
etc 주차 가능, 케어키즈존

10월 41주 소개(324쪽 참고)

주소 경상북도 영주시 중앙로 106번길 13
운영시간 11:00~22:00/매주 월요일 휴무
전화번호 054-635-9364
홈페이지 instagram.com/cafe_hamang
대표메뉴 아메리카노 5,000원, 카페라테 5,000원, 80우유 5,500원, 바닐라라테 5,500원
etc 주차 불가

하망동에 위치한 카페 하망주택은 오래된 주택을 개조한 카페다. 2층짜리 주택으로 집은 그대로 두었기에 건물 자체에서 레트로 감성이 느껴진다. 햇빛이 좋은 날에는 테라스에서 차 한잔도 행복하겠다.

10월 셋째 주

산성에 부는 바람

42 week

SPOT 1

자연경관 진남교반이 보이는

고모산성

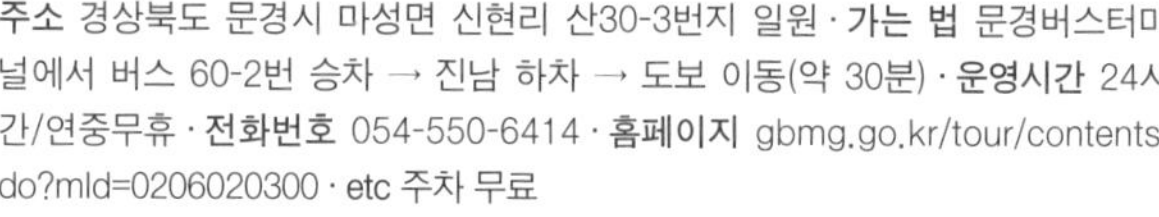

주소 경상북도 문경시 마성면 신현리 산30-3번지 일원 · **가는 법** 문경버스터미널에서 버스 60-2번 승차 → 진남 하차 → 도보 이동(약 30분) · **운영시간** 24시간/연중무휴 · **전화번호** 054-550-6414 · **홈페이지** gbmg.go.kr/tour/contents.do?mId=0206020300 · **etc** 주차 무료

고모산성에 오르면 경북 8경 중 제1경에 속해있는 진남교반을 볼 수 있다. 고모산성으로 오르는 길은 그리 험하지 않고 그저 산길을 사부작사부작 걷는 기분이랄까. 가을의 정취가 가득한 길 위에는 가을이 고즈넉하게 내려앉고 있다는 것을 느낄 수 있다. 그렇게 10여 분을 올라가면 고모산성이다.

고모산성이 있는 이곳은 삼국시대에 신라, 백제, 고구려의 접경이 가까워 전투가 종종 벌어지기도 했던 곳이다. 성곽의 돌멩이는 오랜 세월을 견디며 굳어 단단함이 느껴지고 무너지지 않게 쌓았을 기술에 감탄하게 된다.

고모산성은 삼국시대인 5세기경 신라에서 계립령로(鷄立嶺路)인 문경과 충북 미륵사지를 개설할 때 북으로부터 침입을 막기 위해 축조된 것으로 추정하고 있다. 북쪽으로는 주흘산이 보이고 남쪽으로는 다른 곳으로 길을 만들 수 없어 반드시 고모산성을 통과해야 했기에 임진왜란과 동학농민운동 등의 전략적 요충지였다. 성곽을 따라 탁 트인 풍경에 바람이 미세먼지까지 몰고 가니 하늘도 맑고 구름도 유난히 하얗다. 깎아 내린듯한 절벽 밑으로는 낙동강 지류인 가은천과 조령천이 영강과 합류하여 돌아나가는 지점으로 때 묻지 않은 수려한 자연경관이 고스란히 펼쳐진다. 강 위로 철길, 구교 그리고 신교인 3개의 교량이 나란히 놓여있는 진남교반을 볼 수 있다.

주변 볼거리·먹거리

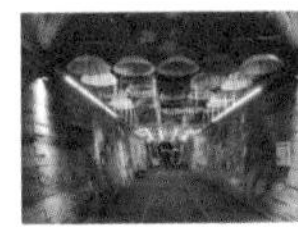

오미자테마터널 아름다운 자연경관인 고모산성으로 오르는 길에 위치해 있으며 터널의 길이는 540m다. 터널 내 평균온도가 14~17도로 여름에는 시원하고 겨울에는 따뜻하다. 오미자와 관련된 와인바와 카페 그리고 화려한 조명을 설치해놓은 포토존이 있다.

Ⓐ 경상북도 문경시 마성면 문경대로 1356-1 ⓪ 화~금요일 09:30~18:00, 토~일요일 09:30~19:00/매주 월요일 휴무 Ⓒ 어른 3,500원, 청소년 2,500원, 어린이 2,000원 Ⓣ 054-554-5212 Ⓗ omijatt.com Ⓔ 주차 무료

SPOT 2

산골짜기를 이용해 쌓은 석성

가산산성

주소 경상북도 칠곡군 가산면 가산리 산98-1 · **가는 법** 왜관북부버스정류장에서 농어촌버스 34, 36번 승차 → 동명교통 하차 → 버스 팔공3 환승 → 가산산성진남문 하차 → 도보 이동(약 2분) · **운영시간** 24시간/연중무휴 · **전화번호** 054-979-6087 · etc 주차 무료

몇 고개를 넘고 고불고불 산길을 달려 도착한 가산산성은 높이 오른 만큼 발아래로 넓은 세상을 안겨 준다. 해발 901m에 산성을 쌓았고 내성은 인조 때, 중성은 영조 때, 그리고 외성은 숙종 때 축조되었다. 임진왜란과 병자호란을 겪은 후 잇따른 외침에 대비하기 위해 100여 년에 걸쳐 축성했다고 한다.

대부분의 성벽과 암문은 원형 그대로 남아 있지만 성 내에 있던 별장 건물은 사라지고 터만 남아 있으며 주변에는 송림사를 비롯한 신라시대의 절터가 남아 있다.

성곽을 따라 조금 올라가면 대구와 칠곡군이 보이고 정상에

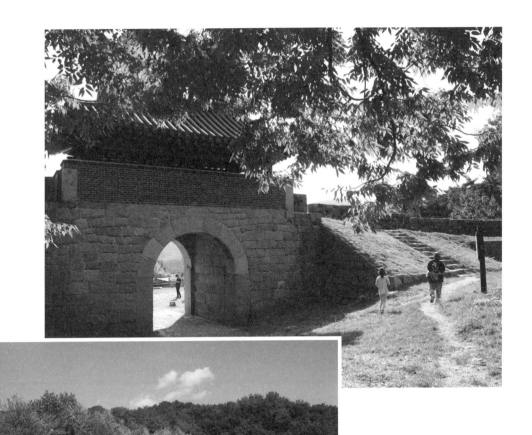

는 전망 좋은 휴식처인 가산바위가 자리하고 있다. 일명 가암이라 불리는 사면이 깎아지듯 솟아있는 바위로 통일신라시대의 고승 도선이 땅의 기운을 잡기 위해 바위 위 구멍 안에 쇠로 만든 소와 말의 형상을 묻었는데 조선시대 관찰사 이명웅이 성을 쌓으면서 없애버렸다는 이야기도 전해진다. 훼손된 곳을 복원한 흔적은 곳곳에 조금씩 있지만 원형 그대로 보존되어 있다는 걸 알 수 있다. 가산산성은 험한 산세를 이용해 축조한 조선 후기의 축성기법을 그대로 보여주는 대표적인 산성이다.

주변 볼거리·먹거리

송림사 송림사로 가는 길은 물소리부터 한눈을 팔게 한다. 계곡을 끼고 있어 자연과 어울리는 사찰로 이만한 곳도 없다. 신라 진흥왕 때 진나라 사신 유사가 명관대사와 함께 가져온 불서 2,700여 권과 불사리를 봉안하기 위해 창건한 사찰이다. 고려 때 몽골의 침입으로 모든 전각이 불타고 오로지 오층석탑만 남아 오늘에 이르고 있다. 대웅전 안에 있는 높이 3m의 향나무 불상 3좌는 국내에서 가장 큰 불상이다.

Ⓐ 경상북도 칠곡군 동명면 송림길 73 Ⓞ 24시간/연중무휴 Ⓣ 054-976-8116 Ⓔ 주차 무료

SPOT 3

겉바속촉의 돈가스 맛집

올드

주소 경상북도 문경시 문경읍 새재로 425-3 · **가는 법** 문경버스터미널에서 도보 이동(약 6분) · **운영시간** 화~금요일 11:00~15:00, 토~일요일 11:00~20:00/매주 월요일 휴무 · **전화번호** 054-571-7933 · **대표메뉴** 수제돈가스 12,000원, 아메리카노 4,000원 · etc 주차 공간 협소/공영주차장 이용

카페인데 돈가스도 먹을 수 있는 돈가스 맛집으로 통나무 느낌의 외관은 낡았지만 분위기 있는 곳이다. 평일에는 오후 3시까지만 운영한다고 하니 빈손으로 돌아오는 일은 없어야겠다. 혼자 밥 먹는 사람들을 배려해 창가 좌석도 있을 뿐만 아니라 넓은 좌석도 있다. 금방이라도 껍질이 벗겨질 것 같은 나무인데도 나무 향이 느껴지고 한쪽 귀퉁이에는 난로가 있어 운치를 더해 준다. 올드라는 이름처럼 오랜 손길이 구석구석 배어있다.

버섯이 들어간 소스는 사장님이 직접 만드는데 시큼함이 덜 느껴져 좋다. 두툼한 돈가스는 겉은 바삭하고 속은 부드럽고 촉촉하며 듬뿍 묻힌 빵가루가 고소함을 더해 준다. 문경은 약돌을 먹인 돼지와 한우가 유명한 곳으로 육즙이 살아있고 고기 특유의 냄새가 나지 않는다. 그래서인지 문경은 올 때마다 고기를 먹곤하는데 한번도 실패한 적이 없다.

주변 볼거리·먹거리

문경새재도립공원 한국관광 100선 중 1위에 선정된 곳으로 한국인이라면 꼭 한번은 가봐야 할 곳이다. 과거에는 영남의 선비들이 과거시험을 치르기 위해 이 고개를 넘어 한양으로 갔다고 한다. 충청북도와 경상북도의 경계에 있는 고개로 새도 넘기 힘든 고개라는 뜻이 담겨 있는 이름처럼 가장 험난하고 높은 곳이었지만 지금은 길이 편안하고 맨발로 걸을 수 있는 황톳길로 이어져 있다.

Ⓐ 경상북도 문경시 문경읍 새재로 932 Ⓞ 24시간/연중무휴 Ⓣ 054-571-0709 Ⓔ 주차 무료

추천 코스 사계절 모두 아름다운 곳(문경)

1 COURSE

▶ **에코월드**

석탄박물관에서 버스 32-1번 승차 → 진남 하차 → 도보 이동(약 30분)

2 COURSE

▶ **고모산성**

진남에서 버스 11, 21번 승차 → 문경새재도립공원 하차 → 도보 이동(약 6분)

3 COURSE

▶ **문경새재도립공원**

주소 경상북도 문경시 가은읍 왕능길 114
가는 법 문경버스터미널에서 버스 41-1, 40-1번 승차 → 가은아자개장터 하차 → 도보 이동(약 16분)
운영시간 4~11월 09:00~18:00, 12~3월 평일 09:30~18:00, 주말 09:00~18:00
입장료 성인 10,000원, 청소년·어린이 9,000원, 모노레일 2,000원
전화번호 054-572-6854
홈페이지 ecorala.com
etc 주차 가능

국내 최초 문화생태영상을 테마로 하는 테마파크로 기존 석탄박물관과 가은오픈세트장이 있던 곳이 에코월드로 새롭게 변모하였다. 야외에 자이언트 포레스트 시설과 에코타운이 더해져 체험과 놀이공간이 추가로 조성되었다. 거미열차를 타고 실제 갱도체험을 할 수 있는 석탄박물관과 고구려시대를 재현해 놓은 드라마세트장도 볼거리 중 하나다.

주소 경상북도 문경시 마성면 신현리 산30-3번지 일원
운영시간 24시간/연중무휴
전화번호 054-550-6414
홈페이지 gbmg.go.kr/tour/contents.do?mId=0206020300
etc 주차 무료

10월 42주 소개(330쪽 참고)

주소 경상북도 문경시 문경읍 새재로 932
운영시간 24시간/연중무휴
전화번호 054-571-0709
etc 주차 무료

10월 42주 소개(334쪽 참고)

10월 넷째 주

전망대에서 바라본 세상

43 week

SPOT 1

꽃과 별, 풍력발전기가 있는

감악산 풍력발전단지

주소 경상남도 거창군 신원면 연수사길 115-103 · **가는 법** 거창버스터미널(서흥여객버스터미널)에서 자동차 이용 · **운영시간** 24시간/연중무휴 · **전화번호** 055-940-3114(문화관광과) · etc 주차 무료

거룩한 산이라는 뜻의 감악산 정상에서는 거창읍의 풍경과 합천댐의 막힘없는 전경을 보여준다. 감악산 부근 황무지였던 땅에 항노화웰니스 체험장을 조성했고 감국, 아스타, 구절초 등 계절에 맞는 꽃들을 심어 천상의 화원으로 가꿔 꽃길로 인도한다. 하지만 굳이 꽃이 없어도 풍력발전단지의 이국적인 풍경과 일몰 때 붉게 물드는 산과 하늘을 감상할 수 있다. 하늘과 가까이 있어 밤이면 머리 위로 떨어지는 무수히 많은 별을 보기 위해 사람들이 모여들기도 한다. 감악산전망대 미디어파사드는 전설, 순환, 치유의 뜻이 담긴 천공의 산책로 주변 자연경관과의 조화 속에서 힐링을 얻는 치유의 전망대라 할 수 있겠다.

주변 볼거리·먹거리

연수사 고려시대 공민왕 때 벽암선사가 심여사원을 지어 불도를 가르쳤다는 절이다. 푸른빛이 감도는 바위 구멍에서 떨어지는 샘물이 맛이 좋아 유명해졌으며 이 샘물로 신라 헌강왕이 중풍을 고쳤는데 감사의 뜻으로 이름을 연수사라 지었다고 전해진다. 600년이 넘은 은행나무와 물맞는 약수탕으로 잘 알려져 있다.

Ⓐ 경상남도 거창군 남상면 무촌리 38 Ⓞ 24시간/연중무휴 Ⓣ 055-942-8687 Ⓔ 사찰 앞 주차 무료

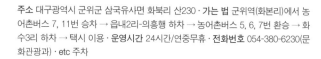

SPOT 2

아름다운 풍광

화산산성 전망대

주소 대구광역시 군위군 삼국유사면 화북리 산230 · **가는 법** 군위역(화본리)에서 농어촌버스 7, 11번 승차 → 읍내2리-의흥행 하차 → 농어촌버스 5, 6, 7번 환승 → 화수3리 하차 → 택시 이용 · **운영시간** 24시간/연중무휴 · **전화번호** 054-380-6230(문화관광과) · etc 주차

차로 굽이굽이 몇 굽이를 올라왔는지 화산산성 전망대로 오르는 길은 험난하고 가파르다. 미세먼지도 군위는 범접할 수 없는 곳인가보다. 탁트인 맑은 풍경 속에 멀리 군위댐이 보인다. 화산마을은 해발 700m에 위치해 있으며 대구 경북 유일의 고랭지 채소를 재배하는 청정지역으로 이곳에 사람이 살고 있을까 싶은 생각이 들 정도로 오지 중의 오지이지만 능성이 따라 촘촘히 들어 앉아 있는 집들이 있으니 신기하기도 하다.

바람은 이곳에서 시작되는지 화산마을 주변으로 돌아가는 풍력발전기는 흩어지는 바람을 이곳으로 몰고 오는 듯하다. 화

산마을은 개척으로 일군 개척촌이라고 했다. 산지개간 정책에 따라 180여 가구가 이주해 마을을 형성했으며 삽과 호미만 들고 산에 들어와 발전시켰다고 한다. 우리나라에 이렇게 아름다운 곳이 몇 곳이나 있을까. 이 풍경 그대로 때 묻지 말고 남아 있기를 기원해 본다.

주변 볼거리·먹거리

군위댐 2010년 12월에 준공한 군위댐은 낙동강 지류 중 위천에 위치해 있다. 대구 및 경상북도 중부지역인 의성군, 칠곡군에 생활용수와 공업 · 농업용수를 공급해 주고 낙동강 하류의 홍수피해 방지 역할을 한다.

Ⓐ 대구광역시 군위군 삼국유사면 학성리 Ⓞ 24시간/연중무휴 Ⓔ 주차 무료

카페댐댐 군위댐이 보이는 전망 좋은 카페로 다양한 베이커리와 음료가 있고 작은 정원이 아름답다. 모든 층이 통창으로 되어 있어 어디서든 댐을 볼 수 있을 뿐만 아니라 옥상 루프톱에는 곳곳에 포토존이 있어 사진 찍기 좋다.

Ⓐ 대구광역시 군위군 삼국유사면 삼국유사로 438-16 Ⓞ 월~금요일 10:00~20:00/토~일요일 10:00~21:00 Ⓣ 0507-1486-3039 Ⓜ 아메리카노 5,500원, 카페라테 6,000원, 바닐라라테 6,500원 Ⓔ 주차 무료

SPOT 3

삼겹살이 맛있는 고기 맛집

모꼬지

주소 경상남도 거창군 거창읍 강변로 199 · **가는 법** 거창버스터미널에서 농어촌버스 46, 1, 20, 77, 26, 76번 승차 → 마리-위천-북상-가북-안의-가야방면 하차 → 도보 이동(약 4분) · **운영시간** 17:30~22:00/매주 일요일 휴무 · **전화번호** 0507-1328-3348 · **대표메뉴** 등갈비(1인분) 13,000원, 삼겹살 11,000원, 목살 10,000원, 짬뽕밥 4,000원 · etc 주차 무료, 골목이나 강변에 주차

거창을 여행하다 마땅히 먹을 만한 곳을 찾지 못하다가 우연히 발견하고 들어간 곳이 고기 맛집 모꼬지다. 맛있는 음식을 먹고나면 기분이 좋아지듯 나중에 거창을 여행하게 된다면 또 들르고 싶을 정도로 고기가 맛있는 집이다. 모꼬지라는 이름이 생소해 찾아보니 '놀이나 잔치 또는 그 밖의 일로 여러 사람이 모이는 일'이라고 한다. 모꼬지라는 이름처럼 고기 맛이 좋아 사람들이 모일 것 같다. 거창에는 돼지를 사육하는 곳이 많아 식당마다 고기를 고르는 기준이 깐깐한데 모꼬지도 사장님의 깐깐한 눈으로 고기를 고르기에 그동안 먹었던 고기 맛 중 최고라 할 수 있겠다.

참숯을 사용해 고기 냄새를 잡아주니 잡내도 없고 육질이 부드럽다. 고추냉이와 쌈장에 찍어 먹어도 좋지만 고추와 마늘이 들어간 멜젓에 찍어 먹으면 더 별미다. 사장님이 정성껏 고기를 초벌해 주고 직접 구워도 주니 고기를 어떻게 굽느냐에 따라 고기맛이 달라진다는 걸 알겠다. 이곳의 또 다른 별미 짬뽕밥은 고기를 다 먹은 후 마지막에 주문해서 먹어야 한다. 깔끔하고 얼큰한 맛이 고기의 느끼한 맛을 잡아주며 고기가 빨리 소진되니 먹으면서 바로 주문을 해야 한다.

주변 볼거리·먹거리

카페쿠쿠오나 '반갑습니다'라는 뜻을 가진 쿠쿠오나는 오래된 정미소를 개조한 카페다. 자몽과 레몬, 딸기를 첨가해 직접 만든 콤부차가 유명하다. 정미소로 운영될 때 사용했던 기계는 인테리어가 되고 금방이라도 무너질듯한 양철 슬레이트 지붕도 레트로 감성을 느끼게 한다. 카페의 중앙홀은 작은 정원으로 꾸며놓았으며 그 외에도 독특한 공간이 많아 사진 찍는 재미가 있다.

Ⓐ 경상남도 거창군 거창읍 죽전길 113 Ⓞ 평일 12:00~21:00, 토요일 11:00~21:00/매주 일요일 휴무 Ⓜ 오리지널콤부차 6,000원, 슈렉커피 6,0 00원, 딸기듬뿍라테 6,500원 Ⓔ 골목에 주차

추천 코스 멋과 풍류가 있는(거창)

1 COURSE
우두산Y자형출렁다리

자동차 이동(약 27분)

2 COURSE
창포원

대현에서 농어촌버스 70-2, 70-3, 70-5번 승차 → 마리-위천-북상-가북-안의방면 하차 → 도보 이동(약 4분)

3 COURSE
모꼬지

주소	경상남도 거창군 가조면 의상봉길 834
가는 법	거창버스터미널에서 농어촌버스 28번 승차 → 용당소회관 하차 → 택시 이용(약 7분)
운영시간	3~10월 09:00~17:50, 11~2월 09:00~16:50/매주 월요일 휴무
입장료	일반 3,000원, 만 7세 이상 만 65세 미만 무료(거창사랑상품권 2,000원 환불)
전화번호	055-940-7930
홈페이지	foresttrip.go.kr
etc	주차 30분 500원, 10분 초과 시 200원, 1일 5,000원

7월 30주 소개(246쪽 참고)

주소	경상남도 거창군 남상면 창포원길 21-1
운영시간	창포원 09:00~20:00, 열대식물원 09:00~18:00/매주 월요일 휴무
전화번호	055-940-8840
홈페이지	geochang.go.kr/changpowon/
입장료	무료
etc	주차 무료

자연이 살아 숨쉬는 친환경 수변생태정원으로 꾸며진 창포원은 사계절 아름다운 곳이다. 창포원은 합천댐 조성 시 생긴 수몰지역으로, 봄에는 100만 본의 꽃창포가 군락을 이루고 여름에는 연꽃과 수련, 수국이, 가을에는 국화와 단풍이 아름다우며, 겨울에는 열대식물원과 습지 주변에 갈대로 유명하다.

주소	경상남도 거창군 거창읍 강변로 199
운영시간	17:30~22:00/매주 일요일 휴무
전화번호	0507-1328-3348
대표메뉴	등갈비(1인분) 13,000원, 삼겹살 11,000원, 목살 10,000원, 짬뽕밥 4,000원
etc	주차 무료, 골목이나 강변에 주차

10월 43주 소개(340쪽 참고)

10월 다섯째 주

카 페 여 기 어 때

44 week

SPOT 1

방앗간과 솜틀집이 카페로

향촌당

주소 경상북도 의성군 의성읍 전통시장3길 11-6 · **가는 법** 의성시외버스터미널에서 농어촌버스 144, 143, 6, 10, 16, 18번 승차 → 의성남부농협건너편 하차 → 도보 이동(약 5분) · **운영시간** 10:30~19:30/매주 화요일 휴무 · **전화번호** 0507-1363-9038 · **홈페이지** instagram.com/hyangchondang · **대표메뉴** 방앗간오곡라테 4,000원, 에스프레소 3,000원, 아메리카노 3,500원, 카페라테 4,000원 · etc 주차 무료

요즘에는 흔하게 살 수 있는 이불이지만 예전에는 솜을 틀어 이불을 새롭게 만들던 때가 있었다. 방앗간 자리에 목화솜 트는 기계로 꾸며놓은 이색카페는 의성전통시장에 위치한 향촌당으로 외관은 한옥 카페처럼 생겼지만 100년 넘게 한곳에서 방앗간과 솜틀집을 운영하던 곳이다. 지금은 며느리가 카페로 개조해 운영하고 있지만 예전에 쓰던 물건을 차마 버리지 못해 카페 안을 꾸몄고 손때 묻은 세월의 흔적을 느낄 수 있다.

빨간벽돌로 외관을 쌓았을 뿐 예전의 모습을 그대로 유지하려 한 흔적들은 나무로 된 천정을 보고 알 수 있다. 오랜 시간과 지금 막 시작되는 시간의 만남이 이곳에서 이루어지는 느낌이다. 시골시장에 위치한 카페라 음료와 디저트도 있었지만 지역에서 생산되는 참기름과 들깨 미숫가루도 판매하고 있다. 향촌당 카페 옆에는 아직도 운영되고 있는 의성방앗간이 볼거리다.

주변 볼거리·먹거리

의성공설전통시장

매 2일과 7일에 장이 열리면 시장 안에는 마늘냄새가 진동한다. 오랫동안 저장하지 않아도 무르지 않는 의성마늘은 혈암 토양에서 생산되어 약리 성분이 풍부하다고 한다. 매운맛, 쓴맛, 신맛, 짠맛, 단맛 5가지의 맛이 고루 함유되어 생마늘로 먹어도 맛이 뛰어나다.

Ⓐ 경상북도 의성군 의성읍 전통시장1길 15-3 Ⓞ 매월 2일, 7일 08:00~20:00 Ⓣ 054-834-2553 Ⓔ 공용주차장 이용

SPOT 2

교회가 카페로 변신한

커피팀버

주소 경상북도 구미시 역전로 36 · **가는 법** 구미역 → 도보 이동(약 9분)/구미종합터미널에서 버스 11, 53, 10번 승차 → 구미역 하차 → 도보 이동(약 7분) · **운영시간** 10:00~21:00/매주 월요일 휴무 · **전화번호** 054-454-9555 · **홈페이지** coffeetimber.co.kr · **대표메뉴** 하우스블랜드 4,800원, 예가체프 5,000원, 안티구아 4,900원, 카푸치노 5,800원 · **etc** 주차 무료

방앗간이나 병원, 양조장을 개조해 카페로 만든 곳은 있었지만 교회를 카페로 개조한 곳은 처음이다. 구미역에서 도보로 200m 지점에 위치한 커피팀버는 교회를 개조해 카페로 운영 중이다. 교회는 50년이나 된 건물로 멀리서 봐도 뾰족지붕과 긴 창문이 이곳이 교회였다는 걸 말해 준다. 복잡한 시내라 주차할 곳이 없을까 걱정했는데 교회 건물이다 보니 주차장은 넓었다.

50년이나 되었으니 건물 외관은 낡았고 내부 기둥이나 벽도 그동안의 세월이 묻어있지만 낡음 속에 깨끗한 가구는 모던한 분위기를 자아낸다. 커피팀버의 또 다른 특징은 가구에 통일성을 두지 않았다는 것이다. 어느 것 하나 똑같은 것이 없고 다 제각각이라 개성이 넘친다.

높은 층고는 예전에 꽤나 큰 교회였다는 걸 알려준다. 직접 구운 빵도 맛있고 취향대로 선택해 주문할 수 있는 커피 종류도 많아 선택의 폭이 넓다.

주변 볼거리·먹거리

옛날국수집 비가 오는 날이면 따뜻한 수제비가 생각나는 건 나 혼자만은 아닐 것이다. 시장 안 국수골목 수제비집은 아침부터 자리가 없을 정도로 만원이다. 찹쌀수제비라고 해서 손으로 뜯어낸 수제비로 알았는데 이곳의 수제비는 새알옹심이처럼 생겼다. 이건 구미에서만 먹을 수 있단다. 참깨를 잔뜩 올리고 미역을 가득 넣어 끓인 수제비는 걸쭉하고 미역 향이 가득한 진한 국물은 색다른 맛이다.

Ⓐ 경상북도 구미시 구미중앙로9길 16 Ⓞ 08:30~20:00/매주 일요일 휴무 Ⓣ 054-456-4303 Ⓜ 찹쌀수제비 6,000원, 메밀국수 6,000원, 잔치국수 4,000원 Ⓔ 공영주차장 주차

SPOT 3

진한 국물맛의 곰탕 맛집

들밥집

주소 경상북도 의성군 의성읍 전통시장1길 11 · **가는 법** 의성시외버스터미널에서 농어촌버스 144, 143, 6, 10, 16, 18번 승차 → 의성남부농협건너편 하차 → 도보 이동(약 5분) · **운영시간** 09:00~20:00/연중무휴(방문 전 확인) · **전화번호** 054-834-2557 · **대표메뉴** 곰탕 9,000원 · etc 공영주차장 이용

이름이 정겨운 들밥집은 의성전통시장 안에 위치해 있다. 이곳에는 커다란 가마솥이 하얀 연기를 내뿜으며 연신 곰탕이 끓고 있다. 가마솥에 밥도 짓고 고구마, 감자, 옥수수도 삶아 먹던 시골집이 생각나는 건 들밥집이 있는 곳이 시골 시장이라는 이유도 있을 것이다. 곰탕에 들어가는 고기는 머리 부위를 주로 사용하며 몇 시간이고 국물을 우려낸다. 그렇게 끓인 곰탕은 깔끔하고 담백하다.

들밥집의 메뉴는 곰탕과 수육 딱 2가지다. 반찬이라고 해봤자 깍두기와 양념한 부추뿐이지만 곰탕을 먹기에는 충분하다. 깍두기 국물을 곰탕에 넣어 먹는 사람도 있지만 이곳에서는 아무것도 넣지 않은 곰탕 그대로의 맛을 음미해야 한다.

주변 볼거리·먹거리

남선옥식육식당 의성에 가면 저렴하게 한우를 먹을 수 있는 곳이 있다. 같은 자리에서 50년 넘게 장사를 했고 예전에는 국밥과 곰탕도 팔았다가 아들이 가업을 이어받은 뒤로는 다른 메뉴 없이 오직 한우소고기양념만 판매한다. 고기의 두께가 얇아 불 위에서 두어 번만 뒤집으면 금방 익는다. 부드러운 고기에 적당히 밴 양념은 먹을수록 자꾸만 당긴다.

Ⓐ 경상북도 의성군 의성읍 도동리 981-4 Ⓞ 11:30~20:00/매주 화요일 휴무 Ⓣ 054-834-2455 Ⓜ 한우소고기양념 120g 12,000원

카페나인 카페 앞으로는 남대천이 흐르고 구봉공원이 보이는 곳으로 봄이면 벚꽃이 아름답게 피어 유명해진 곳이다. 벚꽃이 필 때는 카페에서 차 한잔 하며 꽃구경을 해도 좋을 듯하다. 커피와 함께 먹을 수 있는 스콘과 쿠키가 있다.

Ⓐ 경상북도 의성군 남대천길 170 Ⓞ 10:30~22:00/매주 월요일 휴무 Ⓣ 010-3074-1036 Ⓜ 아메리카노 3,500원, 카페라테 4,000원 Ⓔ 주차 무료

추천 코스 산골마을로 떠나는 여행(의성)

1 COURSE
고운사

고운사에서 버스 161번 승차 → 의성역 하차 → 버스 6, 10, 16, 18, 132번 환승 → 의성남부농협 하차 → 도보 이동(약 5분)

2 COURSE
향촌당

의성남부농협에서 버스 6, 10, 32, 130, 135번 승차 → 학미리 하차 → 도보 이동(약 13분)

3 COURSE
의성금성산고분군

주소	경상북도 의성군 단촌면 고운사길 415
가는 법	의성시외버스터미널에서 버스 162번 승차 → 고운사 하차 → 도보 이동(약 18분)
운영시간	연중무휴
전화번호	054-833-2324
홈페이지	gounsa.net
etc	주차 무료

3월 11주 소개(107쪽 참고)

주소	경상북도 의성군 의성읍 전통시장3길 11-6
운영시간	10:30~19:30/매주 화요일 휴무
전화번호	0507-1363-9038
홈페이지	instagram.com/hyangchondang
대표메뉴	방앗간오곡라테 4,000원, 에스프레소 3,000원, 아메리카노 3,500원, 카페라테 4,000원
etc	주차 무료

10월 44주 소개(342쪽 참고)

주소	경상북도 의성군 금성면 대리리 307
운영시간	연중무휴
입장료	무료
전화번호	054-830-6356
etc	주차 무료

5~6세기경 삼한시대에 실제로 존재했던, 이름도 생소한 조문국의 도읍지 의성 금성산에 분포된 고분군으로 현재 40여 기가 남아 있다. 조문국은 신라 벌휴왕 2년에 신라 문화권으로 통합되기 전까지 인근 고을의 넓은 지역을 다스린 소국으로 《삼국사기》에 실재했었다는 기록이 짧게 남아 있다고 한다.

10월의 경주
학창시절 수학여행의 추억을 찾아가는 여행

시원한 가을바람만큼이나 상쾌한 웃음소리가 곳곳에서 들려온다. 짝을 지어 사진 찍고 재잘거리는 소리가 마냥 경쾌하게 들리는 곳. 학창시절 경주로 떠났던 수학여행을 다시 한 번 떠나보자. 천 년의 풍경 속에 오래된 기억들이 알알이 박혀있으니 여행의 감성이 더욱 솟구친다.

2박 3일 코스 한눈에 보기

삼릉숲

경주남산

월정교

교촌마을

동궁과월지

삼릉숲 삼릉숲은 경주 남산 서쪽에 위치한 소나무숲으로 아름드리 소나무들이 빽빽이 들어서 아침 해가 뜰 무렵이면 환상적인 분위기에 사진작가들이 많이 찾는 곳 중 하나다. 봄이면 진달래로 진풍경을 이루고 아달라왕, 신덕왕, 경명왕의 묘가 있다.

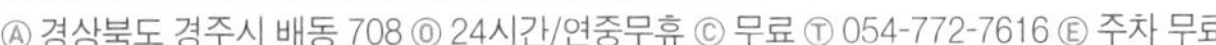

Ⓐ 경상북도 경주시 배동 708 Ⓞ 24시간/연중무휴 Ⓒ 무료 Ⓣ 054-772-7616 Ⓔ 주차 무료

보문관광단지

경주남산 신라 천 년의 역사와 함께한 남산을 흔히 지붕 없는 박물관이라 부른다. 남산을 오르지 않고서는 경주를 보았다고 할 수 없을 정도로 신라 천 년의 역사와 문화를 간직한 곳이기도 하다. 150여 곳의 절터와 120여 개의 석불 그리고 96개의 석탑이 있어 신라시대의 불교문화를 볼 수 있다.

Ⓐ 경상북도 경주시 배동 산72-6 Ⓞ 06:00~18:00/야간산행 금지 Ⓒ 무료 Ⓣ 054-777-7142 Ⓔ 주차 2,000원

교촌마을 흉년이 들면 굶주린 백성을 위해 곳간을 열어 노블레스 오블리주를 실천한 격조와 품격을 갖춘 경주 최부잣집의 고택과 교동법주가 유명한 곳으로 12대 동안 만석지기 재산을 지켰고 학문에도 힘써 9대에 걸쳐 진사를 배출하기도 했다.

Ⓐ 경상북도 경주시 교촌길 39-2 Ⓞ 24시간/연중무휴(주민 거주지로 늦은 시간 방문 금지) Ⓒ 무료 Ⓣ 054-779-6830 Ⓔ 주차 가능

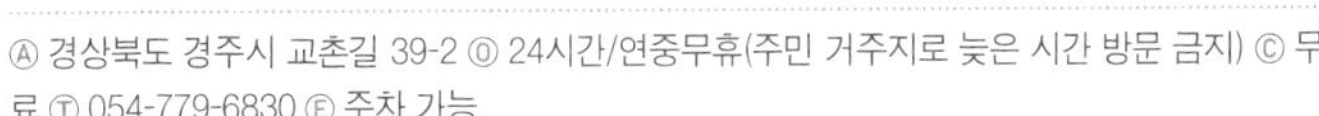

유수정쌈밥

동궁과월지(안압지) 신라시대 태자가 거처하던 별궁터인 동궁과 달이 비치는 연못이라는 뜻의 월지는 나라에서 연회를 베풀 때 이용했다고 한다. 신라 문무왕 때는 궁 안에 못을 파고 산을 만들어 화초를 심고 새와 짐승을 길렀다는 기록도 있으며 야경이 아름답기로 유명하다.

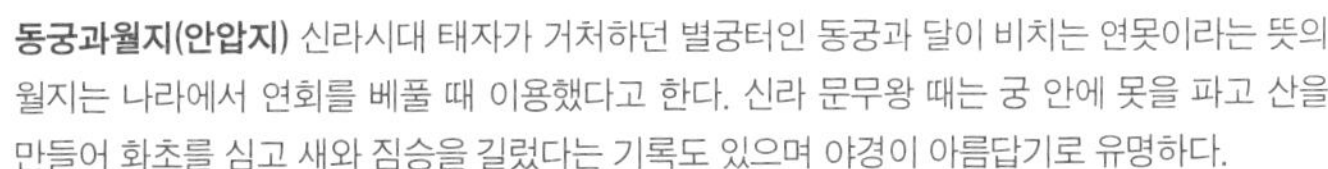

Ⓐ 경상북도 경주시 원화로 102 Ⓞ 09:00~22:00 Ⓒ 어른 3,000원, 청소년 2,000원, 어린이 1,000원 Ⓣ 054-750-8500 Ⓔ 주차 무료

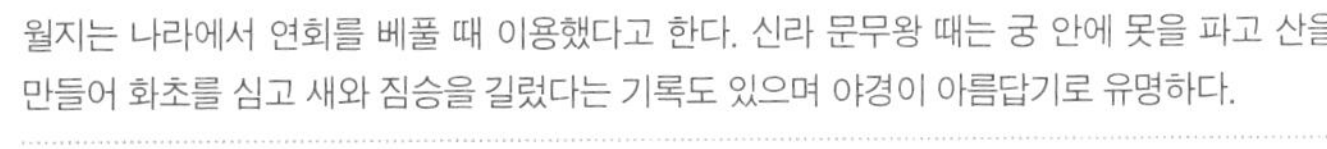

보문관광단지 국제적인 규모의 호텔과 숙박시설을 비롯해 각종 위락시설에 공원까지 잘 갖춰진 곳으로 경주에서 가장 화려하고 볼거리가 많은 곳이다. 봄이면 보문호를 따라 벚꽃이 만개해 길을 거닐며 낭만을 느끼기에도 제격이다.

Ⓐ 경상북도 경주시 보문로 424-33 Ⓞ 24시간/연중무휴 Ⓒ 무료 Ⓣ 054-745-7601

바실라

SPECIAL

가을이면 떠나고 싶은 곳

산과 들의 초록은 어느새 노랗고 빨간 물이 들어간다. 여름을 견딘 곡식과 과일들은 탱글탱글하게 익어 달콤함과 풍요로움을 선물한다. 선선하고 서늘한 가을바람과 따뜻한 햇볕이 온몸으로 파고들며 어디를 가도 가을은 화려한 빛을 뿜어낸다. 자연이 주는 특별한 계절 맘껏 누려보자.

문경새재도립공원

Ⓐ 경상북도 문경시 문경읍 새재로 932 Ⓞ 24시간/연중무휴 Ⓒ 무료 Ⓣ 054-571-0709 Ⓔ 주차 무료

10월 42주 소개(334쪽 참고)

운문사

운문사 초입의 소나무숲길은 햇살만큼이나 따뜻하다. 작은 햇살이 소나무숲길을 인도하니 먼저 햇살을 받으려 애쓰지 않아도 넉넉하다. 가을이면 낮게 깔린 안개로 운치가 극에 달해 신비롭게 느껴진다. 운문사는 초입의 소나무숲길로 유명하지만 11월 초 2일만 개방한다는 은행나무도 유명하다.

Ⓐ 경상북도 청도군 운문면 운문사길 264 Ⓞ 04:00~20:00 Ⓒ 무료 Ⓣ 054-372-8800 Ⓔ 주차 가능, 소형 2,000원

부석사

Ⓐ 경상북도 영주시 부석사로 345 Ⓞ 24시간/연중무휴 Ⓒ 무료 Ⓣ 054-633-3464 Ⓔ 주차 무료
10월 41주 소개(328쪽 참고)

주왕산

Ⓐ 경상북도 청송군 주왕산면 공원길 169-7 Ⓞ 4~10월 04:00~15:00, 11~3월 05:00~14:00 Ⓒ 무료 Ⓣ 054-870-5300 Ⓔ 주차 요금 주중 4,000원, 주말 5,000원
11월 46주 소개(360쪽 참고)

좌학리은행나무숲

Ⓐ 경상북도 고령군 다산면 좌학리 969 Ⓞ 24시간/연중무휴 Ⓒ 무료 Ⓣ 054-955-4790 Ⓔ 주차 가능
11월 45주 소개(354쪽 참고)

가을의 끝자락에서 사계절 중 가장 화려했던 시간을 이야기한다. 화려한 단풍을 볼 수 있는 시간이 짧아 더욱 아쉬운 계절이다. 한 움큼 손에 쥐기도 전에 손가락 사이로 빠져나가는 듯한 가을. 뒤늦게 가을의 꼬리라도 붙잡고자 조금이라도 남아 있을 단풍을 찾아 화려한 세상을 눈에 가득 담아본다.

11월의 경상도

화려한 계절의 끝자락

11월 첫째 주

노란 가을빛에 반하다

45week

SPOT 1

노란색에 물들다

좌학리 은행나무숲

주소 경상북도 고령군 다산면 좌학리 969 · **가는 법** 고령시외버스정류장에서 농어촌버스 27번 승차 → 월성리-다산중학교 하차 → 도보 이동(약 18분) · **운영시간** 24시간/연중무휴 · **입장료** 무료 · **전화번호** 054-955-4790 · **etc** 주차 가능

낙동강이 흐르는 좌학리 은행나무숲은 가을이면 온통 노란색으로 물든다. 빽빽이 들어선 은행나무숲은 하늘이 보이지 않을 정도로 숲을 이루고 세상에 노란색만 존재할 뿐 다른 색이라곤 찾아보기 어려울 정도다. 좌학리 은행나무숲은 1990년쯤 조성되기 시작해 2011년 4대강 사업과 함께 수목을 심어 캠핑장으로 계획했지만 더 이상의 발전이 없이 은행나무만 10년 넘게 자랐고 자전거 타는 사람들의 입소문으로 알려지기 시작했다.

2만 4,000평의 규모에 은행나무만 3,000그루 정도 식재되어 300m 정도 터널 숲을 이루고 있다. 햇빛을 덜 받은 쪽은 아직 초록빛이 완연한데 노란색에서 초록색이 잘 어울린다는 걸 새삼 느끼게 한다. 새벽이면 낙동강에서 피어올라오는 안개와 함께 몽환적인 풍경을 만날 수 있으며 날씨가 좋은 날에는 도시락 들고 가벼운 캠핑을 해도 좋겠다.

주변 볼거리·먹거리

낙동강변 우리나라에서 3번째로 긴 강으로 태백 황지연못에서 발원하여 봉화와 상주, 구미, 그리고 고령을 지난다. 영남의 젖줄이라 불리며 낙동강 또는 황산강이라고도 부른다. 좌학리 은행나무숲으로 흐르는 강도 낙동강이며 물새가 날아들어 고기를 잡아먹는 한가로운 풍경과 햇볕이 따뜻한 날이면 물 위로 떨어지는 햇살이 눈부시다. 새벽이면 안개로 몽환적인 분위기를 자아낸다.

Ⓐ 경상북도 고령군 다산면 좌학리 969

SPOT 2

황금색으로 물드는

의동마을 은행나무길

주소 경상남도 거창군 거창읍 의동1길 36 · **가는 법** 거창버스터미널에서 버스 60, 50, 51, 51-2, 51-4, 60번 승차 → 모곡 하차 → 도보 이동 · **운영시간** 24시간/연중무휴 · **입장료** 무료 · **전화번호** 055-944-4470 · etc 주차 무료

가을이 익어갈수록 걷고 싶은 길은 더 많아진다. 마을의 나무들마다 자기만의 색으로 형형색색 아름다움을 뽐내며 화려한 가을을 수놓으니 말이다. 유독 은행나무 가로수길이 많은 거창은 길목마다 노란 카펫을 깔아놓아 그 길을 걸으면 얼굴마저 노랗게 물드는 듯하다. 거창 학리 의동마을 입구에서 시작되어 100m 가까이 빽빽이 들어선 은행나무길은 2011년 제1회 '거창관광 전국사진공모전'을 통해 널리 알려진 곳이다. '경상남도 최우수 깨끗한 마을'로 선정된 의동마을이 황금색으로 물드는 매년 10월 말경이면 은행나무축제가 열린다.

슬레이트 지붕은 어느새 노란 은행잎으로 뒤덮이고, 노란 잎사귀 사이로 가느다란 햇빛이 새어 들어 노랗게 물든 길 위를 비춘다. 한 자락 바람이라도 불어오면 은행잎 비가 내리는 풍경은 쓸쓸하기보다 찬란하다.

주변 볼거리·먹거리

해플스팜사이더리
사과를 직접 키우고 수확해 즙을 내고 그것을 발효시켜 애플사이다를 만드는 곳으로 사과를 이용한 잼, 사과식초, 주스 등 다양하게 생산 및 판매하고 있다. 입장료 6,000원을 지불하면 음료와 도너츠를 제공하며 해플스에 있는 모든 시설을 즐길 수 있다. 팜사이더리로는 국내에서 처음 설립된 곳으로 사과로 술을 만들거나 사이다를 만드는 과정을 볼 수 있다. 사과꽃이 피고 사과가 익을 때면 사과밭을 배경으로 사진 찍기에도 좋다.

Ⓐ 경상남도 거창군 거창읍 갈지2길 192-8 Ⓞ 10:00~22:00/매주 화요일 휴무 Ⓒ 1인 6,000원 Ⓣ 055-944-5111 Ⓔ 주차 무료

SPOT 3

건강식을 먹는다

두레두부마을

주소 경상북도 고령군 대가야읍 덕운로 45 · **가는 법** 고령시외버스터미널에서 버스 4, 5, 6, 10, 12, 13, 15번 승차 → 쾌빈3리 하차 → 도보 이동(약 12분) · **운영시간** 10:00~20:00/매주 월요일 휴무 · **전화번호** 054-954-3323 · **대표메뉴** 두레정식 15,000원, 두부보쌈(大) 45,000원, 순두부찌개 9,000원, 청국장 9,000원, 된장찌개 9,000원 · etc 주차 가능

매일 국산콩으로 두부를 만들어 당일 만든 두부는 당일에 모두 소진한다. 단백질이 풍부한 두부는 부드럽고 고소하며 굳이 양념장에 찍어 먹지 않아도 슴슴하니 맛있다. 밑반찬도 정갈하고 자극적이지 않아 깔끔하니 먹다 보면 몇 번씩 리필해 먹게 되는 두부 맛집이다. 경상도 음식은 비교적 맵고 짜다는 고정관념을 깰 만큼 몸에 좋은 두부와 정갈한 반찬으로 인해 건강해지는 듯하다. 단백질이 풍부한 두부는 심장질환이나 불면증, 치매예방 등에 좋은 건강식이다 보니 자주 먹고 있겠지만 국산콩으로 만든 두부가 더 고소하다는 걸 새삼 알게 해 준다.

이곳의 모든 재료는 천연재료로 손수 만들어 사용하며 대표메뉴인 두레정식은 순두부찌개와 두부보쌈을 기본으로 청국장과 된장찌개 중 한 가지를 선택할 수 있다. 청국장과 된장찌개도 직접 담은 장으로 찌개를 끓이며 된장찌개는 깊은 맛이, 청국장은 특유의 냄새가 없고 깔끔하다. 보통 수육은 보쌈김치에 싸서 먹지만 여기는 두부와 야채를 곁들어 먹고 강황과 양재를 삶아 냄새가 없고 야들야들하다.

주변 볼거리·먹거리

우륵박물관 가야인으로 신라에 귀화한 우륵은 대가야 가실왕 때 가야금을 만든 인물이다. 가야금을 만든 악상 우륵의 이름을 따 우륵박물관이라 이름 지었고 박물관이라기보다는 우륵을 주제로 가야금을 설명하고 만드는 체험도 할 수 있다. 우륵박물관은 가야금과 우륵에 관련된 자료를 전시한 곳으로 야외에는 가야금을 만드는 오동나무 건조장이 있다.

Ⓐ 경상북도 고령군 대가야읍 가야금길 98 Ⓞ 하절기 09:00~18:00, 동절기 09:00~17:00/매주 월요일 휴무 Ⓒ 일반 2,000원, 청소년 1,500원, 유아 및 노인 무료 Ⓣ 054-950-7136 Ⓗ goryeong.go.kr/daegaya/sub02/sub01_02.do Ⓔ 주차 무료

추천 코스 가야인의 숨결이 깃든 곳(고령)

1 COURSE

문화누리에서 버스 1, 3, 20, 25번 승차 → 시외버스터미널 하차 → 버스 62, 22번 환승 → 대가야수목원 하차 → 도보 이동(약 8분)

지산동고분군

2 COURSE

대가야수목원에서 버스 62, 21번 승차 → 시외버스터미널 하차 → 버스 71번 환승 → 합가1리 하차 → 도보 이동(약 17분)

대가야수목원

3 COURSE

카페스톤(고령점)

주소	경상북도 고령군 대가야읍 지산리 산23-1
가는 법	고령시외버스터미널에서 농어촌버스 46, 47, 48, 50번 승차 → 대가야통문 하차 → 도보 이동(약 23분)
운영시간	24시간/연중무휴
입장료	무료
전화번호	054-950-6060
홈페이지	tour.goryeong.go.kr
etc	주차 가능

가야 최고의 고분군으로 주산의 남동쪽 능선 위에 우리나라 최초로 발굴된 순장묘인 44, 45호분을 포함해 크고 작은 고분 700여 기가 있다고 한다. 해발 310m의 주산 꼭대기부터 능선을 따라 분포된 고분은 지금도 발굴 중이다.

주소	경상북도 고령군 대가야읍 장기리 산8-1
운영시간	하절기(3~10월) 09:00~18:00, 동절기(11~2월) 09:00~17:00/ 매주 월요일 휴무, 월요일이 공휴일 또는 연휴인 경우 다음 날 휴무
입장료	무료
전화번호	054-950-6576
etc	주차 무료

식민지 수탈과 전쟁으로 황폐해졌던 산림을 푸른 산으로 가꾼 산림녹화사업의 업적을 기념하고자 건립된 곳이다. 곳곳에 산책할 수 있는 산책로가 많아서 천천히 걸어도 좋겠다.

주소	경상북도 고령군 쌍림면 대가야로 446-44
운영시간	매일 10:30~21:00
전화번호	054-954-0500
대표메뉴	돌소금 7,500원, 돌커피(아메리카노) 5,500원, 돌슈페너 7,500원
etc	주차 가능

빵집답게 빵 종류만 해도 수십 가지다. 산으로 둘러싸인 숲속에 있으니 공기 좋고 오션뷰 못지않게 마운틴뷰도 시원스럽다. 카페 앞에는 작은 폭포 분수와 커다란 물레방아가 돌아가고 실내에는 규화목이 전시되어 있다. 최고의 인테리어는 자연이라는 걸 느끼게 한다.

11월 둘째 주

단풍터널 숲속으로

46 week

SPOT 1

기암절벽이 화려한 옷을 걸치는

주왕산

주소 경상북도 청송군 주왕산 공원길 169-7 · **가는 법** 청송터미널에서 농어촌버스 122, 133, 201번 승차 → 주왕산국립공원 하차 → 도보 이동(약 47분) · **운영시간** 4~10월 04:00~15:00, 11~3월 05:00~14:00/연중무휴 · **입장료** 무료 · **전화번호** 054-870-5300 · **홈페이지** www.knps.or.kr · **etc** 주차 요금 주중 4,000원, 주말 5,000원

산 전체를 아우르듯 웅장하게 솟은 기암에 넋을 빼긴다. 특히 기암절벽이 화려한 색으로 치장되는 가을이면 자연의 아름다움에 절로 고개가 숙여진다. 제1폭포를 지나 산속 깊숙이 자리 잡은 제3폭포까지 앞다퉈 산을 물들인다. 흰 눈으로 가을을 덮고, 봄꽃으로 겨울을 묻으며, 여름에는 무성한 잎사귀로 봄을 위로하고, 알록달록한 단풍으로 여름을 떠나보내는 주왕산은 사계절을 고스란히 담아내는 곳이다. 아침 이슬로 촉촉이 젖은 흙길에는 등산화 발자국이 새겨지고, 계곡물 소리가 사람들의 웃음

소리와 어우러져 행복한 기운을 퍼뜨린다.

청학과 백학 한 쌍이 둥지를 틀고 살았다는 경사 90도의 가파른 절벽 학소대를 비롯해 떡 찌는 시루 같다 해서 시루봉이라 불리는 산봉우리들이 중국의 장가계에 비할 만하다. 제1폭포인 용추폭포를 시작으로 절구폭포로 불리는 제2폭포 그리고 제3폭포인 용연폭포까지 비탈길이나 가파른 곳을 찾아보기 힘드니 이 또한 감사할 일이다.

처음에 이곳은 석병산이라 불렸다. 중국 진나라 주왕이 피신해 살다가 신라의 마일성 장군이 이끄는 군사가 쏜 화살에 맞아 죽은 뒤부터 그의 넋을 기리기 위해 주왕산이라 불리게 되었다. 주왕산 암굴마다 주왕의 전설이 서려 있고, 주왕의 피가 계곡을 흐르다 붉은 수달래를 피웠다고 전해진다. 주왕산에는 수달래 군락지가 있어 매년 봄이면 수달래축제가 열린다.

주변 볼거리·먹거리

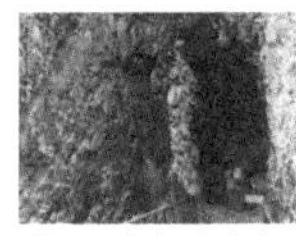

주왕암&주왕굴 주왕이 죽기 전까지 숨어 있었다는 이야기가 전해지는 암굴이다. 그 앞에 세워진 암자는 주왕의 혼을 위로하기 위해 주왕암이라 불린다. 주왕암 오른쪽 절벽 사이의 좁은 길을 30m쯤 걸어가면 암벽이 병풍처럼 둘러싸고 있는 가로 2m, 세로 5m의 자연 동굴이 나온다. 암굴 옆에는 주왕이 그 물에 세수를 하다 죽었다는 작은 폭포가 있다.

Ⓐ 경상북도 청송군 주왕산면 공원길 356-56
Ⓣ 054-873-0017(주왕암)

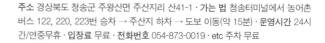

SPOT 2

신비로운 태곳적 풍경

주산지

주소 경상북도 청송군 주왕산면 주산지리 산41-1 · **가는 법** 청송터미널에서 농어촌 버스 122, 220, 223번 승차 → 주산지 하차 → 도보 이동(약 15분) · **운영시간** 24시간/연중무휴 · **입장료** 무료 · **전화번호** 054-873-0019 · etc 주차 무료

경상도 지역을 숱하게 다녀봤지만 청송 가는 길만큼 험준한 산길도 없을 듯하다. 예전에는 고개를 몇 개나 넘어야 갈 수 있는 오지 중의 오지였다고 한다. 그때만큼은 아니겠지만 울창한 소나무숲을 지나 곳곳마다 기암절벽이 장관을 이루는 산을 몇 굽이 넘다 보면 어느새 푸른 솔의 고장 청송군이다. 맑고 깨끗한 천혜의 비경을 얻었으니 이 고장 사람들은 얼마나 행복할까.

우리나라에서 사계절 모두 아름다운 곳이 몇 군데나 있을까. 김기덕 감독의 〈봄 여름 가을 겨울 그리고 봄〉 촬영지 주산지가 가장 먼저 떠오른다. 설악산, 월출산과 더불어 우리나라 3대 암산으로 기암절벽과 울창한 숲이 절경을 빚어내는 주왕산 자락의 인공 저수지. 새벽이면 신비로운 안개가 피어올라 150년 동안 물속에 반쯤 잠긴 왕버드나무 고목이 몽환적인 분위기를 자아낸다.

주산지는 조선 경종 때인 1720년 하류의 가뭄을 막기 위해 만든 농업용 저수지로 300여 년 동안 아무리 가뭄이 들어도 물이 말라 바닥이 드러난 적 없고 지금도 농경지에 물을 공급하고 있다. 사계절 모두 아름답지만 유독 가을이 더 아름다운 것은 300년 수령 왕버드나무 30여 그루의 단풍 빛깔이 태곳적 분위기와 절묘하게 어우러지기 때문이다. 주산지의 사계절을 고스란히 담은 영화를 보면서 누구나 현실에 저런 곳이 있을까 하는 의문을 가졌을 것이다. 특히 울긋불긋한 나무와 산이 저수지의 물에 비친 반영은 마치 이 세상이 아닌 듯하다.

주변 볼거리·먹거리

청송얼음골 신기하게도 삼복더위에 계곡물이 얼음장처럼 차갑고 돌에 얼음이 끼는 곳이다. 기온이 높을수록 얼음이 더 두껍다고 하니 자연의 신비에 놀라울 따름이다. 한여름에 두꺼운 옷을 입어도 한기를 느낄 정도라고 한다. 영덕에서 주왕산을 넘어오는 현란한 고갯길에 지칠 때쯤 잠시 얼음골에 들러 쉬었다 가자. 겨울이면 인공폭포가 빙벽을 이뤄 기암절벽과 함께 웅장한 풍광을 연출한다.

Ⓐ 경상북도 청송군 주왕산면 팔각산로 228 Ⓞ 24시간/연중무휴 Ⓒ 무료 Ⓣ 054-870-6240

SPOT 3

산사에서 전해 오는
청량한 바람 소리

청량산

주소 경상북도 봉화군 명호면 청량로 255 · **가는 법** 봉화공용정류장 봉화우체국에서 농어촌버스 15, 16번 승차 → 청량산도립공원 하차 → 도보 이동(약 32분) · **운영시간** 24시간/연중무휴 · **입장료** 무료 · **전화번호** 054-679-6653 · **홈페이지** bonghwa.go.kr/open.content/mt · **etc** 주차 무료

병풍처럼 펼쳐지는 산과 깊은 골짜기가 유독 많은 봉화는 가을이면 단풍 천국이다. 특히 청량산에 오르면 구름이 손에 잡힐 듯하고 발아래 풍경은 인간이라는 존재가 마치 허공에 떠도는 먼지처럼 느껴진다. 앞다퉈 화려한 옷으로 갈아입은 나무들과 청량한 바람이 여행자를 반긴다. 자연경관이 수려하고 곳곳에 솟아 있는 기암괴석이 장관을 이루는 청량산은 예로부터 소금강이라 불린다.

청량산의 연화봉 기슭 한가운데 연꽃의 꽃술처럼 자리 잡은 청량사는 신라 문무왕 3년 원효대사가 창건한 고찰이다. 20여

개가 넘는 전각들이 있었지만 대부분 소실되고 지금은 중심 전각인 유리보전과 응진전만 남아 있다. 유리보전의 현판은 공민왕이 홍건적의 난을 피해 청량산에 머무는 동안 썼다고 전해진다. 청량사에서 조금만 더 올라가면 우리나라에서 가장 높은 곳에 위치한 하늘다리를 만나게 된다.

청량사에 올라 턱까지 차오른 숨을 가라앉히며 쉬는 것도 잠시, 또 하나의 관문인 하늘다리까지 올라야 진정한 청량산을 느낄 수 있다. 해발 800m 지점의 자란봉과 선학봉을 연결한 우리나라에서 가장 높고 긴 다리는 길이 90m, 폭 1.2m이다. 자그마치 70m 높이에서 아래를 내려다보면 마치 신선이라도 된 듯한 기분이다.

주변 볼거리·먹거리

산꾼의집 청량산 산행 들머리인 입석으로 올라가는 길목에 나무집 한 채가 있다. 길손과 바람을 벗삼아 살아가는 시인 김성기 님이 살고 있으며 청량산에서 나는 9가지의 약초를 넣고 끓인 구정차를 길손 누구에게나 무료로 대접하고 있다. 잠시 들러서 한 잔의 차로 피로를 말끔히 씻어보자.

Ⓐ 경상북도 봉화군 명호면 북곡리 239 Ⓣ 054-672-8516

SPOT 4

약수로 요리한 닭백숙과 닭불고기가 맛있는

신촌식당

주소 경상북도 청송군 진보면 신촌약수길 18 · **가는 법** 청송터미널에서 농어촌버스 122, 180, 181, 210, 214번 승차 → 진보농협앞 하차 → 농어촌버스 190, 191, 192번 환승 → 신촌1리 하차 → 도보 이동(약 3분) · **운영시간** 10:00~20:30/연중무휴 · **전화번호** 054-872-2050 · **대표메뉴** 닭불백숙 17,000원, 닭날개 19,000원 · etc 주차 무료

청송 진보면 신촌리에는 탄산약수터가 있다. 탄산의 톡 쏘는 맛과 철분이 강해 처음 마시는 사람은 다소 거부감이 들 수도 있지만 자꾸 마시다 보면 탄수약수의 매력을 알 수 있다. 신천약수터가 있는 곳에 닭불고기로 유명한 신촌식당이 있는데 이곳의 음식 조리에 사용하는 물이 바로 탄산이 포함된 신촌약수다.

위장병에 효험에 있고 소화도 잘되는 약수로 끓인 까닭에 닭백숙이나 닭불고기도 소화가 잘된다고 한다. 이 집의 특징은 홀이 따로 있으나 홀 안에는 상이 없다는 것이다. 대신 음식을 차려 상을 홀 안으로 가져다준다. 석쇠에 구운 닭불고기는 닭고기를 다져 얇게 펴 구운 것으로 모양은 떡갈비처럼 생겼지만 두껍지 않다. 매콤한 불향이 식욕을 돋우고 맵고 적당히 짭짤한 맛이 자꾸 생각나게 한다. 이곳의 닭불고기는 닭냄새는 없고 달달한 것이 닭불고기만 있어도 밥 한 그릇 뚝딱이다. 신촌약수물로 푹 끓인 닭백숙은 닭냄새도 없고 살이 쫄깃하고 부드럽다. 철분이 강해 쇠맛이 느껴지지만 몸에 좋다고 하니 식후에 약수 한 잔 마시는 것도 잊지 말자.

주변 볼거리·먹거리

군립청송야송미술관 2005년 4월 개관한 미술관으로 청송 출신의 화가 야송 이원좌 화백이 소장하고 있던 한국화 및 도예 350점과 국내외 유명 화가와 조각가들의 작품 50여 점이 전시되어 있다. 특히 벽면 전체를 차지하고 있는 〈청량대운도〉는 우리나라에서 가장 큰 그림이다.

Ⓐ 경상북도 청송군 진보면 경동로 5162 Ⓞ 10:00~18:00/매주 월요일 휴무 Ⓣ 054-870-6536 Ⓗ tour.gb.go.kr/travel/cultureView.do?idx=2307 Ⓔ 주차 무료

추천 코스 가을이면 단풍잎 아름다운(청송)

1 COURSE ▶ **소헌공원**

소헌공원에서 버스 160번 승차 → 안덕터미널 하차 → 버스 664, 666번 환승 → 고와리 하차 → 도보 이동(약 6분)

2 COURSE ▶ **백석탄포트홀**

고와리에서 660번 승차 → 안덕터미널 하차 → 160번 환승 → 청운리 하차 → 122번 환승 → 주왕산주차장 하차 → 도보 이동

3 COURSE ▶ **주왕산**

주소	경상북도 청송군 청송읍 금월로 269
가는 법	청송버스터미널에서 도보 이동 (약 12분)
입장료	무료
전화번호	054-870-6240
etc	주차 가능

2011년 청송군이 지역주민들의 문화공간으로 활용하기 위하여 사적공원으로 지정했으며 조선시대 가장 어진 왕후로 칭송받는 세종대왕비 소헌왕후 심씨의 시호를 써 소헌공원이라 이름짓게 되었다. 중앙에서 파견된 관리나 외국의 사신들이 머물렀던 운봉관과 세종 10년 부사 하담이 심홍부를 위해 지은 누각 창경루가 문화재로 남아있다.

주소	경상북도 청송군 백석탄로 133-70
운영시간	24시간/연중무휴
입장료	무료
전화번호	054-870-6111
etc	주차 가능

하얀 돌이 반짝이는 개울이라는 뜻을 지닌 백석탄은 개울 바닥의 흰 바위가 오랜 세월 동안 깎여 만들어진 지형으로 아름다운 경관과 다양한 지질현상을 관찰할 수 있다. 기묘하게 생긴 바위들이 계곡 곳곳에 솟아 있어 절경을 이루며 하얀색 바위들은 일 년 내내 이곳에만 하얀 눈이 내린 듯 신비롭다.

주소	경상북도 청송군 주왕산면 공원길 169-7
운영시간	4~10월 04:00~15:00, 11~3월 05:00~14:00/연중무휴
입장료	무료
전화번호	054-870-5300
etc	주차 요금 주중 4,000원, 주말 5,000원

11월 46주 소개(360쪽 참고)

11월 셋째 주

억새 바람에 흔들리고

47 week

SPOT 1

가을이 나지막이 내려앉은

황매산

주소 경상남도 합천군 가회면 황매산공원길 311 · **가는 법** 합천버스정류장에서 합천-가회, 합천-삼가행 승차 → 삼가정류소 하차 → 삼가-거창행 환승 → 덕만주차장 하차 → 택시 또는 도보 이동(약 1시간 37분) · **전화번호** 055-930-4769 · **홈페이지** hwangmaesan.kr/bbs/content.php?co_id=sub1_1 · **etc** 주차 무료

억새꽃이 피어 흰 눈이 내린 듯 황매산도 어느새 가을이 내려앉았다. 주차장에 내리면 바람에 살랑거리는 억새가 내려앉은 황매산은 황토색 속살과 광활한 가슴을 드러낸다. 그것만으로도 막혀있는 숨통이 트인다.

천년의 문화를 가진 합천은 산이 많기로 유명하다. 들판은 없고 산으로 둘러싸인 데다 좁은 계곡이 많다 하여 합천이라는 이름을 가졌다는데, 합천의 그 많은 산 중에 황매산은 봄이면 철쭉, 가을이면 억새로 유명하다. 해발 1,113m로 빼어난 기암괴석과 소나무, 철쭉이 병풍처럼 수놓고 있어 영남의 금강산이라 불리는 이곳은 정상에서 보면 매화꽃이 활짝 핀 모습의 산이 갈색 빛이 감돈다 하여 황매산이라 부른다. 조선 건국에 일조했던 무학대사가 태어나고 수도했다는 무학굴은 또 다른 볼거리 중 하나다.

황매산에는 3가지가 없다고 한다. 전해지는 바에 따르면 무학대사가 이곳 황매산에서 수도할 때 그의 어머니가 무학대사를 보기 위해 황매산을 자주 찾아왔다고 한다. 그럴 때마다 뱀에 놀라 넘어지고 칡넝쿨에 걸려 넘어지고 땅가시에 긁혀 상처가 난 어머니의 발을 본 무학대사가 100일 기도를 드려 뱀, 칡넝쿨 그리고 땅가시를 모두 없앴다고 한다. 그래서 황매산은 3가지가 없다 하여 삼무의 산이라 부른다. 산 정상에 오르면 합천호와 지리산, 덕유산, 가야산이 보인다.

주변 볼거리·먹거리

카페플로라 커피와 음료, 빵이 맛있는 카페 플로라는 합천호수가 보이는 곳에 위치해 있다. 카페의 첫 느낌은 포근하고 따뜻하며 작은 정원처럼 꾸며진 야외는 천국의 계단과 합천댐을 배경으로 사진을 찍을 수 있는 액자 포토존이 있다.

Ⓐ 경상남도 합천군 대병면 합천호수로 89 Ⓞ 10:30~20:00/매주 화요일 휴무 Ⓣ 010-4043-1895 Ⓗ instagram.com/cafe_flora_s2_20 Ⓜ 아메리카노 5,000원, 에스프레소 4,500원, 카페라테 5,500원 Ⓔ 주차 무료, 반려견 동반 가능

SPOT 2

영남의 알프스 억새 가득한

간월재

주소 울산광역시 울주군 상북면 간월산길 614(간월재휴게소) · **가는 법** 언양시외버스터미널에서 버스 328번 승차 → 주암마을입구 하차 → 도보 이동(약 2시간)/차량 진입 불가 · **전화번호** 052-260-6901 · **홈페이지** tour.ulsan.go.kr/index.ulsan

간월산과 신불산의 억새는 능선 따라 억새군락지를 보는 것도 좋을 것 같아 사슴농장 쪽으로 간월재를 올랐다. 간월재로 가는 코스가 몇 군데 있지만 사슴농장에서 오르는 코스가 가장 쉽고 편하게 이동할 수 있다고 한다. 그래도 왕복 5시간은 소요된다.

무난한 산길을 따라 오르다가 산모퉁이를 도니 숨어있던 간월재가 보인다. 영남의 알프스라 불리는 간월재는 신불산과 간월산의 능선이 만나는 곳으로 가을이면 억새군락지로 유명한 곳이지만 꼭 가을이 아니어도 사계절 아름다운 곳이다. 바람이 불면 바람이 부는 방향으로 물결을 이루는 간월재의 억새는 가히 환상적이다.

울산의 12경 중 4경에 속해있는 신불산 억새평원은 울산에서 두 번째로 높은 산으로 사자평과 영남 알프스의 대표적인 억새군락지로 산림청이 선정한 한국의 100대 명산 중 한 곳이다. 봄이면 파릇한 새순이 돋고 가을이면 은빛 물결이 일렁이는 하늘 억새길이 열리는데, 신불산과 간월산 두 산 사이에 간월재가 있다.

간월재 고개를 왕방재 또는 왕뱅이 억새만디라 부르기도 하는데 5만 평의 억새밭은 백악기시대 공룡들의 놀이터이자 호랑이, 표범과 같은 맹수들의 천국이었다고도 한다. 바람이 불 때마다 능선에 물결치는 억새가 운치를 더해준다. 간월재로 오르는 길은 멀지만 하늘 아래 가장 아름다운 사색과 소통, 치유, 자유의 길이라 칭찬을 아끼지 않았던 이유를 알 수 있다.

주변 볼거리·먹거리

다비드북카페 책을 보며 음료와 디저트를 함께 즐길 수 있는 다비드북카페는 7층에 위치해 있어 언양읍내를 내려다볼 수 있는 옥상뷰가 근사하다. 카페 내부는 벽면 가득 꽂혀있는 책과 숨소리조차 들리지 않을 만큼 조용하며 개별 룸도 있어 따로 분리된 느낌이다. 날씨가 좋은 날 테라스로 나가면 언양읍성과 산이 보여 개방감이 좋다.

Ⓐ 울산광역시 울주군 언양읍 동문길 21 7층 Ⓞ 10:30~21:00/연중무휴 Ⓣ 010-9139-0447 Ⓗ instagram.com/davidcoffee_official Ⓜ 아메리카노 4,500원, 카페라테 5,000원 Ⓔ 주차 무료

SPOT 3

바이크 라이더들의 성지

카페모토라드

주소 경상남도 합천군 대병면 합천호수로 525 · **가는 법** 합천버스정류장에서 농어촌버스 200-1번 승차 → 가호2구월평정류장 하차 → 도보 이동(약 19분) · **운영시간** 10:00~18:00/매주 월요일 휴무 · **전화번호** 055-815-8883 · **홈페이지** instagram.com/cafe_motorrad_hapcheon · **대표메뉴** 아메리카노 5,000원, 밤라테 7,000원, 바닐라빈라테 6,500원 · etc 주차 무료

합천댐 부근에 있는 카페 모토라드는 이름처럼 오토바이 라이더들의 성지다. 최초의 브랜드 복합문화공간으로 모터사이클 문화와 인프라 확산을 위해 새롭게 문을 열었고 카페 내부에는 다양한 사이클도 전시되어 있다. 라이더들이 많이 다니는 경로에 위치해 있어 휴식처와 만남의 장소로 이용되는 까닭에 주차장에는 승용차보다 바이크가 더 많이 보인다. 카페 모토라드는 규모가 꽤 큰 대형카페로 건물마다 다양한 테마로 구성되어 있으며 커피뿐만 아니라 오토바이도 전시되어 있어 평소 오토바이에 관심이 있다면 들러볼 만하다.

카페라 음료와 커피는 기본이고 베이커리와 케이크 종류도 다양한데 늦은 시간에 도착하면 빵이 없을 정도로 빵이 맛있는 집이다. 이곳의 커피는 가장 신선한 원두를 사용해 로스팅하는 탓에 꽤 인상적인데 이 외에도 평학마을에서 수확한 밤으로 만든 고소한 밤라테도 새로운 맛이다. 야외 테라스에서는 산이 보여 시원하게 느껴지고 2층으로 올라오면 사진작품들도 감상할 수 있다. 카페 아래쪽에는 편의점과 캠핑장도 겸비하고 있어서 캠핑족에게도 인기가 많다.

주변 볼거리·먹거리

합천댐 합천군 대병면 회양리와 상천리의 낙동강 지류 황강에 있는 댐으로 7억 9천만 톤의 물을 담수할 수 있으며 매년 234백만kw의 전력을 생산하고 있다. 합천에서 댐을 지나 거창까지 이어지는 호반도로는 드라이브 코스로 깨끗하고 맑은 호수와 수려한 주변 경관을 볼 수 있다.

Ⓐ 경상남도 합천군 대병면 합천호수로 197(합천댐물문화관) Ⓣ 055-930-5291 Ⓗ kwater.or.kr Ⓔ 주차 무료

추천 코스 때론 영화 속 주인공처럼(합천)

1 COURSE 합천영상테마파크 — 자동차 이동(약 60분)

2 COURSE 삼일식당 — 자동차 이동(약 6분)

3 COURSE 해인사

주소 경상남도 합천군 용주면 합천호수로 757
가는 법 합천버스정류장에서 버스 200, 200-4번 승차 → 가호리 하차 → 도보 이동(약 8분)
운영시간 3~10월 09:00~18:00, 11~2월 09:00~17:00/매주 월요일 휴무
입장료 어른 5,000원, 학생·어린이 3,000원/모노레일(왕복) 어른 5,000원, 초등학생 3,000원, (편도) 어른 3,000원, 초등학생 2,000원
전화번호 055-931-9305
홈페이지 hcmoviethemepark.com
etc 주차 가능

드라마와 영화 속에나 등장할 법한 옛날거리 풍경과 집들을 현실에서 마주할 수 있는 곳으로 옛스러움이 고스란히 묻어나는 낡은 간판과 유리창이 늘어선 거리를 걷노라면 누구나 그 시절을 배경으로 한 영화 속 주인공이 된다. 드라마와 영화, 광고, 뮤직비디오 등 각종 영상작품이 촬영된 전국 최고의 촬영세트장이다.

주소 경상남도 합천군 가야면 치인1길 19-1
운영시간 08:00~18:00/연중무휴
전화번호 055-932-7254(재료 소진 시 영업 종료, 주말에는 전화 필수)
대표메뉴 자연산송이버섯국정식 25,000원, 산채한정식 17,000원, 된장찌개 12,000원
etc 주차 공간 없음

골목가에 위치해 있어 주차 공간도 없고 다닥다닥 붙어있는 식당들 속에서 자칫 못 찾을 수 있는 아주 작은 음식점이 삼일식당이다. 삼일식당은 반찬 가짓수만 해도 셀 수 없을 정도로 많은데다 부족하면 리필도 몇 번씩 해주니 저렇게 줘서 남을까 싶을 정도로 가격대도 착하다. 오늘 만든 음식은 오늘 소진하니 점심시간이 지나 재료 소진으로 영업을 종료할 때가 많다.

주소 경상남도 합천군 가야면 해인사길 122
운영시간 08:30~18:00/연중무휴
입장료 무료
전화번호 055-934-3000
홈페이지 haeinsa.or.kr
etc 주차 요금 승용차 4,000원

8월 33주 소개(270쪽 참고)

11월 넷째 주

강과 바다에서 따뜻한 커피 한 잔

48 week

SPOT 1

남강이 보이는 분위기 있는 카페
아오라

주소 경상남도 진주시 내동면 망경로 17 · **가는 법** 진주시외버스터미널에서 버스 340, 341, 342, 343번 승차 → 내동초등학교/남강휴먼빌 하차 → 도보 이동(약 8분) · **운영시간** 10:30~22:30/연중무휴 · **전화번호** 055-759-8715 · **홈페이지** instagram.com/cafe_ahora.official · **대표메뉴** 아메리카노 5,500원, 콜드브루 6,000원, 바닐라라테 6,500원 · etc 주차 무료

남강이 보이는 대형카페 아오라는 우연찮게 발견한 카페다. 계속되는 여행길에 피곤도 하고 커피도 생각나서 두리번거리다 들렀는데 분위기가 좋고 뷰도 좋아 갈 길이 멀지만 한참을 머물렀던 곳이다.

각각 다른 테마로 구성된 본관과 별관이 있고 야외 테라스에서는 남강이 보이는데 옥상 루프톱은 남강과 함께 이국적인 분위기를 연출한다. 밤에 온다면 야경으로도 아름다울 듯하다.

대부분의 대형카페가 그렇듯 2층과 루프톱은 노키즈존으로

아이들의 안전을 생각했고 직접 구운 베이커리는 다양하다. 높은 층고로 시원한 느낌에 하얀 풍선모양의 조명은 몽글거리는 구름을 연상케 한다. 루프톱에 아오라라고 적힌 흔들의자는 포토존으로 유명하다.

주변 볼거리·먹거리

진주레일바이크놀이공원 총 4km(왕복), 소요시간 40분으로 신나는 체험여행을 할 수 있다. 2012년 12월 5일부터 경전선 직선화, 복선화로 인해 철도 노선이 변경되어 폐선을 이용한 레일바이크가 경남권에선 최초로 개장했다. 전 구간 아름다운 남강의 경치를 볼 수 있으며 주변으로는 나비체험장과 놀이기구, 어린이 박물관 등이 있어 각종 전시 및 체험을 즐길 수 있다.

Ⓐ 경상남도 진주시 내동면 망경로 13 ⓞ 평일 09:00~17:00, 주말 09:00~18:00 Ⓒ 일반 9,000원 Ⓣ 055-758-0101 Ⓗ jinjurailbike.com Ⓔ 주차 무료

SPOT 2

한적한 바닷가 감성카페

미스티크

주소 경상남도 통영시 산양읍 산양일주로 1215-52 · **가는 법** 통영종합버스터미널에서 버스 530번 승차 → 연명마을 하차 → 도보 이동(약 4분) · **운영시간** 수요일 10:30~18:20, 목~금요일, 일~화요일 10:30~19:00, 토요일 10:30~19:30/연중무휴 · **전화번호** 055-646-9046 · **홈페이지** mystique2016.co.kr · **대표메뉴** 아메리카노 6,000원, 카페라테 6,000원, 에스프레소 4,500원 · **etc** 주차 무료

거제를 여행할 때도 든 생각이지만 최근 아름답다고 생각하는 곳에는 여지없이 카페가 생겨나고 있다. 통영에서도 바닷가 주변으로 멋진 카페들이 들어서 있는데 그중 산양관광일주도로에 위치한 미스티크는 한적하고 조용해서 인상적이다. 펜션과 카페를 함께 운영하고 있는 미스티크는 낙조로 유명한 달아공원과 크고 작은 항이 있는 산양관광일주도로에 위치해 있다.

하얀색 건물의 카페 미스티크는 파란 하늘과 바다를 만나 더욱 청량해보이는데, 알고 보니 제12회 경상남도 건축부분 대상을 수상한 건축물이라 한다. 커피는 직접 로스팅하고 유기농 재료만 사용해 만든 빵은 보기에도 달콤한 것이 침이 고인다.

카페 앞에는 연명항이 보이고 해 질 무렵이면 석양과 해안경관이 빼어나 발걸음을 멈추게 한다. 2층 루프톱에서는 크고 작은 섬들이 올망졸망 모여있는 한려해상의 푸른 바다가 더 잘 보인다. 적당히 따뜻하고 햇빛이 좋아 바다를 보면서 망중한을 즐기기에 좋다.

주변 볼거리·먹거리

산양관광일주도로

Ⓐ 경상남도 통영시 산양읍 영운리~남평리

2월 5주 소개(067쪽 참고)

클라우드힐 산양일주해안도로에 위치한 오션뷰 카페로 주차장에서도 바다가 보인다. 날짜를 잘 맞춰가면 카페에서 요트 경기를 관람할 수 있고 드라마 〈검사내전〉의 촬영지로도 알려져 있다. 야외 테라스는 바다가 잘 보이는 쪽으로 위치해 있고 안쪽에는 숨어있는 공간도 있어 조용히 있고 싶을 때 방문하면 좋을 듯하다.

Ⓐ 경상남도 통영시 산양읍 산양일주로 71 Ⓞ 10:00~20:00 Ⓣ 055-646-1414 Ⓗ instagram.com/cloudhill_official Ⓜ 아메리카노 5,500원, 카페라테 6,000원 Ⓔ 주차 무료

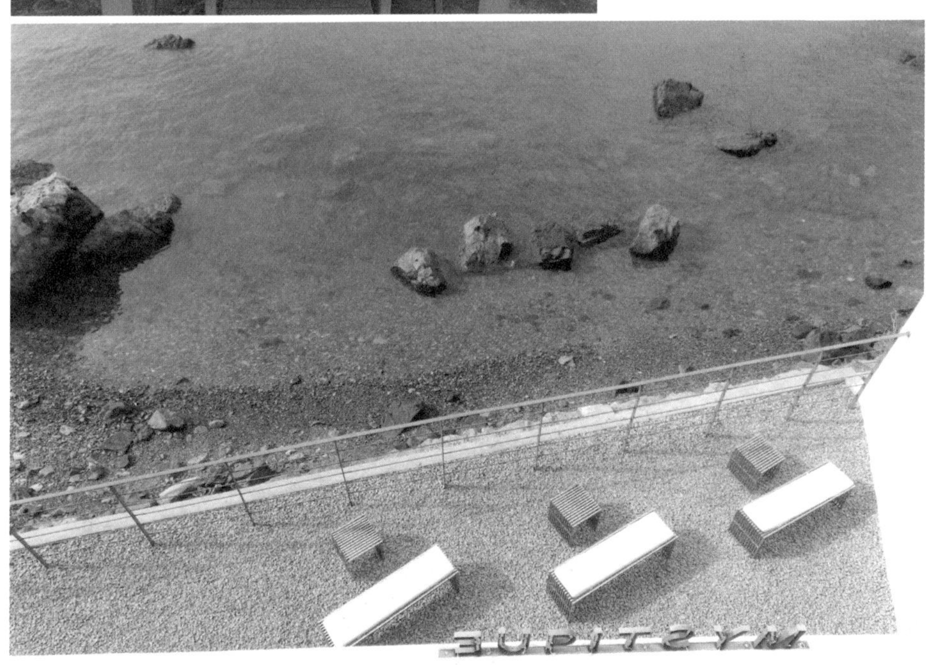

SPOT 3

한우 육전을 곁들인 진주냉면

하연옥

주소 경상남도 진주시 진주대로 1317-20 · **가는 법** 진주시외버스터미널 반도병원앞에서 버스 350, 360, 373번 승차 → 촉석초교사거리 하차 → 도보 이동(약 11분) · **운영시간** 10:00~21:00 · **전화번호** 055-746-0525 · **대표메뉴** 진주물냉면 11,000원, 진주비빔냉면 12,000원, 진주육전 24,000원

'북 평양 기생, 남 진주 기생', '북 평양냉면, 남 진주냉면'이라는 말이 있듯이 예로부터 진주냉면은 유명했다. 조선시대만 하더라도 냉면은 흔히 먹기 힘든 고급 음식이었다고 한다. 경상도에 많은 물자가 모여들고 기생 문화가 발달한 진주 지역에서 양반가의 특식 또는 기방의 야식으로 냉면을 많이 먹었는데, 특이하게 해물 육수에 메밀국수로 만들었다.

오랜 세월 진주냉면만을 만들어온 하연옥은 지금도 전통 방식으로 해물 육수를 내어 국물 맛이 고소하고, 다른 고명과 함께 한우 육전을 가늘게 썰어 올리는 것이 여느 냉면과는 다르다. 육전이라고 하면 으레 느끼하지 않을까 싶지만 오히려 담백한 것이 하연옥의 비법이 아닐까 싶다. '육전을 면과 함께 드시면 참 맛있습니다'라는 현수막의 문구처럼 면과 육전을 한 젓가락에 집어서 함께 먹으니 고기의 식감과 냉면의 식감이 절묘하게 어우러져 더욱 독특한 맛을 느낄 수 있다. 고명으로 올라간 육전으로 만족할 수 없다면 따로 한 접시 주문해 보자. 달걀 옷을 입혀서 노릇노릇 구워 나오는 육전은 두께도 적당하고 기름지지 않으며 전혀 질기지 않고 부드럽다.

주변 볼거리·먹거리

진주청동기문화박물관 국내 유일의 청동기 전문 박물관으로 남강댐 건설로 인한 수몰 예정 지역에서 발견된 500여 점의 청동기시대 유물과 움집, 목책, 무덤군이 전시되어 있고 당시의 생활상도 재현되어 있다. 대평리에서만 400여 동이 넘는 청동기시대 집터와 6곳의 환호 등이 발견되었다고 하니 대평리를 걷는 것만으로 청동기시대를 체험하는 것이나 마찬가지라고 할 수 있다.

Ⓐ 경상남도 진주시 대평면 호반로 1353 Ⓞ 3~10월 09:00~18:00, 11~2월 09:00~17:00/매주 월요일, 1월 1일, 설날 및 추석 휴관 Ⓒ 어른 1,000원, 청소년 700원, 어린이 500원 Ⓣ 055-749-5172

태산만두 만두가 맛있는 집으로 돈가스도 맛이 일품이다. 돈가스 소스는 애호박과 감자, 양파 등 야채를 큼직하게 썰어 기존 소스와 차별을 두었고 바삭하게 튀긴 만두를 매콤한 고추장 양념에 비벼 한입 먹으면 겉은 바삭하고 속은 촉촉하다. 진주사람이라면 누구나 다 아는 오래된 단골이 많은 곳이다.

Ⓐ 경상남도 진주시 촉석로 186번길 8-1 Ⓞ 월~토요일 11:00~20:00(15:00~17:30 브레이크타임)/매주 일요일 휴무 Ⓣ 055-741-6776 Ⓜ 돈가스 9,000원, 비후가스 10,000원, 비빔만두 7,000원 Ⓔ 공용주차장 이용

추천 코스 깊어가는 가을 속으로(진주)

1 COURSE
경상남도수목원

경상남도수목원에서 버스 281번 승차 → 인사광장/진주성 하차 → 도보 이동(약 6분)

2 COURSE
진주성

인사광장/진주성에서 버스 420번 승차 → 내동초등학교/남강휴먼빌 하차 → 도보 이동(약 8분)

3 COURSE
아오라

주소	경상남도 진주시 이반성면 수목원로 386
가는 법	진주시외버스터미널에서 버스 281번 승차 → 경상남도수목원 하차 → 도보 이동(약 10분)
운영시간	하절기(3~10월) 09:00~18:00, 동절기(11~2월) 09:00~17:00/매주 월요일, 1월 1일, 설날 휴무
입장료	어른 1,500원, 군인·청소년 1,000원, 어린이 500원
전화번호	055-254-3811
홈페이지	gyeongnam.go.kr/tree/index.gyeong
etc	주차 무료

8월 34주 소개(276쪽 참고)

주소	경상남도 진주시 남강로 626
운영시간	11~2월 05:00~22:00, 3~10월 05:00~23:00
입장료	대인 2,000원, 청소년 1,000원, 어린이 600원
전화번호	055-749-5171
etc	주차 요금 소형 500원, 대형 1,000원

남강을 따라 절벽 위에 세워진 진주성은 삼국시대에 토성으로 지어진 것을 고려 때 석성으로 개축해 그만큼 역사가 오래된 성이다. 임진왜란 3대첩 중 하나인 진주성대첩은 김시민 장군이 이끄는 3,800명의 병사가 이곳 진주성에서 열흘에 걸쳐 2만 명의 왜군을 물리친 전투다. 매년 10월이면 진주남강유등축제가 열린다.

주소	경상남도 진주시 내동면 망경로 17
운영시간	10:30~22:30/연중무휴
전화번호	055-759-8715
홈페이지	instagram.com/cafe_ahora.official
대표메뉴	아메리카노 5,500원, 콜드브루 6,000원, 바닐라라테 6,500원
etc	주차 무료

11월 48주 소개(374쪽 참고)

11월의 울진 **내 마음의 휴식처를 찾아 떠나는 여행**

바람이 심한 날에는 높은 파도로 집안으로 바닷물이 들이칠 듯 바다와 가까이 있는 마을이 인상적인 데다 가을이면 깊은 골짜기마다 단풍은 왜 또 그리 아름다운지. 오징어가 풍년일 때는 바닷가 주변으로 빨래 널 듯 매달려 있는 모습은 이곳 울진에서만 볼 수 있는 진풍경이다. 사계절 다양한 모습에 편히 쉴 수 있는 휴양지로 이곳만 한 곳도 없을 듯하다.

2박 3일 코스 한눈에 보기

불영사

은어다리

성류굴

죽변해안스카이레일

백암대게마트

후포항

망양정

은어다리 남대천 하류에 위치한 은어다리는 은어 한 쌍이 서로 마주보고 있는 모양으로 울진의 명물이다. 다리를 건널 때는 마치 은어 뱃속으로 들어가는 느낌처럼 가시 모양을 하고 있는데, 조명시설을 설치해 밤이면 야경으로 아름답다.

Ⓐ 경상북도 울진군 근남면 수산리 178-2 Ⓞ 24시간/연중무휴 Ⓒ 무료 Ⓣ 054-789-6903

성류굴 천연기념물 제155호로 지정된 성류굴은 2억 2천만 년 전에 생성된 천연 석회자연동굴로 평균기온 15도를 유지해 여름에는 시원하고 겨울에는 따뜻하다. 동굴 속 모습이 금강산을 보는 듯하다고 해서 지하의 금강이라고 불리기도 했고 신선들이 놀던 곳이라는 뜻의 선유굴이라고도 불렀다.

Ⓐ 경상북도 울진군 근남면 성류굴로 221 Ⓞ 3~10월 09:00~18:00, 11~2월 09:00~17:00/매주 월요일 휴무 Ⓒ 성인 5,000원, 청소년 3,000원, 어린이 2,500원 Ⓣ 054-789-5404 Ⓔ 주차 무료

후포항 풍부한 수산물을 자랑하는 울진 최초의 축항지로 등대와 방파제가 있어서 선박들이 편안하게 드나들 수 있다. 울진 대게와 붉은 대게뿐만 아니라 가자미, 고등어 등 울진 제일의 항구답게 어획량도 풍부하다.

Ⓐ 경상북도 울진군 후포면 울진대게로 236-14 Ⓞ 24시간/연중무휴 Ⓣ 1644-9605

망양정 산포리 해안가에 있는 망양정은 간성의 청간정, 양양의 낙산사, 강릉 경포대, 통천의 총석정, 고성 삼일포, 삼척의 죽서루와 함께 관동팔경에 포함된 정자로 숙종이 관동팔경 중 으뜸이라며 현판을 하사했다 한다. 푸른 동해가 한눈에 들어오는 곳에 위치해 있어 1월 1일이면 해돋이 장소로 유명하다.

Ⓐ 경상북도 울진군 근남면 산포리 690 Ⓞ 연중무휴 Ⓒ 무료 Ⓣ 054-788-6921

백암대게마트 저렴한 가격으로 홍게와 대게를 먹을 수 있는 대게 맛집으로 유명한 백암대게마트는 도로변에 위치해 있어 금방 찾을 수 있다. 홍게든 대게든 주문을 하면 게장조림, 게살국수, 무침회, 게뚜껑밥 그리고 대게탕까지 맛볼 수 있으니 가성비가 좋다. 게를 먹기 좋게 손질해 주기도 하지만 게를 맛있게 먹는 법까지 친절하게 알려준다.

Ⓐ 경상북도 울진군 후포면 동해대로 264 Ⓞ 09:30~21:00 Ⓣ 054-788-3110 Ⓜ 울진대게 35,000원 붉은대게·킹크랩 시가, 물회 20,000원, 회덮밥 20,000원

이제 달력도 한 장밖에 남지 않았다. 한 해의 마지막 달과 함께 겨울이 찾아온다. 두툼한 목도리, 눈밭을 굴러도 춥지 않을 외투를 꺼내야 하는 계절. 하지만 남쪽의 경상도는 서울보다 평균기온이 5~6도 높으니 겨울 여행을 하기에는 더없이 좋다. 철 지난 바다에서 낭만을 느끼고 따뜻한 온천으로 여행을 떠나보자. 그리고 여행지에서 한 해를 마무리하며 새해를 계획해 보자.

12월의 경상도

따뜻한 겨울 여행

12월 첫째 주

겨울의 시작은 겨울 바다와 함께

49 week

SPOT 1

하늘 위로 올라가볼까

환호공원 스페이스워크

주소 경상북도 포항시 북구 두호동 산8 · **가는 법** 포항역(흥해행)에서 버스 9000번 승차 → 환호해맞이그린빌 하차 → 도보 이동(약 8분) · **운영시간** 4~10월 평일 10:00~20:00, 주말 10:00~21:00, 11~3월 평일 10:00~17:00, 주말 10:00~18:00/ 매월 첫째 주 월요일 휴무 · **전화번호** 054-270-5180 · **홈페이지** pohang.go.kr/pohang/10539/subview.do · **etc** 주차 무료, 우천, 돌풍, 폭염, 한파, 태풍 등 기상악화 시 유지보수 및 안전점검, 진동발생 시 운영 중지

스페이스워크는 북구 해수욕장 영일대가 보이는 환호공원 안에 위치해 있다. 환호공원에서도 바다가 보이지만 스페이스워크를 걸으며 바라보는 바다는 동해의 매력에 빠져들게 한다. 멀리서 보면 놀이동산의 롤러코스터를 닮아있지만 가까이서 보면 철로 만들어진 기둥과 철계단으로 제작되어 롤러코스터보다 더 짜릿하다. 바람이 조금이라도 불면 손잡이를 잡아야 할 정도로 스릴감이 넘치는데 강풍 시에는 운영이 중지되니 이해가 된다.

스페이스워크는 '우주선을 벗어나 우주를 유영하는 혹은 공간을 걷는'이라는 2가지 의미를 담고 있다. 포스코가 기획 · 제작 · 설치하여 포항시민에게 기부한 작품으로 주 재료는 포스코에서 생산한 탄소강과 스테인리스강이다. 이 작품은 독일의 세계적인 작가인 하이케 무터와 울리히 겐츠 부부가 디자인하고 포스코가 제작했으며, 철재로 만들어진 트랙을 따라 걷다 보면 구름 위를 걸으며 신비로운 경험을 하는 느낌이다. 밤이면 곡선 따라 조명이 켜지고 360도로 펼쳐지는 전경을 내려다보며 포항의 아름다운 풍광과 제철소의 야경 그리고 일몰을 감상할 수 있다.

주변 볼거리·먹거리

영일대해수욕장 포항의 대표적인 북구 해수욕장에 영일대 바다전망대가 조성되면서 영일대해수욕장으로 바뀌었다. 한국의 정서를 담아 바다 위를 걷는 듯 다리를 건너면 국내 최초의 해상누각인 영일정이 있다. 일출 명소로도 유명하며 밤이면 불을 밝히는 포스코 야경이 멋지다. 매년 7~8월이면 포항국제불꽃축제가 열리는 곳이기도 하다.

Ⓐ 경상북도 포항시 북구 두호동 685-1 Ⓞ 24시간/연중무휴 Ⓣ 054-246-0041 Ⓔ 공영주차장 이용

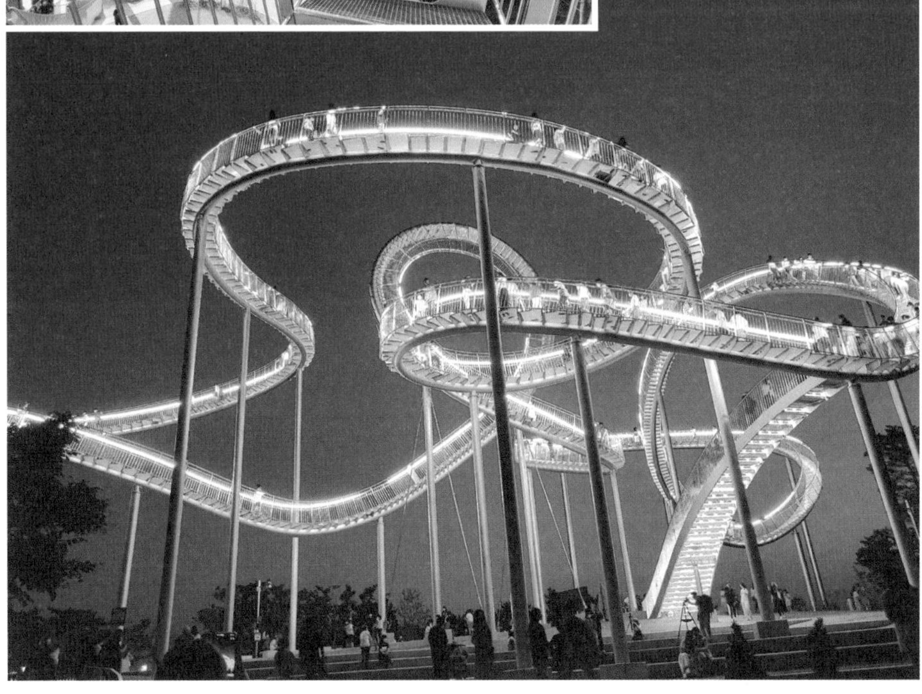

SPOT 2

해안 절경을 따라 즐기는

해운대 블루라인파크

주소 (미포정거장) 부산광역시 해운대구 달맞이길62번길 13, (송정정거장) 부산광역시 해운대구 송정중앙로8번길 60 · **가는 법** (미포정거장) 부산역에서 버스 1003번 승차 → 미포, 문텐로드 하차 → 도보 이동(약 10분), (송정정거장) 부산역에서 버스 1003, 1001, 40번 승차 → 송정해수욕장 하차 → 도보 이동(약 4분) · **운영시간** 11~2월 09:30~19:00, 3~4월, 10월 09:30~19:30, 5~6월, 9월 09:30~20:30, 7~8월 09:30~21:30/연중무휴 · **입장료** 해변열차 7,000원, 스카이캡슐 2인승 59,000원, 3인승 78,000원, 4인승 94,000원 · **전화번호** 051-701-5548 · **홈페이지** bluelinepark.com · **etc** 주차 2시간 무료(이후 10분당 500원 추가)

몇 해 전 만 해도 기차가 다니지 않는 미포 철길을 걸었지만 지금은 해운대 해안열차와 스카이캡슐을 타고 지날 수 있다. 달맞이고개부터 청사포까지 이어지는 철길은 낭만적이고 바다향을 맡으며 걷기 좋았는데 그 길이 사라져 아쉽기도 했다.

해안열차는 송정과 미포를 왕복으로 운행되고 있으며 해운대 미포정거장이 복잡하다고 해서 송정역에 주차하고 조금 덜 복잡한 송정정거장에서 출발했다. 송정역은 동해남부선 기차가

주변 볼거리·먹거리

청사포 일출이 아름답고 쌍둥이 등대가 유명한 청사포에서 초저녁에 뜨는 저녁 달은 부산8경으로 꼽힌다. 청사포는 해운대와 송정 사이에 위치해 있으며 예전에는 조개구이집과 장어구이집이 많던 곳에 지금은 카페가 생겨 카페거리로 유명해졌다. 푸른뱀이라는 뜻의 청사였다가 지금은 푸른 모래의 포구라는 의미로 바뀌었다.

Ⓐ 부산광역시 해운대구 중1동 Ⓣ 051-749-5720

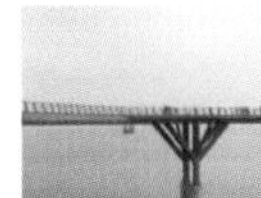

청사포다릿돌전망대 청사포 마을의 수호신으로 전해지는 푸른 용을 형상화한 유선형의 전망대로 높이 20m, 길이 72.5m이며 전망대 끝자락에는 반달 모양의 강화유리를 깔아 바다 위를 걷는 짜릿한 경험을 할 수 있다. 전망대에서는 청사포의 해안경관과 일출, 일몰을 볼 수 있다.

Ⓐ 부산광역시 해운대구 중동 산3-9 Ⓞ 09:00~18:00/연중무휴(눈, 비, 강풍 시 개방제한) Ⓣ 051-749-5720

지나던 역사로 동해안의 해산물과 연안지역 자원을 수송했지만 블루라인파크가 생기면서는 해안열차 출발지가 되었다.

송정역을 출발한 열차는 청사포역과 미포역까지 4.8km 구간을 왕복 운행하고 동해 남부의 수려한 해안절경을 볼 수 있는 낭만 넘치는 관광열차다. 청사포를 지나 미포정거장에 내리면 산책길로 바로 연결되어 광안대교와 이기대를 볼 수도 있다.

미포정거장에서 탑승하는 스카이캡슐은 지상에서 10m 위의 레일을 따라 해안열차 위로 지나며 청사포정거장까지 약 2km 구간을 천천히 운행한다. 여유로움이 느껴지고 바다 풍경과 신비로운 해안절경이 막힘없이 이어지며 일출이 아름답고 쌍둥이 등대로 유명한 청사포정거장에 내리게 된다. 하차 후 해안절경을 따라 송정역까지 걸으며 부산의 또 다른 매력을 느낄 수도 있다.

TIP

- 온라인 예매 이용고객은 현장발권 없이 바로 탑승장으로 이동 가능하며, 해변열차 이용 시 최초 탑승 예약된 시각에 우선 탑승 가능하다.
- 출발 시간이 30분 이상 경과하여 도착한 고객은 탑승이 제한될 수 있으니 사전에 확인하자.
- 해변열차는 지정좌석제가 아니며 좌석 부족 시 입석으로도 이용이 가능하다.

SPOT 3

동해안 최대의 수산시장

죽도시장

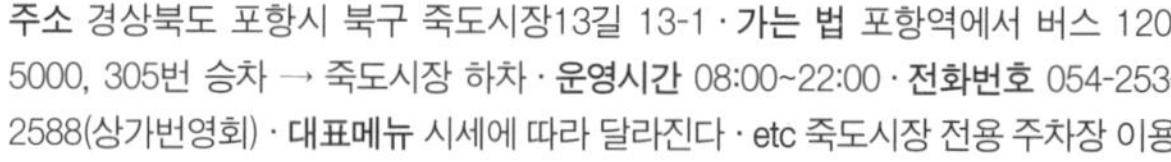

주소 경상북도 포항시 북구 죽도시장13길 13-1 · **가는 법** 포항역에서 버스 120, 5000, 305번 승차 → 죽도시장 하차 · **운영시간** 08:00~22:00 · **전화번호** 054-253-2588(상가번영회) · **대표메뉴** 시세에 따라 달라진다 · **etc** 죽도시장 전용 주차장 이용

각 여행지마다 관광 명소를 찾는 즐거움도 있지만 여행의 재미를 배가하는 것은 뭐니 뭐니 해도 먹거리다. 동해안에서 잡히는 싱싱한 해산물을 싼값에 맛볼 수 있는 죽도시장. 점포만 해도 1,300개가 넘는 죽도시장은 동해안 최대의 수산시장이다. 회센터와 건어물을 파는 곳이 잘 구분되어 있지만 워낙 커서 한번 들어가면 길을 잃어버리기 십상이다. 죽도시장을 가보면 포항을 다 본 것이나 다름없다는 말이 있을 정도로 포항을 상징하는 곳이기도 하다. 포항의 죽도시장에 가면 다음 3가지를 꼭 먹어보자.

과메기 청정해역에서 갓 잡은 꽁치를 영하 10도의 냉동 상태로 두었다가 겨울바람과 햇빛에 해동과 냉동을 거듭하면서 말린 것으로 옛날 궁중에서 먹었던 고단백 식품이다.

물회 동해안을 여행하다 보면 물회를 많이 접하게 되는데 원조는 아무래도 포항이다. 포항 어부들이 주로 먹던 물회는 시원하고 감칠맛이 좋아 널리 알려지면서 포항의 대표 먹거리로 자리 잡았다.

구룡포 대게 동해안에서만 잡히는 대게는 구룡포 대게가 전국 유통 물량의 대부분을 차지한다. 다른 지역 대게보다 속살이 희고 꽉 차며 쫄깃하고 껍질이 부드러운 것이 특징이다.

주변 볼거리·먹거리

포항운하 동빈내항과 송도해수욕장을 연결한 운하로 관광용 크루즈를 타면 포스코 포항제철소 전경도 볼 수 있다. 포항운하는 형산강과 연결된 물길이었으나 1960년대 포항제철이 건설되고 포항이 도시화되면서 기존의 물길을 다시 복원한 것이다.

Ⓐ 경상북도 포항시 남구 희망대로 1040 Ⓞ 09:00~18:00 Ⓒ 무료 Ⓣ 054-270-5177(주중), 054-270-5173(주말), 054-253-4001(포항크루즈) Ⓗ innerharbor.pohang.go.kr Ⓔ 주차 무료

추천 코스 오래도록 머물고 싶은 곳(포항)

1 COURSE

마을버스 양덕 승차 → 칠포해수욕장 하차 → 청하4, 청하행 환승 → 이가리닻전망대 하차 → 도보 이동(약 1분)

2 COURSE

이가리닻전망대에서 청하행 승차 → 월포역 하차 → 5000번 환승 → 송라입구 하차 → 송라행 환승 → 화진 하차 → 도보 이동

3 COURSE

환호공원스페이스워크

주소 경상북도 포항시 북구 두호동 산8

가는 법 포항역(흥해행)에서 버스 9000번 승차 → 환호해맞이그린빌 하차 → 도보 이동(약 8분)

운영시간 4~10월 평일10:00~20:00, 주말 10:00~21:00, 11~3월 평일 10:00~17:00, 주말 10:00~18:00/매월 첫째 주 월요일 휴무

전화번호 054-270-5180

홈페이지 pohang.go.kr/pohang/10539/subview.do

etc 주차 무료, 우천, 돌풍, 폭염, 한파, 태풍 등 기상악화 시 유지보수 및 안전점검, 진동발생 시 운영 중지

12월 49주 소개(384쪽 참고)

이가리닻전망대

주소 경상북도 포항시 북구 청하면 이가리 산67-3

운영시간 매일 09:00~18:00, 6~8월 09:00~20:00/강풍, 풍랑, 해일 등 기상특보 시 출입금지

전화번호 054-270-3204

홈페이지 pohang.go.kr/phtour/index.do

etc 주차 무료

7월 31주 소개(252쪽 참고)

러블랑

주소 경상북도 포항시 북구 송라면 동해대로 3310

운영시간 월~목요일 08:30~21:30, 금~일요일, 공휴일 08:30~22:00/연중무휴

전화번호 054-261-3535

홈페이지 instagram.com/loveblanccoffee__official

대표메뉴 러블랑에이드 8,000원, 선셋에이드 8,000원, 아메리카노 6,000원, 카페러블랑 8,500원

etc 주차 가능

3월 9주 소개(094쪽 참고)

12월 둘째 주

깊어가는 겨울 강줄기 따라

50 week

SPOT 1

부항댐의 전경을 볼 수 있는

부항댐 출렁다리

주소 경상북도 김천시 부항면 신옥리 121 · **가는 법** 김천공용버스터미널에서 버스 김천885-1번 승차 → 신옥리 하차 → 도보 이동(약 13분) · **운영시간** 3~11월 09:00~22:00, 12~2월 09:00~17:00/연중무휴 · **입장료** 무료 · **전화번호** 054-420-6831 · etc 주차 무료

김천의 8경 중 한 곳인 부항댐출렁다리는 가슴이 뻥 뚫릴 정도로 시원한 전망과 댐 수면 위를 걷는 듯한 스릴을 느낄 수 있는 길이 256m의 현수교로 성인 1,400명이 동시에 걸어도 안심할 정도로 튼튼하다. 다리 중간쯤에 투명유리를 설치해 밑으로 내려다보는 아찔함도 느낄 수 있으며 아름다운 부항댐을 볼 수 있다.

수변둘레길로 이어지는 길 끝에 위치한 부항정은 마을의 산세가 가마솥을 닮아 있고 마을이 그 입구에 자리 잡았다 하여 가마솥 부(釜) 자에 목 항(項) 자를 써서 부항이라 했다. 빼어난 길지에 건립되어 전통과 미래가 조화를 이룬 상징으로 세워진 부항정은 댐 주변을 조망할 수 있는 전망대이며 휴식처로 자리하고 있다. 부항댐출렁다리는 인간과 자연이 함께 어우러지길 상상하며 김천의 시조인 왜가리를 모티브로 하여 조성한 어울다리로 호수를 바라보면 마음이 편안해짐을 느낄 수 있다. 부항정에는 타워형 집와이어와 스카이워크가 있어 집와이어 체험도 가능하다.

주변 볼거리·먹거리

부항댐물문화관 김천시와 구미시 등 경북 서북부 지역의 용수공급과 홍수피해에 대비하고자 건설된 다목적댐으로 4층 전망대에서는 부항호가 한눈에 보인다. 물문화관에는 물과 댐에 대해 자세히 알 수 있도록 전시와 트릭아트, 그리고 재미있는 조형물이 설치되어 있다. 댐 위를 걸으며 부항호를 감상할 수도 있다.

Ⓐ 경상북도 김천시 지례면 부항로 195 Ⓞ 10:00~19:00/매주 월~화요일 휴무 Ⓣ 054-420-2600 Ⓗ kwater.or.kr

SPOT 2

호수와 숲이 있는

금오산저수지

주소 경상북도 구미시 남통동 · **가는 법** 구미역 농협에서 버스 27, 27-1번 승차 → 구미성리학역사관 하차 → 도보 이동(약 11분) · **전화번호** 054-480-4605 · etc 금오산 공영주차장 경차 500원, 승용차 1,500원/평일 무료

구미에 가게 되면 항상 걷는 금오지올레길은 걸을 때마다 새롭다. 처음 걸었을 때는 해 질 무렵 밤 분위기가 좋았는데 오전에 걸으니 어두워서 보지 못했던 풍경들이 보인다. 계절별로 새로우니 그럴수도 있겠다 싶다.

저녁 노을 속으로 황금빛 까마귀가 나는 모습을 보고 금오산이라 불렀다는 금오산과 금오지, 그리고 하늘에 떠 있는 구름이 금오지에 반영되어 한폭의 수채화를 그려놓는다. 금오지는 2.5km의 수변산책길을 조성해 한 바퀴 걸어도 1시간이 걸리지 않는다. 꽃길과 흙길 그리고 숲길과 호수로 이어지는 데크길은 남녀노소 누구나 편안히 걸으며 즐길 수 있는 길로 새벽이면 물안개로 환상적 풍경을 자아낸다.

부포로 연결된 수변길은 심하게 출렁거릴까 걱정했지만 물 위를 걷는 듯 재미있다. 물이 맑아 금오지 속 헤엄치는 물고기가 보이고 간혹 뛰어 오르는 물고기에 놀라곤 한다. 구미 시민들은 금오지를 '구미의 청계천'이라 부르기도 하는데, 사계절 맑은 물이 흐르는 도심 하천과 벚꽃길, 수변길을 조성해 사계절 걷기 좋은 곳으로 정비해 두었다.

주변 볼거리·먹거리

성리학역사관 경상북도 3대 문화권 사업의 일환으로 구미시에서 조성한 곳으로 야은 길재로부터 전개된 성리학과 구미의 역사와 문화를 전시 체험 및 교육하는 곳이다.

Ⓐ 경상북도 구미시 금오산로 336-13 Ⓞ 09:00~18:00/매주 월요일, 1월 1일, 설날 및 추석 당일 휴관 ⓒ 무료 Ⓣ 054-480-2681

SPOT 3

몸에 좋은 톳요리 맛집

둥지톳밥

주소 경상북도 김천시 연화지1길 26-3 · **가는 법** 김천구미역에서 종상15-3번 승차 → 금릉초등학교 하차 → 도보 이동(약 2분) · **운영시간** 11:00~20:30/매주 화요일 휴무 · **전화번호** 054-436-7789 · **대표메뉴** 톳밥정식 12,000원, 오징어두루치기 10,000원

밖에서 언뜻 봐도 오래된 한옥집을 식당으로 개조한 듯이 보인다. 아담한 정원과 식당 문을 열고 들어가면 대청마루처럼 긴 마루가 있어서 시골 할머니집에 온 듯 정겹다. 연화지 옆에 위치한 둥지톳밥의 메뉴는 톳밥정식 한 가지뿐이다. 그래서 여러 가지 요리보다는 기본 반찬과 톳밥에 정성을 들였으며 반찬도 자극적이지 않아 입맛에 딱 맞는다.

톳이 가득 들어간 톳밥과 연근조림, 참나물, 가지볶음, 호박조림, 버섯볶음, 궁채나물 등 밑반찬만도 12가지다. 게다가 가자미조림, 양념게장 그리고 계절에 따라 뚝배기에 국이 나오는데 이번에는 미역국이다. 적당히 간이 밴 가지미조림은 자극적이지 않아 어느새 한 마리를 게눈감추듯 먹어버렸고 매콤달콤한 양념게장은 밥 한 공기를 더 주문할 뻔했다. 톳밥은 그냥 먹다가 나물류와 함께 양념간장으로 비벼 먹으면 더 맛있게 즐길 수 있다.

바다에서 건진 칼슘이라 불리는 톳은 칼슘뿐 아니라 식이섬유가 풍부하고 칼로리가 낮아 다이어트에도 효과적인데, 이곳 둥지톳밥의 톳은 완도에서 가져온다고 했다. 모든 음식은 신선한 재료만 사용하며 재료가 소진되면 영업을 종료한다고 하니 저녁에 방문할 예정이라면 미리 전화로 예약하는 것이 좋겠다.

주변 볼거리·먹거리

연화지 예전에는 구읍이라 불리던 교동에 있는 도심 속 아름다운 연못이다. 1707년 군수로 부임한 윤택이 솔개가 봉황으로 변해 날아가는 꿈을 꾼 후 솔개 연(鳶) 자에 바뀔 화(嘩) 자를 써서 연화지라 이름 짓고 연못 가운데 봉황이 날아간 지점에 봉황대라는 정자를 지어 풍류를 즐겼다고 한다. 연화지 속에 비친 하늘과 흰 구름은 또 하나의 하늘을 만든다.

Ⓐ 경상북도 김천시 교동 820-1 Ⓣ 054-421-1500 Ⓔ 주차 무료

추천 코스 수려한 산세(김천)

1 COURSE

직지사

🚌 운수1리에서 버스 883-7번 승차 → 구성행정복지센터 하차 → 버스 884-8번 환승 → 신옥 하차 → 🚶 도보 이동(약 13분)

2 COURSE

부항댐출렁다리

🚌 신옥에서 대야884-6번 승차 → 김천교육청 하차 → 김천15, 15-2번 환승 → 북부파출소 하차 → 🚶 도보 이동(약 2분)

3 COURSE

저자거리

주소	경상북도 김천시 대항면 직지사길 95
가는 법	김천시외버스터미널에서 김천 83-7, 883-7번 승차 → 운수1리(본리) 하차 → 도보 이동(약 20분)
운영시간	07:00~18:00/연중무휴
입장료	무료
전화번호	054-429-1700
홈페이지	jikjisa.or.kr
etc	주차 가능

삼국시대 승려 아도화상은 학이 자주 찾아오는 황학산을 손가락으로 가리키며 명당자리를 알려주었는데 그 손끝이 닿은 자리에 세운 사찰이 직지사다. 1600년 세월 동안 수많은 고승대덕을 배출하고 부처의 지혜와 자비를 심어준 사찰로 울창한 소나무와 계곡의 맑은 물, 가을이면 단풍으로 절경을 이루는 사계절 아름다운 사찰이다. 천년 묵은 칡뿌리와 싸리나무 기둥의 일주문, 조선시대의 대표적인 건물 대웅전이 매력적이다.

주소	경상북도 김천시 부항면 신옥리 121
운영시간	3~11월 09:00~22:00, 12~2월 09:00~17:00/연중무휴
입장료	무료
전화번호	054-420-6831
etc	주차 무료

12월 50주 소개(390쪽 참고)

주소	경상북도 김천시 연화지2길 19-4
운영시간	12:00~20:00(14:00~17:00 브레이크 타임)/매주 일요일 휴무
전화번호	054-437-2979(재료 소진 시 영업 종료, 주말에는 전화 필수)
대표메뉴	2인세트 23,000원, 3인세트 32,000원, 4인세트 46,000원
etc	주차 가능

불고기와 고등어 세트 메뉴로 주말이면 재료 소진으로 일찍 영업을 종료하는 맛집이다. 연탄불에 석쇠로 구워 나온 매콤한 고추장 불고기는 불맛이 살아있는 칼칼한 맛이 입맛을 돋게 하고 큼지막하게 구운 고등어는 지금껏 먹었던 고등어구이와도 비교할 수 없는 맛이다. 이틀에 한 번씩 들어오는 고등어를 일일이 손질해 굽는다고 하니 하얀 속살은 쫄깃하고 신선하다. 상추나 쑥갓도 직접 재배한 것이니 유기농 웰빙 상차림이다.

12월 셋째 주

높은 곳에서 멀리 보기

51 week

SPOT 1

소백산의 수려한 경관이 보이는

하늘자락공원

주소 경상북도 예천군 용문면 내지리 산74-1 · **가는 법** 예천시외버스터미널에서 농어촌버스 두천행 승차 → 용문사입구 하차 → 택시 이동(도보 47분) · **운영시간** 24시간/연중무휴 · **전화번호** 054-650-6391(문화관광과) · etc 주차 무료

소백산의 자연경관을 볼 수 있는 하늘자락공원과 전망대는 예천 양수발전소 상부댐과 어림호가 있는 곳에 위치해 있다. 전망대에 오르면 탁 트인 주변 경관과 백두대간 소백산 능선까지 날이 좋으면 문경새재도 볼 수 있고 야생화와 진달래가 피는 계절에는 천상의 화원을 보는 것 같다. 양수발전소의 상부댐은 2011년 7월 완공해 700만 톤을 저장할 수 있다고 한다. 상부댐 주변으로는 어림산성이 있어 후삼국 통일기의 역사적 자취도 느낄 수 있다.

전망대는 높이 23.5m, 폭 16m로 아파트 10층 높이인데, 밤하늘의 은하수를 모티브로 별빛이 소백산으로 흘러내리는 형상을 하고 있다. 소백산 하늘자락공원전망대로 오르는 길은 계단이 없으니 어르신도 쉽게 오를 수 있을 뿐만 아니라 나무로 된 데크 길은 예천 상부댐의 자연경관을 느끼며 산책할 수 있어 지루할 틈이 없다. 예로부터 백두대간의 정기와 소백산 자연경관의 속내를 그대로 엿볼 수 있는 길지이며, 인재가 많고 장수하기로 유명한 지형이기에 산 능선만 보고 있어도 건강해지는 듯하다.

지형적으로 예천은 봉황이 품고 있는 지역으로 다툼과 굶주림이 없고 전쟁과 병마가 피해 가는 십승지지라 했고 봉황은 예천에서 흐르는 물이 아니면 물을 마시지 않을 정도로 물이 좋기로 유명하다.

주변 볼거리·먹거리

초간정 소백산자락 용문산 골짜기에 세워진 초간정은 소나무숲과 계곡이 어우러져 우리나라의 전통적인 아름다움을 보여주는 정자다. 조선시대 선조 때 초간 권문해가 노후를 위해 정자를 세우고 심신을 수양했던 곳으로 초간이라는 호에서 따와 초간정이라 불렀다. 금곡천을 내려다볼 수 있도록 절벽 위에 세워졌으며 굽이쳐 흐르는 계곡과 기암괴석, 노송과 어우러진 모습이 한폭의 산수화를 보는 듯하다.

Ⓐ 경상북도 예천군 용문면 용문경천로 874 Ⓞ 24시간/연중무휴 Ⓣ 054-650-6391 Ⓔ 주차 무료

SPOT 2

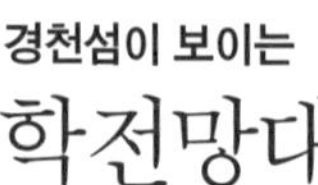

경천섬이 보이는 학전망대

주소 경상북도 상주시 중동면 갱다불길 96-42 · **가는 법** 상주종합버스터미널에서 버스 420, 422번 승차 → 머그티 하차 → 도보 이동(약 28분) · **운영시간** 24시간/연중무휴 · **전화번호** 054-531-1996 · etc 주차 무료

멀리서 보면 학의 모습을 하고 있다 하여 이름 붙인 학전망대는 낙동강 주변의 아름다운 자연경관 조망과 탁 트인 하천 절경을 한눈에 볼 수 있는 곳이다. 우리 민족의 상징인 학(두루미)을 상징하며 전망대에서는 낙동강 줄기 따라 천혜의 비경인 경천섬과 회상나루터, 그리고 수상탐방로까지 볼 수 있고 날씨가 좋은 때에는 병풍산과 백화산, 멀리 문경새재까지 볼 수 있다.

높이 11.9m에 전망대 위쪽은 유리로 되어 있어 짜릿함과 아찔함을 동시에 느낄 수 있다. 전망대까지는 차로 이동이 가능해 어르신이나 아이들도 편하게 다녀갈 수 있으며 회상나루터부터 걸어 올라가면 양쪽으로 길게 늘어선 나무들로 인해 숲속을 산책하는 기분이 든다.

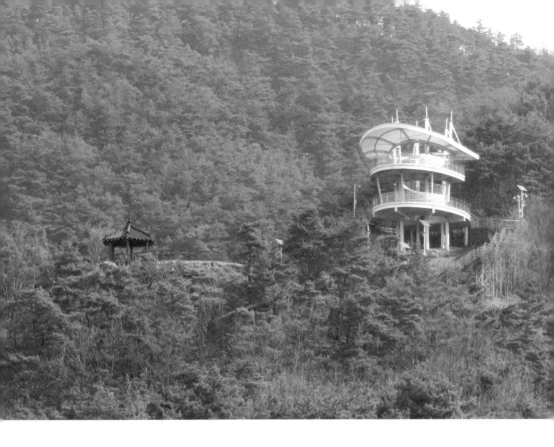

팔각정에서 전망대 입구까지 나무계단이라는 것 외에는 전망대까지 편하게 올라갈 수 있다. 낙동강 위에 펼쳐진 절경에 가슴이 뚫리고 아름다운 풍광에 잠시 넋을 잃는다.

주변 볼거리·먹거리

상주주막 낙동강을 오가던 보부상이 들러 국밥과 막걸리 한 잔으로 허기진 배를 채우고 피로를 풀던 주막촌이다. 모든 건물이 초가집으로 지어졌으며 드라마 〈상도〉를 촬영한 곳이기도 하다. 이곳 초가집 벽에는 익살스런 벽화가 그려져 있는데 벽화만으로도 재미있게 구경할 수 있는 곳이다.

Ⓐ 경상북도 상주시 중동면 갱다불길 147 Ⓞ 11:00~18:00/매주 월요일 휴무 Ⓔ 주차 무료

SPOT 3

용왕님도 반한 30년 전통 순대국밥

박달식당

주소 경상북도 예천군 용궁면 용궁로 77 · **가는 법** 예천시외버스터미널에서 농어촌버스 덕계, 용궁, 점촌행 승차 → 용궁읍부리 하차 → 도보 이동(약 1분) · **운영시간** 10:00~21:00/매주 월요일 휴무 · **전화번호** 054-652-0522 · **홈페이지** 박달식당.kr · **대표메뉴** 순대국밥 8,000원, 오징어탄구이 12,000원, 막창순대 13,000원 · etc 주차장은 별도로 없으며 도로에 주차

예천 용궁역 주변으로는 오랜 전통을 이어오고 있는 순댓국집이 많다. 용궁순대는 천안 병천순대, 용인 백암순대와 더불어 우리나라 3대 순대로 유명하기에 일부러라도 먹으로 오는 이가 있을 정도다. 대부분의 순대는 돼지 창자를 쓰는 것과 달리 용궁순대는 막창을 쓰기 때문에 식감이 더 쫀득하다. 순대나 막창을 먹지 않던 사람들도 예천에 오면 꼭 먹고 간다는 이 고장의 먹거리로 매년 용왕님이 반한 순대라는 주제로 축제가 열리기도 한다.

용궁면이 순대로 유명해진 이유는 작고하신 김대순 할머니 덕분이다. 용궁 시장골목에서 단골식당이라는 이름으로 가게를 열어 용궁장으로 물건을 사러 오는 상인과 주민들에게 따뜻한 순대국밥을 싸고 푸짐하게 팔면서 유명해졌다. 용궁순대는 직접 만들기 때문에 크기나 두께가 다르고 잡뻐를 사용하지 않고 순수 사골과 양파로 국물을 내기에 잡내 없이 담백하고 구수하다. 청양고추를 비롯해 야채와 함께 연탄불에 구운 오징어불고기도 일품이고 순대국밥 국물에 오징어불고기 양념을 풀어서 순대와 함께 먹으면 그 또한 별미다.

주변 볼거리·먹거리

용궁특별시 용궁역 근처에 위치한 용궁특별시는 일반 주택을 개조한 카페로 엔티크한 분위기가 좋고 소품이 많아 사진 찍기에 좋다. 입구는 웅장하지만 내부는 따뜻한 느낌으로, 야외공간에는 캠핑이라도 온 듯 캠핑 의자와 캠핑 박스가 놓여있다. 커피와 디저트도 맛있는 카페로, 예천도 서울처럼 특별시로 만들고 싶어 카페 이름을 용궁특별시로 지었다 한다.

Ⓐ 경상북도 예천군 용궁면 용궁시장길 42 Ⓞ 09:00~20:00/매주 화요일 휴무 Ⓜ 아메리카노 4,000원, 카페라테 4,500원, 특별시라테 5,500원 Ⓔ 주차장 따로 없고 길 옆에 주차

추천 코스 강줄기가 감싸는 마을(예천)

1 COURSE
회룡포마을

자동차 이용(약 13분)

2 COURSE
박달식당

자동차 이용(약 10분)

3 COURSE
삼강주막

주소	경상북도 예천군 용궁면 향석길 60
가는 법	예천시외버스터미널에서 자동차 이용(약 20분)
운영시간	09:00~18:00/주거지역으로 늦은 시간 방문자제
입장료	무료
전화번호	054-653-6696
홈페이지	dragon.invil.org/index.html
etc	주차 무료

회룡포마을은 우리나라에서 꼭 가봐야 할 여행지로 꼽히는 곳이다. 그림 같은 배경을 보여줬던 드라마 〈가을동화〉와 예능프로그램 〈1박2일〉을 비롯해 심심찮게 등장하는 마을로 영주 무섬마을, 안동 하회마을처럼 흐르는 강물이 휘돌아 섬 아닌 섬을 만들어 낸다. 빼어난 경치를 자랑하며 낙동강 지류인 내성천이 용이 날아오르는 것처럼 물을 휘감고 돌아간다 하여 회룡포라 부른다.

주소	경상북도 예천군 용궁면 용궁로 77
운영시간	10:00~21:00/매주 월요일 휴무
전화번호	054-652-0522
홈페이지	박달식당.kr/
대표메뉴	순대국밥 8,000원, 오징어탄구이 12,000원, 막창순대 13,000원
etc	주차장은 별도로 없으며 도로에 주차

12월 51주 소개(400쪽 참고)

주소	경상북도 예천군 풍양면 삼강리길 91 27
운영시간	09:00~18:00/연중무휴
전화번호	054-655-3132
대표메뉴	주모1 23,000원, 부추전 8,000원, 배추전 8,000원
etc	주차 무료

낙동강과 내성천 그리고 금천이 만나는 곳에 위치한 삼강주막은 낙동강에서 유일하게 남아있는 주막이다. 2006년 마지막 주모 유옥련 할머니가 돌아가신 뒤 지금의 모습으로 복원되었다. 지금은 여행객이 마루에 걸터앉아 파전과 막걸리 한 잔으로 목을 축이며 다리를 쉬어가는 곳이다.

12월 마지막 주

한 해의 끝자락에 서서

52 week

SPOT 1

기장 바다가 보이는 분위기 있는 카페

코랄라니

주소 부산광역시 기장군 기장읍 기장해안로 32 · **가는 법** 부산역에서 급행1003번 승차 → 신도시시장, 아세안문화원 하차 → 버스 100, 181번 환승 → 공수, 양경마을 하차 → 도보 이동(약 4분) · **운영시간** 10:00~22:00/연중무휴 · **전화번호** 051-721-6789 · **홈페이지** instagram.com/cafecoralani · **대표메뉴** 솔티코랄 8,000원, 아메리카노 6,000원, 카페라테 8,500원 · **etc** 주차 무료

산호와 천국을 뜻하는 이름의 카페 코랄라니는 해안절경과 등대가 보이는 기장바닷가에 위치한 대형카페다. 송정항의 등대가 보이고 바다라는 입지조건이 좋아 기장에는 대형카페들이 많이 생겨나고 있는데 코랄라니도 그중 한 곳으로 막힘없이 탁 트인 바다와 가까이서 호흡할 수 있다. 실내좌석도 많고 테라스와 루프톱까지 어느 곳에 앉아도 바다를 감상할 수 있지만 1층을 제외한 다른 곳은 노키즈존이다.

파란색 의자에 흰색 파라솔이 세워져 있는 계단식 좌석은 바닷속에 들어가 있는 듯 마치 휴양지에 가 있는 것 같은 느낌이

들 정도로 이색적인 분위기다.

고소한 맛을 느낄 수 있는 아메리카노 다크와 산미가 들어간 아메리카노 아로마는 기호에 따라 선택할 수 있어 취향껏 커피를 주문할 수 있다. 케이크과 빵 종류도 다양하고 쿠키도 있어서 커피와 곁들어 먹어도 좋겠다.

주변 볼거리·먹거리

아난티코브 기장에 위치한 이난티코브는 복합리조트단지로 널찍한 테라스와 초록빛 잔디밭, 그 앞에 부산 앞바다가 자연스레 이어진다. 테라스에 놓인 테이블과 의자는 누구나 편하게 쉬어갈 수 있도록 되어있고 커다란 나무와 꽃을 배치해 휴양지에 온 듯한 느낌이다. 하늘이 맑은 날이면 절벽 위의 해동용궁사를 조망할 수 있다.

Ⓐ 부산광역시 기장군 기장읍 기장해안로 268-31 Ⓣ 054-604-7000 Ⓗ theananti.com/kr/cove Ⓔ 주차 무료

SPOT 2

몽돌해변이 보이는 오션뷰 카페

마소마레

주소 경상남도 거제시 일운면 거제대로 1828-5 · **가는 법** 고현버스터미널에서 버스 24-2번 승차 → 양지 하차 → 도보 이동(약 5분) · **운영시간** 10:00~22:00/연중무휴 · **전화번호** 055-681-4300 · **홈페이지** massomare.modoo.at · **대표메뉴** 더블에스프레소 5,500원, 아메리카노 5,500원, 카푸치노 6,500원 · etc 주차 무료

마소마레는 라틴어로 '몽돌바다'라는 뜻이 담겨있다. 카페 이름처럼 마소마레는 망치몽돌해변에 위치해 있다. 건물도 분위기 있고 기품이 느껴져 멀리서도 우아한 느낌이 드는 데다 전체가 통유리로 되어 있어 거제도 바다처럼 맑고 깨끗하다. 유난히 몽돌해변이 많은 거제도 중에서 망치몽돌의 돌맹이는 까맣고 작은 자갈로 이루어진 해수욕장으로 바닷물이 깨끗하고 한적해 이곳에 자리 잡은 카페 마소마레는 해안 절경을 따라 이국적인 느낌으로 맞이한다. 창이 넓은 좌석은 하루종일 햇빛이 들어와 따뜻했고 조명도 예쁘다.

바다를 가까이서 볼 수 있는 1층과 야외 테이블도 좋지만 2층으로 올라가면 몽돌해변이 더 멋들어지게 보인다. 사람들이 많다면 좀 조용한 루프톱도 느낌이 있다. 바다에 햇빛이라도 쏟아지는 날이면 하늘에서 별들이 떨어져 바다에 둥둥 떠 있는 듯 이국적인 느낌을 준다. 초록색 잔디가 깔린 야외 좌석은 손을 뻗으면 바로 바다가 만져질 듯하고 음료와 함께 먹을 수 있는 빵과 쿠키, 머랭 등 디저트도 다양하다. 음료를 들고 밖으로 나와 몽돌해변을 걸어도 좋겠다.

주변 볼거리·먹거리

구조라성

Ⓐ 경상남도 거제시 일운면 구조라리 산55 Ⓞ 연중무휴 Ⓣ 055-681-2749 Ⓔ 구조라 유람선터미널에 주차 가능

2월 8주 소개(080쪽 참고)

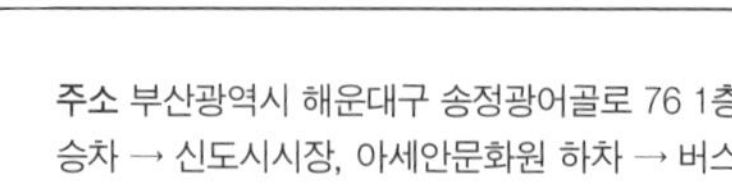

SPOT **3**

부산의 3대 불고기 맛집

맘보식당

주소 부산광역시 해운대구 송정광어골로 76 1층 · **가는 법** 부산역에서 급행1003번 승차 → 신도시시장, 아세안문화원 하차 → 버스 185번 환승 → 광어골 하차 → 도보 이동(약 2분) · **운영시간** 11:00~22:00/연중무휴 · **전화번호** 051-704-1388 · **대표메뉴** 맘보한우불고기(1인분) 23,000원, 산더미물갈비 18,000원 · etc 주차 무료

부산 3대 불고기 맛집으로 선정된 맘보식당은 어렸을 때 먹었던 맛을 느낄 수 있는 곳으로 한번 먹으면 자꾸만 생각나는 맛이다.

엄마가 차려준 집밥처럼 푸짐하게 내오는 서울식 맘보한우불고기는 일등급 한우를 맛있게 양념해 재워 담백하면서도 간이 골고루 배어 느끼한 맛이 없다. 삼삼한 불고기 양념국물과 고기에서 나온 육즙은 수저로 국물을 떠먹어도 맛있다. 불고기 속에 들어가는 야채도 신선한 것을 엄선해 넣고 최상급 한우만을 선별해 육즙이 풍부하고 고기가 연하다. 어릴 적 먹던 불고기 맛을 찾기가 쉽지 않은데 국물과 고기가 입안에 오래도록 맴돌아 추억에 젖게 한다.

주변 볼거리·먹거리

송정해수욕장 자연의 아름다움을 그대로 간직한 송정해수욕장은 달맞이길을 따라 해월정과 벚꽃단지를 지나면 만나게 되는 넓게 펼쳐진 바다다. 부드러운 모래와 완만한 경사, 얕은 수심으로 가족들과 어린이들이 해수욕하기에 좋고 해수욕장 입구에 위치한 죽도에는 송림과 휴식공간이 마련되어 있다.

Ⓐ 부산광역시 해운대구 송정동 712-2 Ⓣ 051-749-5800 Ⓔ 주차 무료

추천 코스 커피향 가득한 겨울 바다(부산)

1 COURSE

▶ **웨이브온커피**

묘관음사입구에서 버스 180번 승차 → 온정 하차 → 도보 이동(약 2분)

2 COURSE

▶ **헤이든**

온정에서 기장군3 기장군8-1번 승차 → 기장도서관에서 버스 181번 환승 → 공수, 양경마을 하차 → 도보 이동(약 5분)

3 COURSE

▶ **코랄라니**

주소 부산광역시 기장군 장안읍 해맞이로 286
가는 법 부산역 1호선(노포방면) 승차 → 교대역 하차 후 동해선(태화강방면) 환승 → 월내역 하차 → 도보 이동(약 16분)
운영시간 10:00~24:00/연중무휴
전화번호 051-727-1660
홈페이지 waveoncoffee.com
대표메뉴 월내라테 7,500원, 아메리카노 6,000원, 카페라테 6,500원, 풀문커피 7,500원
etc 주차 무료, 1인 1음료 주문

1월 1주 소개(030쪽 참고)

주소 부산광역시 기장군 일광읍 문오성길 22
운영시간 10:30~22:00
전화번호 051-728-4717
대표메뉴 아메리카노 5,500원, 카페라테 6,000원, 돌체라테 6,500원
etc 주차 가능

기장에 위치한 헤이든도 대형카페 중 한 곳으로 직접 구운 빵만 해도 30가지가 넘는다. 3층 루프톱에서 본 바다색은 에메랄드빛 제주와 닮아있고 카페 옆 산책길에는 크고 작은 소나무가 있어 청량감이 느껴진다.

주소 부산광역시 기장군 기장읍 기장해안로 32
운영시간 10:00~22:00/연중무휴
전화번호 051-721-6789
홈페이지 instagram.com/cafecoralani
대표메뉴 솔티코랄 8,000원, 아메리카노 6,000원, 카페라테 8,500원
etc 주차 무료

12월 52주 소개(402쪽 참고)

12월의 영덕
한 해를 마무리하며 떠나는 선물여행

어느새 달력도 한 장뿐인 한 해의 끝자락에 서 있다. 깊은 산과 청량한 골짜기 푸른 빛이 넘실거리는 바다. 햇빛을 받아 흐르는 강줄기를 따라 걷고 느끼며 호흡했던 짧은 시간을 되돌아보게 된다. 매 순간이 특별하고 어느 것 하나 소중하지 않은 추억이 없다. 한 해를 정리하며 다시 떠오른 해를 맞이하기 위해 바다로 떠나보자.

2박 3일 코스 한눈에 보기

강구항

삼사해상공원 매년 새해가 되면 해돋이를 보기 위해 많은 사람이 몰리는 영덕의 해맞이 명소로 새해뿐만 아니라 일출을 보기 위해 일 년 내내 붐비는 곳 중 한 곳이다. 전망이 탁 트여 사방 어디서든 해가 떠오르는 것을 볼 수 있으며 경북 개도 100주년을 맞이해 만들어진 29톤의 경북대종은 삼사해상공원의 명물이다.

Ⓐ 경상북도 영덕군 강구면 삼사리 185-1 Ⓞ 24시간/연중무휴 Ⓒ 무료 Ⓣ 054-730-6398 Ⓔ 주차 무료

삼사해상공원

삼사해상산책로

해파랑공원

라면집

카페봄

해맞이공원

축산항

벌영리메타세쿼이아숲

죽도산전망대